U0309494

基因

不平等的遗传

[美] 道尔顿·康利
(Dalton Conley)

詹森·弗莱彻
(Jason Fletcher) ——
著

王磊——译

中信出版集团 · 北京

图书在版编目（CIP）数据

基因：不平等的遗传 /（美）道尔顿·康利,（美）
詹森·弗莱彻著；王磊译. -- 北京：中信出版社，
2018.5
书名原文：The Genome Factor: What the Social
Genomics Revolution Reveals about Ourselves, Our
History, and the Future
ISBN 978-7-5086-8074-3

Ⅰ.①基… Ⅱ.①道… ②詹… ③王… Ⅲ.①基因－
普及读物 Ⅳ.① Q343.1-49

中国版本图书馆 CIP 数据核字 (2017) 第 206064 号

基因：不平等的遗传

著　　者：[美] 道尔顿·康利　[美] 詹森·弗莱彻
译　　者：王 磊
出版发行：中信出版集团股份有限公司
　　　　　（北京市朝阳区惠新东街甲 4 号富盛大厦 2 座　邮编　100029）
承 印 者：中国电影出版社印刷厂

开　　本：880mm×1230mm　1/32　　印　张：11.5　　字　数：230 千字
版　　次：2018 年 5 月第 1 版　　　　印　次：2018 年 5 月第 1 次印刷
京权图字：01-2017-9008　　　　　　广告经营许可证：京朝工商广字第 8087 号
书　　号：ISBN 978-7-5086-8074-3
定　　价：58 .00 元

目录

THE GENOME
FACTOR

第一章

欢迎来到社会基因组革命的时代

在过去 100 多年里，基因作为遗传的单位，从原本只是少数科学家讨论的模糊概念，转变为几乎被大众普遍接受的新鲜事物和消费品。基因组的"黑匣子"现在已经可以利用廉价的基因分型平台进行破解。可以说，如今只要花上 100 美元就能检测出不同个体之间近百万个碱基对的差异。我们掌握了大量与人类健康福祉相关的遗传结构数据和研究成果，其中蕴含着大量有价值的信息。除了在这方面不懈努力的大量生物学家与医学研究者外，社会学家、政治学家、经济学家也加入进来，虽然现在人数还不多，但正在不断增加。他们与统计遗传学家联合在一起，共同讨论基因在人类社会的不平等与变迁等更广阔领域中所扮演的角色。

长期以来，遗传学家与社会学家都不愿意合作解决重大科学问题，然而在基因组革命这件事上，双方的表现却显得不同寻常。的确，自达尔文 1871 年发表了《物种起源》的续集——有关人类之间差异的进化的《人类起源》(*The Descent of Man*)后，生物学家与社会学家之间就一直争论不休，许多跨学科交流方面的例子也对社会产生了强烈的冲击。赫伯特·斯宾塞（Herbert Spencer）就是其中一例，他将自然选择应用于人类社会,并引申出了"社会达尔文主义"（social Darwinism）这个概念。"社会达尔文主义"认为，面对各种社会弊病和不平等都只需无为而治。而达尔文的表弟、率先提出优生学（eugenics）的弗朗西斯·高尔顿（Francis Galton）又是一例。甚至连达尔文本人都被卷入了是否应该将黑人与白人分为不同物种的纷争之中。[1]

当谈到与人类行为相关的遗传学检验的时候，社会学家会感到不安，部分原因在于，人们普遍感受到，通过遗传学获取的答案是决定性的、不容置疑的，然而这与社会科学的精神相违背。而且，如果用基因来解释任何社会现象，结果都将是不平等现象的"自然化"（naturalizes）。换句话说，人们可能会相信，一定程度上受到遗传因素影响的智商、身高等性状（trait）都是由先天决定的且不可改变。假如这些所谓的人与人之间"天生的"差异导致了诸如教育水平或收入方面的差异或不平等，此类不平等现象可能也会被宣称是先天决定、不可改变的，原本应当需要政治干预的不平等现象反倒是被"自然化"或是合理化了。[2]

这里有一个关于社会或经济不平等现象的重要例子：在理查德·赫恩斯坦（Richard Herrnstein）与查尔斯·默里（Charles Murray）所写的畅销书《钟形曲线：美国社会中的智力与阶层结构》（*The Bell Curve: Intelligence and Class Structure in American Life*）中，作者宣称，拜精英统治所赐，如今的阶级分层是基于先天禀赋的。[3]通过选择性地与拥有相似基因的人生育后代，父母可以巩固后代的优势或者弥补其劣势。按照作者所说的，既然人们已经拥有了最符合自身禀赋的社会地位，那些原本为了推进社会平等而推出的政策都会适得其反。这样的结论对于信奉进步的社会学家而言简直就是噩梦，而这也正是大部分社会学家对遗传学数据持抵触态度的原因。[4]

然而，我们希望保持开放的态度去直面这个值得研究的领域。本书主要针对和讨论的就是不平等的遗传。具体来说，我们希望知道，如果将分子遗传知识与社会科学研究结合起来，个体和国家层面关于不平等、社会经济成就的讨论会在哪些方面得到好处。我们认为主要有以下三个方面。

首先，通过直面关于先天的、遗传的差别是社会不平等的主要诱因的论证，利用遗传标记的方法，我们可以清楚地看到，它们只能解释很有限的社会不平等现象。通过充分探究基因对智商、教育水平、收入的贡献程度，我们能够更直接地了解外界环境带来的不平等，以及不平等对于个人获得机遇的影响。

其次，我们会展现基因型（genotype）如何像棱镜一般将各色光平均而成的白光折射成色彩分明的彩虹。直觉告诉我们，基因型是一种能够帮我们弄清真相的工具，比如，弄清为什么童年的贫困经历对人的影响因人而异。通过将遗传学知识与社会科学相结合，我们可以更好地理解这样一句格言：如果你出生于贫民区，那么侵略性的基因会将你送进监狱；但如果你出生于富人家庭，同样的基因却能将你送进董事会。一系列科学研究也将揭示环境与遗传效应是如何相互影响的。

最后，我们认为，当非专业人士能够掌控自己乃至他人的基因信息时，政府必须要出台相关的政策来处理这类新型信息。

很多方面都值得注意，比如，个人隐私、"基因歧视"（genoism，如保险公司等组织机构可能会出现的基于遗传信息的歧视）以及个体化医疗（personalized medicine）。而我们会将注意力转向教育、收入扶持、经济增长、劳动力市场等更多传统社会政策方面的问题，并探索基因型在这些方面的意义。我们认为，与《钟形曲线：美国社会中的智力与阶层结构》中的主张相反，我们的社会还没有达到基因统治的阶段，但这并不意味着那是遥不可及的。一旦掌控权力与资源的那些人开始掌控他们自己的遗传信息，并将其用于选择性地繁衍后代，那么社会走向迷信优势基因的趋势将不再是天方夜谭。社会基因组革命意味着，新的不平等可能不仅基于基因型的差异，还基于一个人是否能够了解自己（甚至身边人）的基因型，并利用这些信息采取行动。

然而，这场革命很早就遇到了阻力。一开始，人们在探索"造成 X 性状的基因"（以下简称"X 基因"）——如老年斑——的事业上取得了一些初步成果，于是引发了一种盲目的期望和乐观的心态，认为许多常见疾病，乃至社会经济状况的遗传基础已经触手可及。[5] 然而，随之而来的并非进一步的成功，而是失败，既有毫无意义的结果，也有事后看来是错误的"发现"。对统计学研究来说，大量样本和明确的假说非常重要，这条教训当人们在这个新兴领域屡屡碰壁之后再次得到了验证。在上一代的研究中，从精神分裂症到智商高低的各类问题都会用遗传学去解释，但现在发现，测得的基因标记根本无法清晰地解释其中的差异。例如，早期的一些研究估计，精神

分裂症的遗传力估计值（heritability estimates）可能高达80%，[6]
但一些利用DNA（脱氧核糖核酸）数据进行的研究表明，遗传
力还不到3%，这使一些科学家把这种现象称为"遗传力缺失"
（missing heritability）。[7]（遗传力将在第二章讨论，而对于"遗
传力缺失"之谜我们将在第三章进行介绍）。

最近，遗传学家开始重新审视"遗传力缺失"的原因。也
许是因为早期研究中采用的是双生子或者家族内部的数据，而
非更符合总体实际情况的数据，所以基因的作用从一开始就被
高估了；又或许是科研人员一直都盯着基因组中错误的位置研
究，导致遗传力缺失。基因分型公司传统上更注重普遍的遗传
变异而非那些罕见的类型。也许还有如精神分裂症这样仍未被
发现的"X基因"存在，因为它们在人群中极为罕见，而且在
一般的DNA数据中难以被检测出来。尽管速度较为缓慢，但
统计遗传学家在一系列新技术的帮助下，确实在解决"遗传力
缺失"问题上取得了重大进展。

目前，对于缺失现象的公认解释是范式转变，即从寻找某
一个"X基因"，转向"大量各自作用均很微小的变异"。对于
一个给定的结果，其诱因往往是成百上千的基因，而非由单一
的遗传变异即等位基因（allele）来决定。这种范式层面的"微
小影响"要求我们用更加庞大的数据库来进行大海捞针般的筛
选，因为我们要寻找的"针"已然比最初设想的更加微小、更
加难以寻找了。

伴随着这样的转变，在更多的全国性调查中，研究者开始

将基因型数据与之前经济学家、社会学家、政治学家使用的各类丰富数据结合起来进行考察。看来，遗传学终于在社会科学领域站稳了脚跟。而这又有什么不好呢？我们何必为这种能够帮助科学家更好地理解人类行为模式，增进个人的自我了解，并有助于制定更好公共政策的信息而恐慌呢？为何要忧心忡忡，尤其是当我们小心翼翼地窥测黑匣子时，得到的答案往往并不是简单粗暴地与现有的不平等、猜想和政策对号入座。现实的情况是，由于增添了大量的遗传数据，社会科学中的全新发现正在不断地颠覆着我们的猜想。比如，赫恩斯坦与默里在《钟形曲线：美国社会中的智力与阶层结构》一书中力图证明，由于遗传所得的能力将我们分成了三六九等，所以精英统治只会带来更加不可妥协的不平等。这是正确的吗？恐怕未必如此。数据显示，有性生殖，或者其他遗传过程不仅会强化现有社会状况的延续，同时也会打破现有的社会不平等（即带来社会流动），这两者的影响旗鼓相当，甚至后者的影响力比前者还要强。这种分子层面的扰动主要来自两个方面。一方面，尽管配偶双方在其基因性状上具有某种程度的关联性，但关联性很弱，这足以表明，当一个位于基因分布极端处的个体在寻找配偶繁衍后代时，基因组会发生稀释和重组，其后代很可能会回归到平均水平。另一方面，等位基因特定的相互作用（基因异位显性/上位效应，dominance or epistasis）也在一定程度上影响结果，婚配会干扰极端基因型的作用。我们可以用读者熟悉的方式来描述这种神奇的力量：就好像在一种被称为"Pass the Trash"的扑克游戏中，每个玩家会得到 7 张牌，但需要交给身边的玩家 3 张牌，并从身边的玩家那里拿回 3 张牌。最开始你或许能拿到一副同花顺，也就是说你本身拥有的基因十分优秀。但当你把自己的牌与别人的牌重新组合之后，也就是将基因重组之后，你原本的优势可能被完全改变，这就可以解释为什么你的孩子或许并没有遗传你的优势。因为这种重组可能会产生翻天覆地的影响，即便与你交换牌（相当于 DNA）的玩家（指配偶）本来也很有优势，交换过后也会有重大影响。你可能会被迫将自己手上的方块 Q 交出，换得对方手中的红桃 Q，于是你的同花顺就没了。在这两个方面的影响下，有性生殖的魔力会使基因在每代中都重新洗牌，即基因重组。因此，基因分层很难实现，虽然我们也观察到，人们更倾向于跟与自己类似的人婚配（我们将在第四章中从遗传和非遗传的角度讨论这方面的趋势）。

现在来讨论一下人类遗传学中最敏感的问题——种族。在涉及种族分类时，外貌是非常具有迷惑性的。事实上，非洲以外的所有人（包括非裔以外的美国人）的总体遗传相似水平与撒哈拉以南的一小块区域基本相当——也就是东非大裂谷，那里是人类发源地，保留着人类最丰富的遗传多样性。这是因为最初离开非洲前往世界各地的人口只有 2000 人左右，于是产生了一个瓶颈——将大部分遗传多样性都过滤掉了。我们现在还不清楚，到底是一开始迁徙的有 1 万人，饿死了很多人最后只剩下这 2000 人；还是想要穿越撒哈拉沙漠与红海，追求更好生活的冒险者一共就只有 2000 人。但无论是哪一种，这种瓶颈效应都会降低遗传多样性。因此，尽管"别开炮！是亲戚"这样的手机应用出现在冰岛这样的孤岛社会并不奇怪，但是我们面临的真正问题是，为什么它还没有普及到我们每一个人。事实上，我们与其他同行的最新研究表明，从遗传角度看，大部分美国人之间的婚配其实相当于第二代堂／表亲（详见第四章）。

结果是，我们对于种族的分类往往是基于眼形、发型和肤色这种外貌上的区别，而这样的分类在遗传学角度是明显错误的，我们会在第五章进行讨论。事实上，拜遗传分析所赐，我们能够解决许多人类史前的问题，从亚洲人后裔、欧洲人后裔与尼安德特人的关系，到成吉思汗有多少子女，再到人类是何时以及如何到达新西兰，等等。从现代角度来看，我们在人类迁徙和遗传隔离方面的新认识能够解释一些谜题。本书将谨慎地在避免触及种族和遗传学敏感问题的情况下，正面挑战一些根深蒂固的观念。在惊人的遗传信息的支持下，我们该如何重新认识种族分类问题？该如何用政策的力量改变现有的顽固观念？

遗传分析不仅能揭示种族的异同，还能折射出整个国家的兴衰。在第六章，我们将退一步，从宏观的角度审视遗传学理论能够怎样加入更广泛的全球性问题讨论中。例如，宏观经济学想要探究的一个根本问题是，为何在过去几百年间，一些国家繁荣昌盛而其他国家则裹足不前。长久以来的一套假设体系认为，常年累积的事件和环境会产生持久的影响，导致当下经济发展的巨大差异。从南北、东西的位置差距，到冰河时代对地球环境的塑造，一切似乎都与国民财富相关。新近有人提出，人口遗传学也是经济发展的深层决定因素之一。一批新宏观经济学家认为，民族遗传多样性对于经济发展尤为关键。2013年，夸姆罗·阿什拉夫（Quamrul Ashraf）和奥德·盖勒（Oded Galor）发表论文称，遗传多样性适中（The "Goldilocks" level）的国家更可能拥有高收入和良性发展轨迹。[8]据作者观察，许多遗传多样性较低（如原始美洲文明）和较高（如撒哈拉以南的非洲部落）群落的经济大都长期不振。而像欧洲、亚洲的许多遗传多样性适中的社会群体则恰到好处，对前殖民时代和当代的发展都起到了积极作用。研究者推测，适中水平呈现出的优势来自极端遗传多样性群落的弱势。对于遗传多样性过低的群体，由于个体之间几乎相同，这种情况会导致社会创造性的匮乏；而对于遗传多样性过高的群体，由于个体之间差异太大，会导致群体之间缺乏协作。

此外，除了衡量适中的遗传多样性对经济发展的作用，还有一些经济学家认为：群体遗传学与环境资源的相互作用影响着国家的发展模式。贾斯汀·库克（Justin Cook）已经表明，在远古时代即拥有断奶后继续消化奶类这项能力的人群，在1500年左右会拥有人口密度方面的优势。[9]其他研究已经证明，经济发展的历史差异会明显延续到现在。于是库克的研究进一步说明，基因组即使只是发生相对较小的改变，只要发生的时机和地点合适，也会导致各国之间巨大的经济发展差异。但这些基因只会在人类发展出农业时才能体现出优势。假如没有牛羊等家畜，这种基因就体现不出优势。

在第七章中，我们将进一步讨论更广泛的议题。我们会再次提到环境，并探究基因环境综合研究可能遇到的问题。事实上，遗传和环境因素可能是在一个复杂的反馈回路中相互作用的，这也可以进一步解释人类行为和整个社会的一些问题。有一系列研究的主题是，遗传因素是否会让人们对环境变化更加敏感。这一观点认为，有些人像兰花一样，生长状况会因环境的差异而明显不同；还有些人像蒲公英一样，对于身边的环境有较强的免疫力，不太受环境影响。假如我们能够在孩子很小的时候就能分辨出他是"兰花型"还是"蒲公英型"，那么我们是否能够根据这些信息来为孩子安排老师、班级和课后活动呢？

这个问题的缘起是，到目前为止，社会政策的效果喜忧参半。一些干预措施对于部分人，或是在某些情况下是有效的，但在其他情况下就不再有效了。公共政策与遗传学的最新研究成果有助于解释为何同一政策对不同人群效果不同，以及未来应该如何进行调整，比如，将"个体化医疗"延伸到"个体化政策"。如果一些人对含糖饮料税、香烟税等公共健康政策持消极反应是出于遗传原因，我们还应该对他们征税吗？

还有研究表明，一些教育手段对于学生的效果取决于学生的基因型。那么为了培养能够影响未来的学生，我们是否应该挪用其他学生的资源？如果我们发现，所得税对提高低收入群体劳动意愿的效果好坏取决于基因型，那么该怎么处理？本书结论部分的一个主题就是：我们是否真的希望沿着基因个体化策略的道路继续前进呢？

在讨论遗传学革命对社会政策意义的同时，遗传信息的民主化也成为社会遗传学革命的另一重大意义。如今，科学家再也不能为了符合研究结论，或者迎合政治需求而隐瞒或改动信息了，因为人类基因型检测成本的下降速度比摩尔定律（Moore's law）预言的计算机芯片的成本下降速度还快。这将使利用 23andme、Navigenics、Knome 等消费级服务测定自身基因序列的人数创下历史新高。这些掌握了信息的人将利用它来采取行动，尽管有时候这些信息可能并不太符合他们自身的需求。比如，他们会向医生询问某些疗法和检查是否适合他们，这是消费者推动的医疗发展方向：病人不再需要从医生那里获取治疗信息。于是，从家庭孕检和血糖测量开始的长期趋势突然发生了变化，转向检测不会改变的身体性状——基因型。以安吉丽娜·朱莉为例，一些人正希望通过预防性乳腺切除术（bilateral preventative mastectomy）来降低患乳腺癌的风险。夫妻双方可以了解他们关于听力失聪的遗传信息，并据此为未来的孩子做家庭健康决策。在结论中，我们将描绘一种基因统治的反乌托邦，一种自主优生带来的勇敢新世界，也就是生物学家李·希尔弗（Lee Silver）所谓的"生殖遗传学"（reprogenetics）。[10]

总而言之，本书将探讨遗传学的新发现会怎样影响我们对社会不平等现象的认知。我们考察了现有文献（包括许多我们自己的研究成果），归纳了它们的结果，提出鲜明的问题和假设，同时加入了大量的猜想。我们将在书中展现新遗传学发现的潜在破坏性与转向。事实上，这些发现往往会颠覆我们对社会演变过程的原有看法，它们还会表明我们目前对遗传效应的了解是多么有限，以及彻底区分遗传和环境影响是多么困难。但我们并不会纠结于这些困难，而是会转向更加丰富的社会科学、遗传学交叉研究领域，以推动这两个领域的发展。这些研究意义深远：我们应该将如火如荼的"个体化医疗"推广到"个体化政策"吗？我们对于人类差异的新分子生物学发现会从根本上影响世界种族分类观念吗？如何保证我们的新发现不会加剧社会不平等，让富人比穷人受益更多？接下来，我们会针对这一系列问题展开讨论。

尽管这个新兴领域的发展与经典社会科学的发展相比是十分迅猛的，但需要注意的是，该学科仍处于初期阶段。我们认为，曾经在 19 世纪后半期和 20 世纪独领风骚的"先天后天之争"可以休矣，当下越来越多的社会科学调查开始加入遗传因素就是明证。也就是说，将这些数据结合起来的工具还只是刚刚出现，而且面临的一些局限在未来一二十年内都未必能够得到解决：样本量还是太少，生物学机理难以确定，而且社会系统拥有一套非常复杂的学习与适应的过程，这对研究结果的稳定性是很不利的。尽管面临这些挑战，我们依然认为这是一个值得与大家分享的新领域。遗传学革命可能已经发展了一段时间，但社会基因组革命才刚刚开始。

THE GENOME
F A C T O R

第二章

遗传力的稳定性：基因与不平等

自维多利亚全盛时期的弗朗西斯·高尔顿（统计学家，优生学的开创者，查尔斯·达尔文的表弟）之后，社会科学学者都对社会性状的遗传力谈之色变。他们担心，如果犯罪和智商等复杂社会因素都具有高度的可遗传性［高尔顿在《遗传的天才》（*Hereditary Genius*）中就是这样说的］，那么离选育人种的公共政策也就不远了。这种担心不无道理，毕竟一直以来，人们计算遗传力的主要目的就是辅助育种。计算遗传力让我们知道，通过选择性繁育，需要多长时间才能改变种群的某个生物学性状（比如，牲畜或家禽的每日产奶量或产蛋量）。因此，计算遗传力是帮助农牧民提高投资收益的一种有效方法。那么，除了优育良种的需要，遗传力对于其他人来说是否有意义呢？

　　计算遗传力除了可能被用于人类选种外，还有一些社会科学家和行为学家不断试图用它估算某些性状（如个性、饮酒量、党派倾向）。这些学者（主要是心理学家，还有少数经济学家）发现，影响社会经济问题的许多变量都是由我们的基因决定的。这一言论于 20 世纪 60 年代末到 70 年代初首次被提出，在当时不可谓不激进，因为当时正是先天后天之争的天平向"后天"（即环境因素）倾斜得最严重的时候。比如说，在 20 世纪 70 年代，人们普遍认同性别认知完全是由社会因素来构建的，至少认为这是可以接受的。在同一时期，约翰霍普金斯大学医学院的约翰·曼尼（John Money）大肆鼓吹自己为外生殖器畸形男婴做的变性手术。按照他的逻辑，比起先天性别，环境因素对性别认知的影响才是主要的，小婴儿就如同一张白纸，可以随意涂上各种颜色，当然也包括性别认知。因此，我们大可改变他们的性别，只要在养育过程中按照改变的性别去对待他们就可以了。然而结果往往与理论大相径庭，其中一位患者，大卫·雷默（David Reimer）就因为曼尼医生的变性手术而经历了痛苦不堪的童年，最后选择自杀。[1]

先天因素在第二次世界大战结束后沉寂了一段时间，在后天决定论如日中天之际终于开始复苏。亚瑟·詹森（Arthur Jensen）给《科学》杂志去信宣称，遗传变异能在很大程度上解释智商的差异。[2] 几年之后，经济学家保罗·塔博曼（Paul Taubman）的研究证明，收入水平在很大程度上取决于基因。[3] 在 “水瓶座年代”（Age of Aquarius），这些言论被视为异端邪说，其他学者立刻群起而攻之，其中最引人注目的当属经济学家亚瑟·戈德伯格（Arthur Goldberger）的评论。他从数学角度出发，通过调整对遗传因素和环境因素重叠程度的假定，估算出遗传力也会产生相应变化，因而塔博曼的数据是不可靠的。[4]

当时心理学家汉斯·艾森克（Hans Eysenck）在媒体上称赞了塔博曼关于收入的研究，表示从这个研究中可以看出，政策对消除贫困的作用非常有限。戈德伯格看了之后讽刺道：“说出这话的人真是聪明极了。"他不顾学术辩论的大忌，在自己的文章中以挖苦的语气写道："照这样的说法，如果研究发现影响视力的主要是遗传因素，那主管眼镜行业的国家机构就应该关门；研究发现影响降雨的主要是自然因素，那主管雨伞行业的国家机构也应该关门。"[5] 所以，当时"左倾"的主流学界认为，遗传力根本无法准确估算，即使能被估算出来，对公共政策也毫无意义（当然对优生学就是另一回事了）。

但是，遗传力既然存在，就注定是一个绕不开的话题。撇开戈德伯格从统计角度做出的批判，遗传力真的并不难计算。心理学的一个分支学科——行为遗传学就力排众议，毫不气馁地继续对很多双生子、被收养者和其他类型的亲属进行了分析，试图估算出基因在更多性状（小到喜欢哪种面包，大到社会经济地位）决定中的分量。我们在第一章已经提到，伴随着理查德·赫恩斯坦和查尔斯·默里的畅销书《钟形曲线：美国社会中的智力与阶层结构》的出版，关于遗传力的辩论在20世纪90年代真是沸反盈天。赫恩斯坦是一位心理学家，长期研究行为遗传学，默里则精通社会历史和政策分析，是社会救济研究领域的"右派"大将。他们俩把各自的术业专攻进行了融合，得出了非常简洁而可怕的结论。

他们在书中写道，过去日子苦的时候，美国（当然欧洲也是一样）没有机会平等这回事。在种族、性别、性取向等问题上，美国不是一个能做到一视同仁、公平对待的国家。尽管开国元勋对此抱有极高的期望，但直到不久前，美国社会的情况还是一如往日，只有精英的孩子才可以上大学，毕业以后当经理，而美国大多数人能高中毕业就不错了。杰斐逊理想中的以小农为主体的时代从未真正到来，反倒是阶级分化（包括种族分化、性别歧视）越来越稳固了。

从 20 世纪中叶开始，情况逐渐发生了变化。先是罗斯福新政织起了一张最低保障的安全网，让处于底层的人不至于境况太差；紧接着"二战"后的一系列政策（例如，《退伍军人权利法案》以及约翰逊总统发起"向贫困宣战"期间设立的佩尔助学金）在很大程度上提高了接受高等教育和买房（还要部分归功于联邦住房管理局和退伍军人管理局的贷款、联邦国民抵押贷款协会的成立等因素）的人数。同时，美国开始实行义务教育，高中教育普及开来。上大学更容易了，一方面因为大学扩招；另一方面因为入学考试也趋于规范，打破了老同学关系网一手遮天的局面，让好大学能够选拔到最优秀的考生。与此同时，20 世纪 60 年代民权运动的胜利结束了法律上种族隔离最后的残余，任人唯贤的伊甸园自此诞生，至少《钟形曲线：美国社会中的智力与阶层结构》的作者赫恩斯坦和默里是这么说的。

他们讲的故事最令人啼笑皆非的部分是，由于社会变得机会均等，真正的精英就能通过选拔而成为耶鲁大学的毕业生，同是常春藤盟校毕业生的两个人结婚生子，他们的后代将更加天赋异禀。通过这种被人口学家称为选型婚配（assortative mating）的行为将使上层人士和底层民众之间基因潜力的鸿沟随着时间的推移越来越大。在过去，男老板一般都不会选择与他共事的女经理，而是娶漂亮的女秘书为妻。好一对郎才女貌。此处应响起美剧《广告狂人》的主题曲[6]（我们将在第四章讨论遗传学与婚姻的时候处理这个问题）。综观整个20世纪60年代，因为经济发展模式越来越偏向于信息和技术，常春藤盟校毕业生之间的婚姻呈上升趋势，仅仅经过几代就造成了无法控制的不平等现象。之所以无法控制，赫恩斯坦和默里是这样解释的——社会经济的阶级划分主要取决于基因而非社会进程，所以不受政策的影响，他们称之为遗传分层（genetic stratification）。他们的言论无所不用其极地向我们灌输，基因已经从根源上造成了差异，与其徒劳地去研究让不同社会背景的孩子享有均等人生机会的政策，还不如趁早放弃，想想采取何种政策能防止基因日益低劣的底层人的骚动。[7]

虽然人们可能会说，这本书与其说是严谨的现代社会不平等现象研究，不如说是圈钱之作，根本不值得重视，但其中并非没有真知灼见。一批社会科学家的新学术成果表明，之前学者可能过分夸大了环境的影响。更具体地说，一股力量一直在蓄势待发，并最终促成了社会科学的因果革命，推翻了20世纪70~80年代盛行的理念。

早在这场由经济学引领的因果革命之前，一些对某些问题（如个体成年后能达到的教育程度和收入水平）感兴趣的社会科学家就已经在对家庭收入不同的个体进行比较研究了。如果年收入1万美元的家庭的孩子成年后平均年收入为2万美元，而年收入2万美元的家庭的孩子成年后平均年收入为3万美元，那么我们就能得出一个结论：父母年收入每增加 1 美元，子女长大后的平均年收入会增加 1 美元，然后用它来对转移支付（即福利救济）的长期影响进行成本效益分析。

当然，也可能是（或者确实是）这样的情况，高收入的父母往往比低收入的父母受教育程度高，更成熟，婚姻关系也更加稳固，所以研究者需要测定这些干扰因素，并且在统计时加以调整，从而剔除其他家庭性状因素，只考察家庭收入产生的影响。如果使用多元回归分析对父母的年龄、接受教育程度、婚姻状况进行统计调整，科学家可能就会发现，父母每 1 美元的收入提升（经统计调整后）只会让子女成年后的收入增加 0.5 美元。但是，因果革命发现的问题是，我们不可能测定所有高收入与低收入父母（或家庭）之间的差别，总是会有漏网的第三个（或第 N 个）差异，而很可能就是这种差异造成了父母的收入与子女的收入之间存在显著的统计学关联。是宗教还是整体文化对赚钱的态度，抑或是学校质量跟不上入学人数的猛增？这个清单可以一直列下去。更糟糕的是，即使我们知道了所有被漏掉的变量，也难以精确地测定。

这些测定误差和异质性（heterogeneity）方面的遗漏会引起偏倚（bias），也就意味着，父母收入水平产生的影响既有可能被夸大了，也有可能被低估了。不过，就绝大多数潜在相关变量的影响而言，它们都让我们认识到，自己"天真的"估算夸大了父母收入水平的影响。一开始的结论是父母收入每增加 1 美元，子女收入就会增加 1 美元；后来修正为只会增加 0.5 美元，甚至对子女收入根本没有任何影响。如果父母的收入水平对子女的人生没有什么长远的影响，那么财政补贴的意义何在呢？

这种可能性在社会学家苏珊·梅尔（Susan Mayer）的著作《金钱买不到的东西——论家庭收入与子女的人生机遇》（*What Money Can't Buy:Family Income and Children's Life*）中展现得淋漓尽致，使整个贫困问题研究领域的假设都受到了挑战。在这本闪耀着智慧光芒的书中，梅尔采用大量实验设计方法（统计学上称为反设事实和自然实验），证明传统研究严重地高估了家庭收入对孩子人生机遇的影响程度。例如，她用数据证明，每1美元财政补贴对孩子的影响基本为零，而父母自己挣的每1美元对孩子的影响要大得多——是父母身上能让他们赚更多钱的属性对孩子产生了积极的影响，而不是钱本身。她的研究还证明，增加的家庭收入并不一定会花在孩子身上，像人们期望的那样去提高孩子的素质，为他们带来更多机遇（如购买书籍、聘请家教、医疗保健等），而是出现了我们最不愿意看到的结果——多出来的钱被父母自己花了（包括不良嗜好消费，如买烟、酒等）。尽管梅尔的研究也势必有局限性，模型的假设也有一些问题，但她确实颠覆了贫困研究领域。此外，她的一些发现表明，赫恩斯坦和默里所支持的观点——孩子的人生在某种程度上已经被遗传因素确定，受政策（如福利政策）影响相对较小——也许不像我们想象的那样与主流社会科学界势同水火。

梅尔的研究认为，父母与子女之间必定存在其他能够传递的东西，正是它们造成我们对统计模型做出了偏高的估计。[8] 如果梅尔是正确的，那么有三种可能性。第一种可能性是因为父母对子女的文化传递——知识和经验，使他们在一定的经济环境中拥有了更强的生产能力，从而顺理成章地获得了经济上的成功。这些知识和经验可能包括：关于如何适应就业市场或教育体系的知识、晶态智力（即累积的知识）、强调努力工作、控制冲动等一系列难以测定的属性，并通过富裕父母为子女创建的物质、精神资源丰富的环境进行传递。这对收入补贴与福利政策来说当然是个坏消息，因为财政补贴通常并不能给孩子传递有用的知识和经验。但这同时也是一个好消息，如果我们能破解传递什么比较"有用"，那就能更好地促进机会平等。在这些理念的驱动下，很多政府项目应运而生，如妇女婴童营养计划（WIC，用以改善贫困儿童的营养状况）、医疗补助计划（Medicaid，用以促进贫困儿童的健康），甚至还有启智计划（Head Start）、芝麻街（Sesame Street）幼儿节目等新的项目来鼓励家长多跟孩子沟通，多给孩子读书。这一切措施都是为了让孩子接受更多的知识启蒙。

第二种可能性是，每一代穷人（或富人）的孩子离开原生家庭之后，都要面对他们的父母曾经面对过的绊脚石。用种族与收入的关系来说，如果子女这一代的教育机构和雇主与父母那一代的一样歧视少数民族，那么父母即使收入高也无法提高子女收入也就不足为奇了。限制父母收入发挥作用的并不只是种族因素，身体、文化方面的因素也会带来歧视。当然，这个解释与第一种解释并不矛盾。因为有些能代代相传的东西（如言谈举止）对实际的生产能力并没有影响，却会使父母和子女都受到歧视。[9] 第一种解释和第二种解释的区别就在于，前者所举的例子确实会造成生产能力的差异，因此不能当作无理的歧视而忽略（当然，在文化产业地位重要，直接产值占国内生产总值 5% 的经济体中，这可能有点循环论证的意味）。例如，是否会使用主流文化的通用"语言"（如说标准英语、行为举止、服饰等）确实能够影响一个人的生产能力，因为如果不使用这种"语言"，就不能进入权力体系，也就无法实现抱负。[10] 尽管穷人世世代代都饱受歧视，但是我们仍然可以针对收入和（或）种族问题采取积极的政策，从根源上解决这个问题。如果前两个解释之一是主要原因，那么只要谨慎地实施纠正措施，同时防止歧视沉渣泛起，几代人之后就再也不需要实施针对家庭和社会的政策来消除此类不平等了。若是像电影《窈窕淑女》（*Pygmalion*）中的卖花女伊莉莎·杜利特尔（Eliza Doolittle）那样，自己纠正口音和措辞之后，她的孩子也自然能学着说一口女王英语，政策制定者就能松一口气了。同样，如果我们不仅从法律上消除歧视，还从现实角度减少歧视发生的机会，那么几十年之后，来自任何背景的人都能在经济阶梯上达到任何地位，偏见和不公正的对待应该也会越来越罕见了。

最令自由主义政策制定者感到沮丧的是第三种可能性——穷父母的生产能力比富父母低（所以前者才穷），而且，这种差异已经被刻进了基因里，很可能会遗传给他们的子女。假设这个解释是最主要的原因，那么无论我们怎么帮助家长，都不会在他们的子女身上产生衍生的影响。话虽如此，但戈德伯格说得依然没错：即使近视（或贫困）的根源在于基因，也不意味着主管眼镜行业的国家机构就应该关门大吉。相反，只要我们不希望用优生学政策把视力不好的人种淘汰掉，就应该为接下来的几代人制定合适的政策法规。同理，我们可能依然决定保留主管收入补贴和救济的国家机构，但所有扶持的效果可能都是暂时的，我们必须对下一代人同样采取扶持措施。

遗传力估算哪里出错了

前文已经讨论过，我们认为估算遗传力能帮助人们理解社会的许多方面——从教育制度的精英化程度，到慢性病的干预政策是否有效，不一而足。至少这种估算能告诉我们，政策对几代人的影响将如何动态地变化。即便如此，我们如果想知道关于社会经济地位遗传力的"准确"数字，就必须了解得出结论（如"影响收入的变量中，50% 是由基因决定的"）所用的方法。到底是不恰当的方法导致了疯狂的结论，还是疯狂的结论导致了不恰当的方法？

自统计学家兼生物学家罗纳德·费希尔（Ronald Fisher）和弗朗西斯·高尔顿之后，双生子研究在很长时期内都是评价身体性状或社会性状与遗传因素是否相关的黄金标准。因为同卵双生子的基因是相同的，这就可以帮助我们分辨出哪些效应是由基因以外的因素导致的。比如，子宫里的一对女性双生子，其中一个因为胎盘位置的原因导致营养不良（她的姐妹把所有营养都吸收了），这就好比一个中了彩票，而另一个背了一大笔债。在经济学和其他相关领域一直有双生子差异研究的传统。

但是，要想让双生子来告诉我们遗传学因素对某个性状（如身高）的影响程度，那就不仅要对同卵双生子进行研究，还要对不太流行的同性别异卵双生子进行研究，然后通过 ACE 模型来进行估算。在 ACE 模型中，一个性状被拆分成了三个要素，其中 A 代表加性遗传力（Additive heritability），即遗传因素；C 代表共有的环境（Common environment），即受试儿童共有的环境，如家庭环境或邻里环境；而 E 代表独有的、非共有的环境（Unique Environment），例如，不同的老师和学生。一个性状的全部变量 =A+C+E。ACE 模型早在几十年前就有了，从数学的角度来看很是简洁明了，但直到不久前，我们发现它所需的若干关键假设都站不住脚。

该模型的基本理念是，同卵双生子的基因 100% 相同，异卵双生子平均有 50% 的基因相同。这样的话，同卵双生子在相似度方面超出异卵双生子的部分就蕴含着基因起到了多大作用，即某种性状的遗传力，或者更准确地说，是加性遗传力。[11] 不仅如此，我们还能分别从独有环境和共有环境两个方面去分析环境影响对某个性状的贡献程度。[12] 对于某性状或表型而言，我们只需要看看同卵双生子在这方面的相似度比 100% 差了多少，就能得出独有环境（要素 E）所占的比重。

假如双生子中的一个在八年级的时候遇到的数学老师水平很高，而另一个却必须忍受一位上课如上刑的数学老师，这就形成了独有环境（要素 E）。如果父母对待两人的方式恰巧也不一样（但前提是这种差异绝不是由他们的基因情况导致的），这也属于要素 E 的一部分。共有的、共同的环境（要素 C）指的是孩子们共同享有的，且不是由各自基因导致的环境因素。比如说，如果只让确实在基因方面有音乐天赋的孩子上声乐课，那么这就属于基因的整体效应（要素 A）；但如果父母不管孩子有没有"音乐细胞"，都让他们上声乐课，那这应该属于要素 C。

我们可以举例来计算一下。假如一对同卵双生子身高相同的概率是 95%（即同卵双生子身高的相关度为 95%），那么非共有环境要素 E（如个人独有的影响因素）的作用就是 5%。如果我们接下来算出了遗传因素的比重（即加性遗传力），将得到的数字做减法，就能了解共同环境（要素 C）发挥的作用。所以，接着往下算，如果同性别异卵双生子身高的相关度或相似度为 55%，那么同卵双生子与异卵双生子的相似度差异就是 40%（95% − 55%），乘以 2 倍之后，我们就能得到加性遗传力的估计值为 80%。遗传因素的影响是 80%，也就意味着环境因素的影响是 20%，而我们已经知道了独有的、非共有环境的影响是 5%，那么共有的、共同环境的影响就是 15%。[13] 这些数字与发达国家对身高的普遍预测结果相差不大。因为我们的目的是研究社会行为的生物学根源，所以让我们把注意力放到遗传因素上——就是这个例子中的那 80%。

　　这个案例有以下几个关键性的假设：首先，整个估算过程都假定我们能准确分辨一对双生子是同卵还是异卵。其次，ACE 模型建立在异卵双生子平均有 50% 的基因（更确切地说是与给定性状相关的基因）相同的假设之上（这里我们不对同卵双生子的基因 100% 相同做出质疑，尽管已经有一些新的研究表明，也许我们也应该质疑一下）。[14] 最后，使用 ACE 模型的前提是，我们必须假设异卵双生子所处环境的一致性与同卵双生子相同——这个假定通常被称为平等环境假设。

　　所以，我们姑且假设科学家能准确辨别双生子的卵性（zygostity，指受精卵的个数，即同卵还是异卵），稍后我们会继续讨论这个问题。第二个假设（异卵双生子的基因关联性为 50%）乍看起来无懈可击，因为孩子的染色体各自包含了父母的一半，所以亲代和子代之间确实有 50% 的基因相同。[15] 但是，虽然异卵双生子每人都与自己的父亲或母亲有一半的基因相同，但那并不一定是"相同的"一半。也就是说，虽然同性别异卵双生子平均来说有一半的基因相同，但有些异卵双生兄弟或姐妹的相同基因会多于或少于一半。这个现象是由两个因素引起的，第一个因素是运气：双生子得到了父母二人每人手里一半的牌，但来自父亲和母亲的牌有多少是一样的，这就得看运气了。所以，有些异卵双生子的基因相似度仅仅与同父异母，或同母异父的兄弟姐妹差不多，有些却高得接近同卵双生子的水平。这个问题并不影响 ACE 模型的使用，因为我们假设的是异卵双生子平均有 50% 的基因相同。但是第二个因素——选型婚配确实会影响到双生子之间的关联性，因为这个因素能导致平均值不再是 50%（升高或降低），从而使结果产生偏差。也就是说，如果一对父母的基因相似度比人群中随机两个个体之间的相似度要高（即不是随机配对，而是选型配对），那么子女（包括异卵双生子）之间的基因相似度就要比我们估计的 50% 高；而如果一对父母的基因相似度比人群中随机两个陌生人之间的相似度还要低，即为负选型婚配（negative assortative mating）（我们将在第四章讨论基因选型婚配）。这对 ACE 模型造成的影响是，受试双生子的父母如果大多是正选型婚配（positive assortative mating），我们就会低估遗传因素对某一表型的影响；而如果存在负选型婚配，我们得出的遗传力就会比实际偏高。现有的所有证据都表明，无论是对基因组的整体研究，还是对某性状标志基因的研究，都存在正选型婚配的问题。这个问题导致 ACE 模型的假设不再成立，然而这却意味着遗传力可能被低估了，而不是高估！换言之，我们一般在计算时假设同卵双生子遗传因素的一致性为 100%，是异卵双生子的（50%）2 倍。所以，当存在正选型婚配时，由于父母双方的基因比较相似，异卵双生子的基因相似度就会高于 50%，他们实际存在的基因差异就比假设的要小。假设正选型婚配普遍存在，比如，个子高的人更愿意跟个子高的人结婚，个子矮的人更愿意跟个子矮的人结婚，父母的身高基因非常相似，那么在这种情况下，异卵双生子身高基因的相似度也会升高，比如说，升高到 67%，这样异卵双生子之间基因的相似度与同卵双生子的差异就只有

33%（100% — 67%）了。我们要想百分之百地估算出遗传因素的效应，其实应该用同卵与异卵双生子基因相似度的差异乘以3，而不是乘以2。如果仍然只乘以2的话，正选型婚配就会导致加性遗传力被低估。

ACE 模型的第三个关键假设——异卵双生子所处环境的一致性与同卵双生子相同，情况就大不一样了。这个假设的意思是，对于我们感兴趣的某个性状，如果我们发现同卵双生子在这个性状上的相似度比异卵双生子高，这完全是因为同卵双生子在基因方面的相关度更高，而不是因为他们所处（与该性状相关的）环境的一致性比异卵双生子高。这个假设会有什么实际的影响？有些研究者错误地认为，在同卵双生子之间一致，而在异卵双生子之间不一致的任何环境差异都会带来问题，但其实并不是这样。如果一对同卵双生子因为智力相当而上了层次相当的数学课程，那么相对于因为先天数学能力差异而上了不同层次数学课程的异卵双生子，前者在环境上更高的一致性就是更高的基因相似度的直接结果，应当被归入要素 A。同卵双生子的朋友等方面都比较相像也是这个道理，因为他们的个性可能就比较相像。

但是，如果人们对待同卵双生子的方式也类似（因为两个一模一样的人本身就会让其他人对他们产生"特别的"反应），那就会有问题了。想象有这么一个世界，兄弟姐妹之间基因相似度的范围是 0~100%，相似度达到 90% 的兄弟或姐妹很常见，碰巧达到 100%（同卵双生子）也并非罕见。我们也许可以假设基因相似度在 43%~48% 的兄弟姐妹所处环境的一致性，与相似度在 95%~100% 的兄弟姐妹一样。那么当基因相似度达到 100%（同卵双生）时，基因的相似度就自然会导致他们所处环境的一致性提高。

然而，在我们生活的世界中要想达到 100% 并不容易。[16] 而且，100% 的相似度也有其问题。具体来说，一个问题是，同卵双生子会得到特殊的对待，因此他们环境的一致性会较高，高于单纯由于基因相似度而产生的一致性。例如，同卵双生子更容易被当成对方，他们在一起的时间也会不成比例地多于其他类型的兄弟姐妹（这些都违背了 ACE 模型的假设）。这个现象与同卵双生子通常会上同样的数学课程，或者朋友数量相差不多有着本质的差异，因为后者源于先天的相似度，与 ACE 模型的假设不冲突。除此之外，同卵双生子会对 ACE 模型产生的另一个干扰是异位显性（epistasis）。异位显性（我们将在第七章进行更详细的讨论）是指两个非等位基因组合在一起时会引发某种特殊的性状。如果整个基因组中的所有基因都能相互作用，从而导致某种性状产生，那么因为同卵双生子比其他类型的兄弟姐妹基因更为相似，所以除了这些基因的加性效应之外，他们产生相同基因组合的可能性也更高。

异位显性、易混淆性（confusability）、更大程度的交叉社会化（cross-socialization）等同卵双生子特有的属性，意味着同卵双生子本身的影响可能会超过（至少相当于）基因相同带来的影响。用社会科学的行话来说就是，以同卵双生子为研究对象会带来外部效度（external validity）问题——由于同卵双生子的特殊性，我们可能无法把从他们身上得出的任何研究结论推广到其他人群。[17]

所以，以双生子为研究对象得出的一切遗传力信息，从是否喜欢混合动力汽车和芥末（遗传力分别是 37% 和 22%[18]）到喜欢爵士乐还是歌剧（遗传力分别是 42% 和 39%[19]），再到教育情况（遗传力是 40%[20]）和几岁开始抽烟（遗传力是 44%[21]），似乎毫无意义。为了在一定程度上解决这个问题，研究者对基本研究设计做了微调，引入了基因相似度不同的其他亲属，这就是扩展双生子模型。例如，一对同卵双生子分别成为父母之后，他们的孩子互为堂 / 表亲关系，这些孩子之间的基因相似度（平均值为 25%，而第一代堂 / 表亲的基因相似度平均只有 15%）跟同父异母或同母异父的同胞类似，只不过他们不生活在一起。如果通过比较这些孩子与第一代堂 / 表亲的孩子估算出的遗传力，与之前通过比较同卵双生子和异卵双生子估算出的遗传力近似，那我们对之前数据的把握就要大一些。当然，尽管排除了一个维度的假设，但在其他方面，这两种方法对双生子与环境的前提假设还是相同的。

由于同卵双生子的特殊经验，根据他们得出的结论在多大程度上能推广到其他因素还尚有疑问。于是我们利用分子标记法（molecular marker）对双生子模型的一个基本假设发起了挑战："科研工作者（和双生子自己）能准确地分辨一对双生子是同卵还是异卵。"过去行为遗传学家只能靠自己的双眼、调查问卷和双生子家庭自己的感觉去判定一对同性别的双生子是同卵还是异卵，但现在不同了，我们只要反复对比一对兄弟或姐妹的同一段高度可变性（多态的）DNA片段，就能知道准确答案（有些DNA片段在所有人身上都一样，而有些却在不同的人身上差异很大，所以很适合用于案件侦破、亲子鉴定、同卵双生子验证）。如果一对双生子的一系列关键性标志物都吻合（比如，在被检测的位点上都有碱基C或T，或者有相同数量的重复碱基序列，如AGG、AGG、AGG、AGG），因为巧合导致这种现象的可能性微乎其微，因此这对双生子应该是同卵的。而如果他们只有一个位点不同，那么他们一定是异卵的。比起依靠诸如"他们是不是很像同一个豆荚里的两颗豌豆，或者同一株上两个豆荚里的豌豆"（这个问题曾经被用来辨别双生子）这样的问题，我们可以使用分子遗传学来更准确地分析双生子的卵性。[22]

我们曾经研究过的同性别双生子中，就有很大一部分的卵性被搞错了！在美国青春期到成年期健康纵向追踪研究（Add Health）的双生子研究对象中，大约有18%的同性别双生子搞错了自己的卵性。在这些搞错的情况中，本来是同卵却以为自己是异卵的占大多数。这可以理解，因为家里人往往会认为长得一模一样的双生子才是同卵双生子，但其实同卵双生子在身体上可以有很多不同——从出生时就会表现出来，因为胎盘结构的原因，双生子之一可能在子宫内吸收了更多的营养，所以双生子出生时的体重可能会有明显的差异。

如果你是双生子之一，当你发现自己对从小与自己住同一间卧室的人竟然看走了眼时，也许会感觉有点受伤，但对科研工作者来说，这能很好地检验 ACE 模型在"平等环境假设"不成立时是否依然有效。通过研究被误认为是异卵双生子的同卵双生子，我们就可以看到当没有来自外界环境的"特殊对待"时，遗传力估算值是否会发生变化；相反的情况则可以用来进行交叉检验。

令我们大吃一惊的是，用错认的同卵双生子代替真正的同卵双生子（或用错认的异卵双生子代替真正的异卵双生子）之后，估算出的各种性状遗传力均未降低。我们使用了 3 组不同的数据（2 组来自美国，1 组来自瑞典），样本中被错认的双生子有的是被自己错认的，有的是被研究人员（通过观察和提出一系列问题来判别，准确度比前者高，错认率约为 5%）错认的。所有这些方法和样本得出的结果都有效。我们这些"质疑平等环境假设"的准确性，认为行为遗传学家犯了根本性错误的社会科学家，最终反而是帮行为遗传学家证明了他们"朴素的"ACE 模型。[23]

早在我们尝试否定双生子研究方法却"未遂"之前，就已经出现了一系列回避"奇特的"双生子的新方法。它们得益于基因革命和价格低廉的基因检测芯片的广泛普及。既然科学家现在可以对大样本的研究对象进行基因检测，就不需要再去猜测某个家族谱系中两个个体（如兄弟或姐妹）之间的基因相似度，直接检测就可以了。具体方法是利用基因芯片来分析检查两个个体的全部 46 条染色体，看看在这 100 多万个碱基中，两人有多少碱基相匹配。我们可以这样理解这种方法的原理。先把有 100 万个碱基的片段想象成只有 10 个碱基，在这个（随机）选定的序列上，每个位点的碱基都有两种可能性（我们在这里只使用双等位基因来举例，也就是说，染色体每个位点上的碱基只会是四种碱基中的两种，此处假设为 A 和 C）。在这两种碱基中，我们把其中一个称为稀有碱基（在典型人群中比较少见），另一个称为参考碱基。这样我们就可以分别来看两个人染色体上 10 个位点总共有 0 个、1 个还是 2 个稀有碱基。假设 49% 的研究对象有碱基 A，而 51% 的研究对象有碱基 C，那么 C 就是参考碱基。然后我们对所有的研究对象进行基因检测，并对他们每条染色体上的前 10 个位点进行评分——基因型是 CC 得 0 分；是 AC 或 CA 得 1 分；是 AA 则得 2 分。10 个位点都评完分之后（当然，在实际研究中，我们在每个位点要找的碱基可能是不一样的），我们就可以计算出两个个体在每个位点的相似度（即相关性），再把这 10 个位点的评分加起来，就能计算出总体的相关度。[24]

如果把样本中的每一对研究对象都这样分析一遍，[25] 我们就可以知道，基因型更相似的人，是否在我们感兴趣的表型上更相似；换句话说，基因的相似度是否预示着某些性状（如身高或受教育程度）的相似。这些新方法将研究对象随机分组，每组两人之间的基因相似度有高有低，然后分析他们在表型上的相似度在多大程度上受基因影响，所以与双生子研究方法并没有太大的不同，唯一的区别是，在 ACE 模型中，基因的相似度分别被假设为 100% 和 50%，而以没有亲属关系的人为研究对象的新方法可能是在探讨基因相似度为 0.5% 或 1% 的两个人之间的差异。这些新方法的好处是，我们不必再为如何从双生子推广到其他人群而苦恼了，因为我们现在可以直接分析 "其他人群"。现在，第一组被试的整体基因组可能有 0.01 的正相关（即基因相似度比随机选取的其他个体高 1%），第二组相关度为 0，第三组则是略微负相关。而且人们发现，在已发表的研究论文中，使用这种方法估算出的遗传力只有双生子研究得出的一半[26]（见第三章对遗传力缺失的讨论）。

但是，我们对这种研究设计背后的假设也持怀疑态度。是否存在这样一种可能：我们观察到的基因相似度与性状相似度之间的关联，其实并不是基因的作用，而是基因冒领了环境的功劳？这就是所谓的人群结构（population structure）或人群分层（population stratification）问题，另一个术语是 "筷子问题"（chopsticks problem），是群体遗传学家（population genetics）迪安·哈默尔（Dean Hamer）和列弗·西罗塔（Lev Sirota）给起的名字。[27]想象把所有美国人作为一个样本，你对这个样本进行研究之后，意外地在你的数据中发现第 16 条染色体上有一个基因标记极有可能决定了一个人是否使用筷子。你大喜过望，忙不迭地发表论文，说明你发现了使用筷子的基因。然而没过多久，你的研究伙伴就建议你把数据按种族分开，各自再重新分析一遍。你在重新分析的时候就会发现，这个特殊的等位基因或基因标记（见第一章）在各种族的分布情况是这样的：白人98%是C，2%是A；黑人90%是C，10%是A；拉丁裔人94%是C，6%是A；然后意外出现了，亚裔人18%是C，82%是A。这时候你觉得好像发现了一个与东亚人群有关的基因，这个基因使他们使用筷子，而不是用刀叉。但如果要检验用筷子是否确实由基因决定，还是仅仅由历史原因引起，跟不同大洲人群的等位基因频率差异构成了巧合，那就要看同一个种族的人（甚至应该看同一个家族，如兄弟姐妹）之间，这个基因与用筷子的关系是否依然存在。但是，当我们再进一步，单独分析白人，或单独分析黑人、亚裔人、拉丁裔人时，发现等位基因A（或C）与是否用筷子进餐毫无关联。你只是被人群分层所迷惑。[28]你以为自己发现了某种文化习俗在根本上是由生物学性状决定的，结果你只不过发现了一个与族裔信息吻合度很高的基因标记而已。

回到前面的话题，因为像上文那样不考虑人群分层进行的分析会造成结果偏倚，我们把人群分层也纳入新方法中，然而估算出的遗传力基本没有变化[29]（感兴趣的读者可以阅读附录2）。所以，我们从社会科学的角度证明遗传学家用错了的努力又一次以失败而告终！[30]

遗传力的第二春——为什么它对政策很重要

让我们回到什么因素可能导致高估家庭收入对儿童的影响的讨论。按照苏珊·梅尔的分析，了解儿童主要受何种类型传递的影响（也就是说，收入或贫困的估计值主要是由代际遗传因素，还是由代际环境因素导致的）决定了政策制定。尽管我们不知道什么基因会造成什么后果，而只知道某种后果的遗传力，比如，老年时耳聋风险的遗传力是 90%，那么比起遗传力为 10% 的后果，显然前者对政策出台的影响更大一些——这意味着外界在一代人身上实施的任何干预或纠正耳聋的措施，都不太可能在下一代人身上得到任何回报，因为基因本身固有的患病风险并没有被改变。然而，如果引起耳聋的主要是环境因素，如噪声，那么我们就面临着和之前讨论收入问题时类似的两种可能性。其中一种可能是存在随机的外源性噪声。如果是这种情况，我们就可以通过分发耳塞或颁布噪声环境功能分区法案来降低听觉污染。但需要注意的是，如果想得到持续改善，就必须长期推行这些措施。

然后我们再来考虑另一种可能性，噪声可能并非来自随机的环境因素，而是来自家庭环境，即家庭是产生噪声环境和耳聋风险的源头，父母为孩子带来了这种高风险的环境。设想某些家庭中噪声较大，而且从某一代人开始（不管什么原因）听力开始下降，那么家庭成员就会为他们调高电视机的音量，说话也基本靠吼，于是该家庭中的孩子就会一直生活在异常嘈杂的环境之中。如果童年接收到的噪声程度对日后是否会发生听力衰退至关重要，那么这些孩子长大后听力就会下降，他们又会让自己的孩子生活在噪声更大的环境中。这种代代相传的耳聋跟遗传没有任何关系，只是环境因素的代际传递导致的。好消息是我们可以对孩子的父母（或祖父母）进行干预，从而打断这种耳聋的代际传递。我们可以通过派发免费助听器来改善年长一代人的耳聋症状，从而让他们说话小点声。假如高声说话的习惯已经根深蒂固，我们还可以提供行为心理咨询等服务，帮他们养成低声说话的习惯。关键在于，不管我们在年长一代人身上做多少投资，他们的子女一代都会相应地受益，他们成年以后罹患耳聋的风险都会降低。现在把"耳聋"换成"贫穷"。长期成本—收益分析激发了许多贫困干预项目，因为有证据表明，越早（甚至可以早到孕期[31]）实施干预，效果越明显。但如果是自杀、抑郁、犯罪这类可遗传力很高的问题，这些干预实验很可能无功而返（或者至少需要在每一代人身上重复实施）。

颇具矛盾色彩的是，遗传力还是考量公平性的一个重要指标。事实上，有些学者曾表示，我们应当让重要社会经济性状的遗传力达到100%！[32] 他们并不是在鼓吹所有人的命运都被设定的反乌托邦世界（即使两者确实有着必然的因果关系），而是希望个人机遇受环境的影响程度为0。他们的理由是，为什么我们要让家庭环境影响我们成功的可能性？更进一步说，我们为什么要让家庭之外的任何随机环境因素对我们产生影响呢？

非遗传性的家族影响（比如，拥有贵族头衔，或从一个有钱的叔叔那里获得一笔意外之财）会导致不平等，但如果家庭之外的环境影响（如应召入伍，或者被免除兵役）也会很大程度地改变我们的健康、经济和家庭状况，社会就会依然存在不公平，只不过是另外一种不公平而已。

虽然我们一定程度上也赞同应该利用政策来提高经济和社会地位的遗传力，但我们认为要构建一个机会均等的乌托邦式社会，遗传力仅仅是一个必要条件，而不是充分条件（当然，有些人可能想要的不是机会均等，而是收入均等的社会主义社会，即遗传和环境的影响均为 0；还有些人认为，让要素 E，即随机的、非公有的环境，达到最大才是最公平的）。

如果我们根据肤色、发色或身高（这些性状都具有高度可遗传性）来分配工作，那社会经济地位的遗传力就可能达到100%，但这样真的是选贤任能吗？

我们可以再举一个例子，如果所有的顶尖学府都根据打篮球时罚球的技术水平来决定录取谁，而罚球的能力就像眼睛的颜色一样，基本上是 100% 由基因决定的，那么我们可以说这种高等教育制度体系做到了完全的机会平等。但是，这让我们觉得不合理，因为基本上除了 NBA 的球员，没人会觉得这样来决定所有的大学入学名额是合理的。这种"考试"或"技术"与制度的性质是不相匹配的。同理，如果 NBA 只按照球员的学术水平测验考试（SAT）成绩来决定首发位置，那估计就没多少人会想看湖人队或尼克斯队的比赛了。

幸运的是，美国是一个资本主义社会，市场具有调节的力量，引导企业趋利避害。所以如果某些大公司把身高作为掌门人的标准，那么它们就很可能会败给遵循市场导向原则来任命总经理的公司了。问题是文化产品对美国 GDP（国内生产总值）的贡献已经达到了 4.2%，文化产品的价值并不是内在的，而是取决于时尚引领者、大众媒体、购买力最强的消费者（如有钱人），所以在经济生活中因果是可以互相转化的。

沿着这一思路，最近已经有一些研究表明，智商的遗传力会随着一些受政策影响比较大的因素而变化，比如，种族、收入和父母的受教育程度。例如，郭广和伊丽莎白·斯特恩斯（Elizabeth Stearns）的研究显示，黑人的智商遗传力低于白人。[33] 他们解释说，这意味着环境因素（如父母掌握的资源匮乏、教育条件落后，或者是单纯的种族歧视）限制了这部分人群的基因发挥出应有的潜能——用 ACE 模型来解释就是，要素 E 的作用压制了要素 A。换句话说，基因和环境存在某种相互作用，导致智力方面的潜力虽然可以被遗传，但需要在人为的资金投入等环境因素的帮助下才能以智商的形式实现。[34] 如果黑人智商的遗传力确实比白人的低，那这个例子可能会引导我们探究各个不同人群的遗传力，因为这个指标能够说明环境因素将在哪些方面、在多大程度上阻碍资金投入获得更高的效益。[35]

换句话说，非裔美国人的遗传力估计值偏低是一个值得探究的现象，如果实证研究发现之前未发现的 DNA 与社会科学家关心的结果有着有意义的联系，我们就应该去研究其中的原因，而不是仅仅断言这与政策无关。[36] 在探究的过程中，我们也许就会发现它与政策的相关性。从遗传力差异的角度出发，我们就可以探究引起这种差异的潜在过程。拿种族和智商的例子来说，上文对黑人遗传力偏低提到的所有解释（种族歧视、资源等）都值得深究，一方面可以实施控制环境因素（如家庭和教育政策）的实验，检验遗传力的估计值是否会发生变化；另一方面可以求助分子遗传学数据，看看是否有特殊的基因位点可能影响代际遗传的关联。即使无法确定位点与性状的具体对应关系，而是仅仅知道在不同条件下遗传因素的影响程度大小，就已经对政策制定者大有裨益了，可以让他们决定是否调整相关政策。（在讨论基因与环境相互作用的第七章，我们会更详细地讨论这个问题）。

总而言之，我们希望你已经明白，学者不应该草率地回避遗传力，而应该将其视为理解社会机遇和不平等的多种工具之一。事实上，不管我们希望遗传力是 100% 还是 0，也不管我们是否因为对可遗传因素的投入只能造福一代人，而只愿意去纠正不可遗传的因素，简而言之，遗传力能在很大程度上揭示了社会的自我再生机制和代际变迁机制。

学习与遗传力共处

如果众多单独来看都有缺陷的遗传力估算值在其智力、社会、经济影响（如教育或收入）上的结论趋于一致，而且都在

50% 左右甚至更高，这是否意味着理查德·赫恩斯坦和查尔斯·默里更有先见之明，而且先于基因组革命整整 10 年？答案是：未必。即使经济地位的遗传力达到 100%，如果我们相信自由市场的成功标准是公平合理的，那么世界并不一定会演变出越来越僵化的基因钟形制度。这是因为《钟形曲线：美国社会中的智力与阶层结构》一书中还有另一个关键要素——选型配对。只要人们择偶时不要求基因潜力上的门当户对（比如，拥有高智商和高收入基因的人们彼此结婚，而与智商和收入有关的基因都最差的人彼此结婚），那么每一代人的基因都会重新洗牌，基因赋予的能力虽然会决定社会经济地位，但并不是一成不变的，也不会让社会僵化成不平等的分层状态。

然而，最近有许多调查数据表明，社会经济方面的选型配对呈上升趋势。这预示着社会的基因差异和表型差异会进一步加大（当人们随机择偶的时候，一代子女的情况大多数接近人群的平均值，呈现为完美的钟形曲线；而当人们选择性择偶的时候，钟形曲线就会趋于平缓，且两端距离越来越远）。确实如此，过去 50 年间，婚姻状况发生了重大变化，那就是人们在择偶时越来越倾向于选择受教育程度与自己相当的人。我们将在第四章探讨婚姻与遗传学，在此之前，我们要先来讲一个至今仍在遗传学领域非常热门的争论——既然遗传力这么高，为什么我们感觉不到某些重要基因的遗传力？

THE GENOME
F A C T O R

第三章

既然遗传力这么高，为什么我们找不到？

当20世纪80～90年代、分子遗传学的时代正式拉开帷幕时，有志于人类行为学研究的生物学家纷纷感到欢欣鼓舞：他们终于能够破解基因组的黑匣子，直接测量基因的影响。之前他们为了研究做出的那些关于双生子、领养儿童等的假设，常常遭到他人的误解和嘲笑。现在他们再也不需要依赖这些假设了，可以直接研究基因对于社会现象的影响。科学家可以深入探究其生物学机理，并且更详细地了解从细胞到社会的各种影响路径。他们甚至能够有针对性地研发焦虑症、抑郁症、精神分裂症，甚至是认知障碍症的基因疗法。在这些疾病中，有50%~75%的差异是由基因造成的，彻底了解哪些基因在起作用是真正走向"临床议程"社会生活的第一步。但事实证明，与估计遗传力一样，对人类行为的分子基础研究（以及对大部分表型的研究）同样困难重重。

　　回想过去，科学家曾认为他们将发现决定性别、智商等性状的基因，这种想法现在看来确实很幼稚。与瞳色这种由3个基因就能决定的简单性状相比，社会生活的情况要复杂得多。即便是身高这种受遗传影响极大的性状都是多个基因调控的。换句话说，尽管其中每个基因的作用都很微小，但这类性状受到成百上千个基因的共同影响。假如说连身高这种性状都要由成百上千的基因才能决定，那么社会行为就必然是大多已知基因共同作用的结果了。

冲击一：候选基因研究

早在近 25 年来的基因组革命之前，就已经有人发现：如果特定位置上的基因按照某种方式产生变异（mutate），人体就会受到巨大影响。这样的遗传病被称为孟德尔病（Mendelian diseases），其中的亨廷顿病（Huntington's）就是一个典型例子。这类疾病是由于基因发生可遗传的变异和错乱，从而导致一些基因无法发挥正常作用引发的。当单基因遗传病呈隐性（recessive）时（必须要同时具备两个致病基因才会导致发病），一些致病基因的携带者并不会表现出某些症状。但如果两个携带者婚配，他们生育的后代又不幸同时获得了双亲携带的致病基因，那么这个孩子就会患病。亨廷顿病与镰刀型贫血症（sickle cell anemia）都属于这种类型的遗传病。

即使是癌症，我们也可以认为它符合这种 OGOD（One Gene，One Disease, 即一个基因对应一种疾病）原则。许多癌症的发生就是因为某个抑癌基因（tumor suppressor gene）发生了变异，导致其不能抑制细胞周期，进而导致细胞疯狂增殖。假如一个人的某对抑癌基因中只有一个能正常运行，另一个失效的话，那么，当这个正常基因发生变异（可能是因为致癌环境，也可能仅仅是偶然的复制错误）时，这个细胞的增殖就会失控。另一种情况是原癌基因（作用是促进细胞生长）发生变异，成为致癌基因，活性比之前提高（在抑癌基因的情况下，恶性变异会导致其活性降低），于是大大加快了细胞的生长和增殖。不过需要注意的是，这种情况还是略微有些夸张，因为单个基因的变异在大部分情况下都不足以引起癌变。我们的身体有其他手段来防止细胞增殖失控，不过有时候这些防卫手段也会遭到破坏。对于我们而言，关注的要点是探索特定基因对应的作用。这可以说是遗传学领域的惯例了。

在已知遗传病的背景下，较早的文献采用分子遗传学的方法来研究人类行为，致力于用单个基因控制性状的思路去解释问题。科研人员通常采用两种测定基因变异的方式。第一种方式是研究人类基因组特定位点的单核苷酸多态性（SNP，读作"snip"）。单核苷酸多态性就是指染色体上特定碱基对的变化，而且这种变化至少存在于 1% 的人口中。第二种方式则是关注 CNV（基因拷贝数的变化），也就是在某一给定片段内核苷酸重复次数的变化。通过关注 CNV，我们可能发现有些人有TTATTATTA 这种重复三次的 TTA 片段，而其他人的 TTA 片段则可能重复四五次。发现新基因的进程比较缓慢，但这并不仅仅是传统医学研究范式的原因。候选基因法（candidate gene）之所以被采用，一部分原因是基因分型的高昂研究成本和从假说出发的科研方法。

研究成本是一个不可忽略的因素。[1] 在对基因的早期生物学、医学以及行为学研究阶段，为了研究遗传序列，需要合成被称为引物（primer）的核苷酸链。由于这种研究成本很高，所以科学家在选择观察位点上非常谨慎。科学家倾向于假设某一特定基因型差异的关键在于基因组的某一特定区域。大面积排查的方法是不可行的。

那么科研人员如何知道自己关心的性状对应于基因组的什么位置呢？大部分情况下，基因的选取基于已经在模式生物（model organism），也就是在一些实验室动物身上进行的研究。模式生物已经为行为遗传学等复杂研究领域解决了许多难题。首先，科学家可以定制研究环境。比如，我们可以将一只小鼠置于生存压力较大的环境下，其他小鼠则置于对照环境中。我们可以让实验组小鼠在未断奶时就离开母亲，而对照组小鼠则与母亲生活在一起。环境的随机分配（或是保持各实验室中条件相同）模仿了医学中的控制随机变量实验。这就消除了我们在第二章中提到的基因可能冒领环境差异影响的担忧，例如，美籍华人既使用筷子，在某一位点上 C 的比例也有偏高的情况。对于模式生物，环境对于基因的影响可以通过控制环境变量来消除。

此外，在许多研究模式生物的过程中，遗传控制可以通过一种叫作回交（back-breeding）的方式实现。所谓回交就是指科学家让动物与其亲代或兄弟姐妹交配，这样经过几代之后就能排除大部分杂种基因，从而在实验室条件下得到一个基因几乎完全相同的群落。在这种遗传因素相同的背景下，研究人员可以通过将遗传信息转入宿主细胞，或是诱导定向突变的方式来改变某一个基因。一旦将这种变异引入生殖系（即产生精子与卵细胞的细胞），这个基因变异就将代代相传。

这种通过遗传手段操纵活体动物的能力带来了很多可能性。科学家不仅能够在实验室条件允许的范围内控制实验大鼠所处的环境，还可以向它们注入或关闭某些特定基因，看看会出现哪些现象。他们还可以把新基因跟已有的基因结合，形成标记基因，指示出这些基因何时在动物的何处表达出来（即合成蛋白质）。例如，绿色荧光蛋白（GFP）最初是在某些水母身上发现的，现在它在许多遗传学实验室中作为标记物被广泛使用。当我们将其他基因片段与编码绿色荧光蛋白的基因结合在一起时，如果在实验动物身上发现了荧光蛋白，就意味着我们要测定的目标基因被表达了。[2] 这样研究人员就能判断目标基因的激活条件，比如表达所处的环境条件、细胞种类以及细胞发育的阶段等。

考虑到用实验动物能完成如此多深入细致的研究，研究行为遗传学的科研人员在寻找人类基因组中的重要基因时，常常把大鼠与小鼠的转基因实验数据作为参考也就不足为奇了。幸运的是，从生物界的角度来看，比起黏菌（slime molds）、深海热泉口的微生物等来说，小鼠和人类简直就是双生子，几乎一模一样。小鼠和人类在8000万年前源自同一个祖先，所以大脑结构一样，所有的基因也几乎一样（在已经研究过的4000个基因中只有10个不一样），而负责蛋白质编码的DNA序列中两者相同的比例也高达85%。[3]

更让研究行为学的学者激动的是，对我们的四条腿"小表弟"进行的表型研究已经很成熟了。我们有各种方法来衡量上瘾（就像人类的药物成瘾一样，小鼠也会对可卡因成瘾，这时它们会对进食、交配、睡眠等一切都失去兴趣，只想要更多可卡因）、社会挫败[4]反应等一系列与人类抑郁症类似的鼠类行为，以及与我们所说的焦虑类似的行为。科学家甚至可以衡量小鼠的认知能力和韧性（也就是勇气）。近年来，研究者认为在当今社会中，后者是一项关键的非认知技能。[5]

于是，当小鼠某个基因的变异表现出会影响其抑郁水平时，人类分子遗传学家就会决定研究人类的这个基因。在这些基因中，有一些在大脑中得到了高度表达，而且是当今许多药物疗法的作用目标。例如，经过对小鼠和人类进行广泛研究之后，有一个候选基因被确定为 5- 羟色胺转运体的编码基因，而 5- 羟色胺转运体正是抗抑郁药物百忧解（Prozac）和其他 5- 羟色胺重吸收抑制剂（SSRIs）的靶蛋白。多巴胺（dopamine）受体 2 和受体 4 也是这样的例子。它们是大脑奖励回路和愉悦回路的关键物质，已经查明其与注意力缺陷多动症（ADHD）有关，而且是 ADHD 治疗的指导激素［包括使用安非他明（amphetamine）来刺激多巴胺的释放］。至少从理论上来说，人类行为学家通过这种方式探索基因对社会的影响是有一定依据的。

然而，理论是一回事，实际做起来又是另一回事。Add Health 等采集人群 DNA 数据的多项早期调查测定了已知与大脑 5- 羟色胺系统和多巴胺系统相关的 6~10 个基因标记，其中包括单胺氧化酶（monoamine oxidase）的编码基因。单胺氧化酶是百忧解出现之前能起到抗抑郁作用的靶蛋白。很多早期研究（包括最新的一些研究）发现，这类候选基因发生的变异对小鼠行为，以及对应的人类行为有显著的影响。比如说，这些研究得出的结论之一是，单胺氧化酶 A（MAO-A）基因的变异会影响人类的秉性和侵略性。[6] 这个基因经常被称为"战士"基因（"warrior" gene）。[7] 而多巴胺受体 2（DRD2）基因和多巴胺受体 4（DRD4）基因的变异也已经被证明与人类行为有关。这些研究者认为，有些人需要对其多巴胺受体所在的大脑区域进行更多刺激才能达到某一给定的反应水平，因而，这些人就会更喜欢冒险。

然而，我们并不能认为进行动物实验得到的结论就能简单地应用于人类。一个明显的问题就在于如何用小鼠的表型来类推相应的人类行为。我们怎么能确定使小鼠蜷缩在笼子一角的某个基因变体，就是导致人类抑郁程度超过临床阈值的等位基因呢？我们又如何能确定控制小鼠因为猫的出现或是惊叫而惊恐万状的基因，就相当于使人类在焦虑症发作时表现出强迫症和失眠的基因？另一个问题是，动物实验不仅能控制环境（比如，可以最大限度地防止各种实验不需要的噪声产生，以免干扰对基因型与表型关系的观察），还能通过使用基因型相同的动物来控制遗传背景，从而消除基因的互相影响。这种相互作用也被称为异位显性，指的是在一对基因中，只有当其中一个为某基因型时，另一个基因的变异才会产生显著效果。举例来说，DRD2 基因如果只是自己发生了变异，那么细胞对多巴胺的摄入就不会受到显著的影响；但如果 DRD4 基因也同时发生了变异，细胞的多巴胺摄入就会出现问题。因为这两个基因是互为补充的关系，一个基因表达的受体不足时，另一个基因就会加强表达。只有两者同时出现问题时，症状才会显现。最后，候选基因法难以解决我们之前已经提过的"筷子问题"，因为被研究的单个基因变体在不同的人群和子群体中的出现概率不同，而它们之间可能存在极大的历史文化差异。

尽管面临许多挑战，但还是有许多研究发现候选基因在多方面有显著的影响。从抑郁与学生各科平均成绩［康利（Conley）的研究］，到考试成绩与注意力缺陷多动症的联系［弗莱彻（Fletcher）的研究］，其影响面还是很广泛的。[8] 这还只是我们自己的一部分研究。毫不夸张地说，有成千上万篇已发表的论文声称发现了某基因对人类的某种行为或态度有重要作用。科研人员也不是简简单单就做出结论的，我们一直在试图解决前文提到的那些问题。例如，为了解决"筷子问题"，我们一般会将分析局限在某族裔内部，或者对照所研究基因存在的不同兄弟姐妹，从而彻底规避潜在的人群分化带来的问题。同时我们还认为小鼠的行为模式与人类的行为模式并非完全对应。两个物种表型之间蹩脚的"翻译"可能不利于我们得出正确的结论。换句话说，如果我们推断小鼠的某种行为是某基因影响的结果，并且试图把这一行为跟人类的某种行为联系起来，我们就有可能在人类身上观察不到任何该基因的作用，因为这两种行为实际上并没有太大的关联性。这就表明，这种思路下的研究可能存在很大的测量误差。

虽然科学家一开始激动不已，而且基于理论精心设计了研究方案，但是今天的公认结论是，大部分早期的研究结果都是假阳性，也就是说只是统计学上的巧合，并不具有真正的社会生物学意义。可是，如果我们掌握了这种理论，并用它来检验关于单一遗传变异与现实后果（如考试成绩）的假设，这难道不符合科学规范吗？难道将动物行为"翻译"为人类行为带来的偏倚总是会妨碍我们得到真阳性结果吗？我们难道不更应该担心得出假阴性结果吗？有人可能认为，得到假阳性结果在现实中几乎是不可能的，那简直相当于大海捞针，一捞就中一样。我们更应该担忧的是，我们实验了很多次，就快接近那根针了，甚至都碰到了它，可惜没被扎疼（也就是假阴性结果）。

只要初步了解社会科学文献的撰写、出版与获得认可的方式，我们就能对假阳性结果的汗牛充栋做出解释了。杂志社关注的只是能吸引眼球的头条新闻。几十年来，社会科学文献和数以万计的研究者使用的都是同一套数据模型，所以想有新的发现真的很难。但未来，当新的变化即基因标记被引入传统社会科学调查时，新发现肯定会像雨后春笋般出现。如此大规模的数据向我们提供了成百上千个值得研究的变量，借此去观察它们与新的信息（基因标记）是否存在统计学关联。实际上，在 20 年前，寻找基因与复杂人类行为之间联系的研究刚起步时，研究者感觉在这个新的领域也许能很快从数据中发现能反映真实因果关系的统计学关系。起初，科学家确实有一些成功的发现，包括载脂蛋白 E（APOE）和阿尔茨海默病（Alzheimer's disease）的关联，以及乳腺癌 1 号基因和乳腺癌 2 号基因（BRCA1/2）与乳腺癌的关联。人们逐渐意识到，还有很多强单基因效应等待着人们发现。

　　然而，把遗传学数据引入大型社科研究会引起危险且产生难以预期的副作用。与只关注某种疾病的大多数医学研究不同，社会科学的数据往往要评估上千种问题，包括收入变化情况、受教育程度、政治参与情况、考试成绩等。比如，某个基因变体有可能是影响人体生理系统（如多巴胺系统）的重要因素，如果研究者对这个变体很感兴趣，将其引入自己的调查，同时又没有明确的理论来指导调查，[9] 那么他们就可以对基因 X 和结果 Y（别忘了，这个数据中有 1000 多个测得的结果）的相关性不断地进行检验，直到"发现"了什么为止。如果研究者在全样本中一无所获，他也许会在男性、白人、（美国）南方人的样本子集中得到一些成果，但这些中间分析步骤往往不会在报告中提及。在经历了成千上万次分析之后，研究人员可能只会提到一两个显示某基因对某些性状有影响的研究结果。在这里我们也很想举个实实在在的例子，但问题是我们找不到，因为这种"毫无价值"的研究过程就像掉在屠宰场地上的碎肉，很快就被清理掉了。只有激动人心的阳性结果才有可能被发表，这种"一无所获"的研究结局只能放在书桌抽屉里落灰。科学界将这种现象称为"文件抽屉问题"或出版偏倚。[10]

　　除非有特别重大的发现或者引起广泛争议的结论，其他研究人员才会重复实验，检测结果的可重复性。大多数研究都没有引发争议，因为学术期刊和主流媒体都喜欢着重报道引人注目的研究发现（如"同性恋基因"），而不是重复前人研究却未得出相同结果的报告。事实证明，要想确切地证明原来的研究结果有问题是很困难的，所以这类不太引人注目的研究仅仅被视为未能实现既有结果的失败实验而已。然而更重要的是，我们在学术期刊上看到的仅仅是实际进行统计过程中的一小部分。因此，科研人员越来越被鼓励（有时是被要求）在公开的网站上预先登记自己的假设（即他们将检测哪个基因标记），以免类似的事情再次发生。[11]

因为上述种种原因，候选基因研究逐渐遭到了强烈抵制，因为它的太多结果既不稳健，也不可重复。最终，像"大多数一般智力的基因相关性报告可能都是假阳性结果"这样标题的论文出现了，[12] 这意味着，在一个样本身上得到的结果在另一个样本身上可能不具有可重复性。行为研究学领域的候选基因研究中假阳性问题实在是太严重了，以致该领域的核心期刊现在已经不再接受这类研究的文章，即使已经在多个独立样本上进行过重复实验的也不行。

冲击二：全基因组关联分析

那怎么办呢？按照科学发展的规律，既然之前对基因与人类行为关系的研究因为经不起推敲而惨遭失败，我们是否应该就此偃旗息鼓呢？我们是否早该承认基因对人类复杂表型的影响过于偶然，受环境和遗传背景的影响又太大，而不适合作为研究课题呢？[13] 如果我们要继续探究重要社会现象的遗传学基础，怎样做才能得到既经得起推敲又有意义的结果呢？幸运的是，就在候选基因法日益受到抨击时，基因分型的价格正在急速下降（见图 3.1）。这两种趋势激励许多（但绝对不是所有的）研究人员放弃候选基因法，转而在不做理论假设的前提下检测整个基因组，看看能有什么收获。于是，候选基因法的时代黯然落幕了，取而代之的是 GWAS 的时代——全基因组关联分析（genome-wide association studies）。

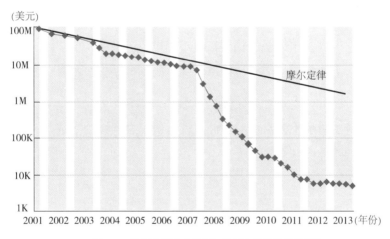

图 3.1　基因分型（全基因组检测）价格的持续下降

资料来源：Wetterstraiid. KA. DNA Sequencing Costs: Data fioni the NHGRI Genome Sequencing Program (GSP). 全文链接：www.genome.gov/sequencingcosts

注：如果你不想检测全部碱基对（共有 30 亿个），而只想使用 1 个基因芯片（大约包含 100 万个 SNP) 的话，那么现在的价格连 100 美元都不到。

全基因组关联分析得益于 SNP 基因分型芯片的问世。不同于之前根据动物实验的结果，选取人类一部分 DNP 片段进行检测的做法，现在 SNP 芯片可以在整个基因组随机检测成百上千甚至更多的等位基因（目前，大多数芯片能识别超过 100 万个 SNP）。现在，研究者用 10 年前检测 8 个候选基因的费用就能检测 100 万个 SNP，以此来探究它们对他所感兴趣的社会现象的影响。科学家不用再像以前那样根据动物实验来猜测该检测哪一部分基因，而是可以直接检测成千上万个基因片段——进行无假设普查，以此探究会出现哪些数据。基因芯片的设计能很好地应用于人群基因变异多态性的分析。然而，新时代带来的也不全是好消息。其中一个坏消息是，由于我们要逐一分析每个基因标记与我们感兴趣的问题是否有关联，所以统计分析的次数上升到了百万级。为了避免假阳性结果，我们必须设置一个严格的阈值才能确定结果的显著性。一般来说，如果一个事件偶然发生的概率小于 1/20 的话，那么它就会被认为是"真实的"。然而这个标准就相当于，100 万个样本中即使有多达 5 万个样本出现问题，我们也能认为这仅仅是偶然所致。因此我们需要一个比 1/20 严格得多的统计学阈值：五千万分之一。

即使有了严格的统计学阈值，研究者还需要评估数百到数千个（如果还没有达到百万级别的话）统计分析的结果。如图 3.2 所示，各基因标记检测出的结果通常用曼哈顿图（Manhattan plot）来呈现。[14] 如果你的检测图更像曼哈顿（有一些峰值），而不是巴黎（所有的值都很低），那就可能胜利在望了。图上的每个墨点都代表在某 SNP 位点发生变异时导致的效应（如 20 号染色体第 12256 号碱基对的碱基 T 变成 A 时会产生哪些影响）。各染色体上的近百万个 SNP 位点会按照其在染色体上的位置排列，横轴的最左边是 1 号染色体，最右边是 22 号染色体（有些研究还会加上性染色体 X 和 Y，通常会在图表的最右边呈现）。纵轴表示的是，当观察并比较两个等位基因时，特定 SNP 对结果造成的影响所对应的统计显著程度——简单来说，就是造成的影响有多大。[15] 从图 3.2 中可以看出，影响最大的是 19 号染色体最上面的一个墨点（墨迹的深浅只是为了便于区别不同染色体）。

检测成千上万乃至上百万个基因标记的一个好处是，研究者可以控制人群分化带来的干扰。排除起源相同的人群中变化情况趋于一致的基因标记后，我们就能更加肯定地认为，剩下的差异确实与我们感兴趣的表型有关，而不是像"筷子问题"那样，只是反映了文化的共同点而已。早期的单候选基因研究没有考虑其他基因标记，而现在研究的则是上百万个基因，所以人群结构问题可以通过统计学方法发现并消除。

除了能解决人群结构问题，需要比较保守谨慎的统计学阈值之外，GWAS 的另一个特点就是普遍可重复。每当你发现了一个统计显著程度超过百万分之一，很有可能构成重大发现的 SNP 时，你必须使用另一份重复实验的样本有针对性地做数十次检测，然后再分析一遍重复实验得到的数据。无须检测很多，可以只检查在你第一次（发现这个 SNP 时）的数据中表

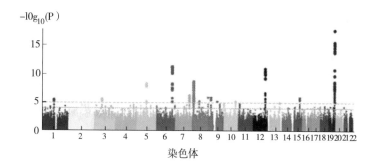

图 3.2 显示一个全基因组关联分析结果的曼哈顿图

资料来源：Visscher. PM. Brown. MA, McCarthy, MI, Yang. J. (2012) Five years of GWAS discovery. *Am J Hum Genet* 90(1): 7~24. Ikram, MK. et al (2010) Four Novel Loci (19ql3. 6q24.12q24. and 5ql4) Influence the microcirculation *In Vivo*. PlOS One 6(11): 10.1371.

注：这幅图非常清楚，不仅显示出了统计显著程度最高的 SNP，还能看出所有 SNP 统计显著程度的高低次序。所以，如果其中有假阳性的结果，那最可能是一个孤立的点，且远高于所有相邻点，这通常是偶然巧合或基因分型技术问题导致的错误结果。而真阳性是由 SNP 与各实际结果的独立相关性分析得出的，通常表现为落在同一区域的一选串点，好像在向顶峰攀登一样。在统计显著程度最高的 SNP 周围的 SNP 也表现出了很高的统计学相关性，表明邻近的这个位点也跟实际结果有很大的相关性，这是由连锁不平衡现象（linkage disequilibrium）（第五章有更详细的解释）引起的，即同一条染色体的相邻两个 SNP 可以彼此替代。所以，越靠近统计显著性最高的点信号就越强，反之则越弱。这一点在图最右边的第 19 号染色体可以看得很清楚，那里有多个统计显著性最强的 SNP 的墨点，颇有波洛克的神韵。

现特别突出的几个基因变异。你发现只有一个（更可能连一个都没有）错误结果，而不是5万个，这样你至少就有了两个得到同样结果的独立实验。[16]到此为止，你的实验结果才有可能在不同时间地点都成立，而不是人为统计失误。即使这个SNP的效应在重复实验中表现出的量级由于"冠军魔咒"现象（winner's curse）比第一次的分析结果小，甚至接近平均水平，这个发现依然是可接受的。[17]

然而，伴随GWAS这个新方法出现的第一个令人失望的结果——候选基因研究的结果几乎都是不可重复的，或者说没有一个能达到GWAS的统计显著程度要求。这种现象的罪魁祸首主要是人群分化和出版偏倚问题。所以，我们必须重新进行反思，对行为遗传学我们到底了解多少。[18]

GWAS时代给科研人员带来的第二个失望的结果是，有些基因变异经证明确实与我们感兴趣的表型存在稳定的相关性，但是作用很小，尤其是在涉及社会和行为方面。于是，之前动辄宣称某个基因有重大作用的候选基因研究就更不可信了。当研究者放眼所有达到GWAS统计显著程度（即偶然发生的概率低于百万分之一）的基因多态性，把它们的效应（即它们对于解释人群中各种现象所做的贡献程度）加起来后发现，这个值远远达不到之前估算的加性遗传力水平。例如，最初GWAS使用SNP得出的身高遗传力只有5%，[19] 由此产生了"遗传力缺失"问题。这个谜团引发了广泛关注，2008年还出现在《自然》杂志的封面上。[20]

一种相对合理的解释是，GWAS使用的SNP芯片通常只是涵盖了大部分，而非全部遗传变异，这是出于经济性的考虑。还有另一种理论上的可能性，即消失的90%以上的遗传

力都来源于芯片没检测到的位置。我们如果转而研究含有 30
多亿碱基对的全基因组，可能就会发现这些失踪的遗传力，一
切问题都将迎刃而解。反对者则认为，要想解决这个问题，这
些罕见的等位基因必须对我们感兴趣的实际后果产生极大的
影响，这不仅是因为消失的遗传力比例太大，还因为任何一
个等位基因对整体变化的贡献都取决于两个因素：①这一观
察到的特定位点基因变化对实际后果的影响强度和普遍程度。
②这些变化确实非常罕见。即使某位点上是碱基 A 还是碱基 G
不会带来多大变化，但两者在人群中的分布是五五开，那么与
下面这种情况相比，它对整体差异的解释力可能要更强一些，
即在另一个位点上，碱基为 C 而非 G，虽然会对个体造成很大
的影响，但是 C 出现的频率只有 0.1%。

　　这种区别常常使人们在解释基因标记时感到困惑。就拿与
乳腺癌有关的 BRCA1 基因突变来说，如果一个人携带了这个
有害的等位基因，一生中罹患乳腺癌的风险将是非携带者的 8
倍。很显然，携带了这种基因的人应该对乳腺癌格外重视——
如安吉丽娜·朱莉在尚未发病时就接受预防性乳腺切除术与卵
巢切除术（oophorectomy）。然而，BRCA1 基因的作用只占乳
腺癌整体遗传力的很小一部分，并且乳腺癌还受到许多其他遗
传方面的影响。APOE4 等位基因与阿尔茨海默病的关系也是如
此。另外，这些致病基因其实都不算特别罕见，只不过某些表
型是高度多基因化的，即受很多基因的影响。事实表明，大部
分表型都是多基因化的，亨廷顿病等单基因病反而是例外。所

以，即使候选基因研究中完全没有假阳性的问题，这种方法也会像打字时看一次键盘敲一个字那样低效。要想用这个方法得出社会和行为现象的遗传力，我们恐怕得用几千年时间才能做出大量的研究。正如有名的"猴子和打字机"的故事所说：假如把 1000 只猴子关在一个有打字机的房间里 100 万年，它们最终也许能够打出莎士比亚的全部作品。然而对于文学创作来说，这确实不是最有效率的方法。[21]

对于为何观察到的基因效应没有期望的大，还有一个可能的解释：我们所研究的基因效应都是"非加性"的。测得的遗传力一般被称为"加性"遗传力，因为研究者不会考虑等位基因的效应（即呈显性）可能是非线性的。已知会受到显性影响的身体性状包括棕色眼睛、深色头发、卷发、美人尖、酒窝、雀斑、有无耳垂、关节逆向弯曲等。[22]以镰刀型贫血为例，当致病的突变基因单独存在时对身体是有好处的，因为它可以让人不易患疟疾。但如果一个人体内该基因成对存在，那就会有不良影响。引起镰状细胞性贫血的等位基因主要存在于疟疾多发地区，原因就在于该基因的杂合子（即该基因单独存在）具有预防疟疾的作用。这是显性，或者说非线性效应（尤指杂种优势）的一个例子，这类基因对健康的效应呈现出非线性的变化趋势，有一个等位基因会提高环境适应力，而有两个基因时适应力又会（急剧）下降。

但是，计算加性遗传概率时已经排除了单基因显性的影响，所以引起遗传力缺失问题的并不是单基因显性。然而，其他形式的非线性效应可能会影响我们对遗传力的估计。换句话说就是基因互作效应，也就是某个 SNP 的效应取决于另一个 SNP。我们可以再拿多巴胺受体基因来举例子。如果你的 DRD2 基因存在问题，那么只要你的 DRD4 基因功能正常，DRD2 基因的问题就不会产生任何实际后果。因为这两个基因可以互补，所以你只要有一个正常工作的多巴胺受体基因就可以了。只有当这两个多巴胺受体基因都有缺陷时，表型才会出现问题，这就是所谓的异位显性。

哮喘就是一个现实例子。哮喘是一种主要由免疫反应导致的支气管炎症。免疫系统的信号分子——白介素（interleukin）起到了重要作用。当控制白介素表达的基因处于某种特定状态时，患支气管炎症的风险就会升高。不仅如此，一些研究者发现，如果一个人的白介素 13 基因（IL13）和 IL4a 的受体基因都处于某一特定状态，那么他罹患哮喘的风险会增加数倍。[23] 我们可以把基因放到一个社会关系网一样的网络中去考虑，这样就不难理解基因间的相互作用了。实际上，人类基因组中 93%的基因之间都存在一定程度的关联性，而这还仅仅是 2005 年的数据，现在这个数字可能已经更高了，甚至目前发现的全部基因之间都有关联。这些关联形式多种多样，有些是各自表达产生的蛋白质之间能发生生化交互作用，有些存在共表达性，即一个基因在细胞内的表达加强后，另一个基因的活性会上升或下降。实际上，这意味着如果你对大网一角的某个基因做出微调，就可能对其他基因产生无法预料的影响。例如，如果一个基因发生了某种突变，表达不足，引起某种蛋白质缺乏，那么其他的基因就会进行代偿。这些间接效应都处于一个复杂的网络中，存在着无数代偿反应和基因互作。当然，这种网状通路还可能意味着，某个关键基因失活或者过度表达会产生毁灭性的影响，癌症就是典型例证。

从基因网络（而非单个基因）的角度来审视人体差异可能意味着，许多"消失"的遗传力就潜伏在这些相互作用中。回到两种多巴胺受体基因的例子，想象一下，在 DRD2 基因处于某状态时，它对智商的影响要取决于 DRD4：如果 DRD4 为一种状态，则产生正面影响；否则为负面影响。在这种情况下，DRD2 基因在 GWAS 中的净效应可能会被判定为零。然而，DRD2 基因和 DRD4 基因的四种组合可能是智商遗传力的重要部分。这种能够预测表型的相互作用被大量发现，与科学家最初估计遗传力时所做的假设背道而驰，而且构成了遗传力缺失之谜的一种潜在解释，即遗传学家所谓的"幽灵遗传力"（phantom heritability）现象。[24]

话虽如此，但正如我们有理由怀疑基因互作是遗传力缺失的罪魁祸首一样，相反的理由同样存在。如果基因间的相互作用影响如此之大，那么杂合了父母双方基因的兄弟姐妹可能就不会像他们实际上那样相似了。再考虑两个多巴胺受体基因的情况。兄弟姐妹之间有 1/2 的概率共享等位基因 1，也有 1/2 的概率共享等位基因 2，所以兄弟姐妹之间拥有完全相同基因的概率仅为 1/4。[25] 以此类推，到了 3 基因或 4 基因的情况时，兄弟姐妹之间就会像陌生人一样没什么相似之处了。但这与我们实际观察到的现象不同。观察亲缘关系很近的个体之间的表型时，我们会发现，个体间的相似程度会随着亲缘关系接近而呈线性增长。从堂兄弟到表兄弟再到双生子，相似程度在不断增加。这就表明，我们正在寻找的能够与分子生物学研究相对应的"加性"遗传力确实反映出了可加性，而基因互作并没有发挥任何重要作用。

此外，已经有数学方法证明，在进化过程中，为何起作用的更可能是加性变异而非相互作用。我们可以想象一下，如果每个基因的效果都要取决于10个其他基因，进化该会是多么复杂而低效啊！这意味着，任何一点进步都需要许多基因同时改变才可以实现。想想多巴胺受体基因的那个例子，假设有一种能够带来优势的DRD2基因变体，但只有在DRD4为某种特定的等位基因时，优势才能体现出来，否则就会无效。于是，只有这两个基因都发生有利变异时，生物才会发生相应的进化。由于突变是随机发生的，上述情况的概率对于个体来说实在是微乎其微。

因此，基因互作不太可能是造成表型遗传差异的主要原因。如果任何基因的效应都高度取决于其他基因，那我们就像被基因连成的蜘蛛网困住了，动弹不得。要想实现进化，只能寄希望于1000只猴子都在同一时间敲下正确的按键；或者这1000只猴子中有1只天赋异禀、卓尔不群，在环境剧烈变化时存活下来，独自担起物种进化的大任；或者它能够通过新的方式利用环境资源，比如，创造石器，学会用火，最终甚至发明了互联网……总之，结论就是，也许一些基因互作对某些结果至关重要（而且在论证基因与环境的相互作用时，也必须排除基因互作），但它们不太可能是遗传力缺失的主要原因。[26]

对遗传力缺失的另一个解释是：可能达尔文是错误的，而让－巴蒂斯特·拉马克（Jean-Baptiste Lamarck）才是对的。换言之，也许环境引起的改变其实是能遗传给后代的。拉马克曾经指出，长颈鹿之所以脖子长是因为经常使劲伸脖子，而且能一代代传下去，每一代都比前一代更长。拉马克因为这个假说受尽嘲笑。[27]达尔文公开否定了获得性遗传的假设。他的主张是，基因的随机突变和生存竞争引起了表型的改变，使生物形态多样化，进而演变出了生态位（ecological niches）中各种各样的生命。然而，近年来随着表观遗传学（epigentics）的迅速发展，拉马克的获得性遗传理念正卷土重来。具体来说，我们除了有DNA密码之外，还有表观遗传的密码，这个密码使细胞能够根据不同的组织、不同的时间、不同的环境或刺激来决定是允许还是禁止一个基因的表达。一直以来，人们认为每一代人体内的表观基因组（epigenome）在下一代人身上都会清零，一切从头开始，这样单个细胞才能分裂、分化，成长为完整的人。然而，现在有些科学家认为，表观遗传标记（epigenetic manks）也许是可遗传的。果真如此的话，通常的分子层面检测方法（只关注碱基对，而不考虑表观遗传标记）可能会忽略这种重要的遗传形式，从而导致遗传力缺失。但是，我们现在几乎没有证据表明，人类真的能将环境导致的表观遗传标记遗传给下一代。即使果真如此，这种标记也不太可能在第二章提到的双生子模型中导致如此高的遗传力。我们在附录 4 中讨论了几个可能与遗传力缺失有关的最新表观遗传学进展，但我们最后得出的结论是——表观遗传学并不是遗传力缺失的原因。

遗传力缺口处的碎片：需要时间去推敲的计算法则

与此同时，对于遗传力缺失还有一种简单得多的解释——效果不明显，样本也太小。我们可以把一个遗传学研究的样本量想象成照片的像素，像素低时，我们也能明显地辨别出大致的性状，比如，照片里是有山还是有海，天空是蓝色还是绯红色。像素（样本量）越高，我们能辨别的细节就越精确，越能看出照片之间的细微差别。这就是遗传学所谓的"微小效应"范式转向。

社会科学家感兴趣的大多数效应都受到很多基因的影响，而社会科学研究惯用的样本量（一般不超过 1000~10000 个研究对象）很难识别出这些基因的各种微小效应。这就相当于照片像素太低，图片太模糊，导致我们看不清想找的东西。即使用身高这种我们确信高度可遗传的性状来说，当我们把样本量增加 10 倍（比如，从 20000 个增加到 200000 个）时，GWAS 中的显著位点数量也相应增加了一个数量级，从 10 多个增加到了 100 多个。

但是，样本量只是其中的一个问题。当我们有具体搜寻目标的时候，为了避免由于之前谈到的各种原因导致的假阳性现象，我们最好将范围限制在达到全基因组显著水平（5×10^{-8}）的位点上。但是，当我们想要解释总体差异情况时，这个方法就不合适了。在如此严格的标准下，我们势必会把大量有用的信息排除在外，因此有可能犯下假阴性的错误。这条原则有点像刑法学里的一条经典原则（有时称为"布莱克斯通公式"）：哪怕放走 10 个罪犯，也好于让 1 个无辜者入狱。这固然是个合理的原则，但会导致很多刑事案件无法结案。放到这里，就是会忽略许多遗传效应。

为了避免遗漏重要信息，我们可以采取一种替代方案，即综合我们收集到的所有信息。这并不困难，只需要把 GWAS 的数据加总即可。以 1 号染色体上的 1 号 SNP 为例，如果我们发现，相关等位基因每增加一个，智商就会提高 0.1 点，那么如果我们分别给没有该等位基因、有一个和有两个的情况赋予 0分、0.1 分和 0.2 分。然后再算 1 号染色体上的 2 号 SNP，直到把 23 条染色体上所有的 SNP 都算完。通过这种方式，我们就能把整个基因组扫描一遍，然后用我们上百万的独立 GWAS 计算出一个多基因的分数。这个公式是通过对一个（或多个）样本进行 GWAS 得出的，接下来我们将这个公式套用到另一个独立的样本上，用它来进行预测，看看它能在多大程度上解释表型的变化（也就是它得出的遗传力在多大程度上是可加的）。

实际上，在关注全基因组内的显著位点的情况下，我们的教育的多基因分数（polygenic score）几乎完全无法解释教育年限、智力水平的差异。然而随着我们逐步放宽要求，直到最后考察全部的 SNP 时，我们发现预测能力也在稳步上升。但我们仍然只能解释教育方面 3% 左右的差异，而我们本来以为它的遗传力至少应该是这个数字的 10 倍。一个最近的评分研究表明，它能够解释大约 6% 的教育年限差别，同时科学家也在致力于增加样本容量，以进一步提升预测能力。[28]

在身高的遗传分析方面，科研工作者已经能够通过一项分数来解释 60% 的遗传力了，这项分数是由 GWAS 数据加总得来的。想想看，只要用一个数字！[29] 随着"元分析"（meta-analysis）（一种将多个样本的结果整合起来的统计学手段）可用的样本越来越多，也越来越大，这个数据也必然会上升。[30] 图 3.3 基于单个研究的样本量显示了一些预测（大量研究使这个斜率稍微平坦了一点，但总体趋势是相同的）。[31]

若想将完整的加性遗传力估计归约为可以通过个体基因分型 SNP 芯片确定的单一分数，目前面临着重重障碍。而障碍之一就是，我们测得的 SNP 标记并不能完整地反映基因组中真正关键的 SNP。[32] 遗传力会因时间和地点而异的假设带来了第二个障碍。在研究环境和人群相差巨大的情况下，如果仅仅去寻找共有的遗传效应，那么得到的结果可能不过是某个特定样本中某个性状的遗传力的一部分罢了。

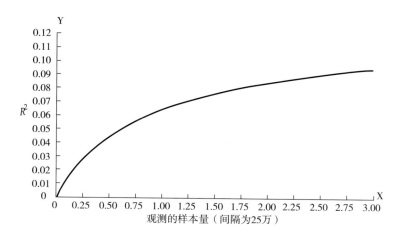

图 3.3　样本量与某多基因分数能够解释的遗传力比例的关系

资料来源：Daetwyler et al.（2008）

注：该分数衡量的是一个连续性状，基于 SNP 计算得到的遗传力为 12%。由样本量的 PGS 条件解释的遗传比例随着遗传力而上升（h2snp）。图中 Y 轴（纵轴）代表着这个案例中的表型变异比例，最大值为 12%；X 轴（横轴）描述了需要 12% 的预测值所需的样本量，范围是 0~3000000。

暂时把这些问题放在一边，概而言之：并没有遗传力缺失这一回事。它隐匿于人类种群中常见的各个个体中，我们只是需要大量样本来提高实验的信噪比（signal-to-noise ratio）。这些大样本如今可以通过网络获得。私营基因组公司 23andme 如今已经为超过 100 万人进行过基因组测序（尽管这些对象有高度的自我选择意识，但代表性不是很强）。加利福尼亚的 Kaiser Permanente 也为超过 50 万名受试者进行过基因测序。[33] The UK Biobank 提供了 50 万名受试者的基因型信息，他们的受试者是通过合理的采样方式抽取的，以保证各民族样本的代表性，虽然也面临着参与率低下的隐忧。

当我们对于这些单一多基因评分的预测能力开始达到两位数时，就有必要对人为选择［或称"私人优生"（personal eugenics）］进行严肃的讨论了。尤其是当越来越多的父母选择试管婴儿的生育方式时，这样的讨论就显得更为必要（关于政策的影响，我们将于第八章进行讨论）。同时，在我们能够直接测量给定基因型的效应，而不仅揣测相关性的情况下，这些分数已经对解释许多问题提供了帮助，比如，基因是如何与社会环境相互作用的（第七章的主题），以及我们会如何将自己分成不同的"遗传种姓"（genetic caste），或者避免这一情况的发生。

在这种情况下，教育的多基因分数让我们能够从简单的遗传力计算以外的角度去重新审视基因统治（genotocracy）问题。遗传力描述的是遗传因素对于某个性状的影响程度，但它无法告诉我们遗传影响在家庭内部以及不同家庭之间的情况。但有了多基因分数之后，我们就可以做到这一点了。假如家庭之间（相当于人群中随机选择的个体间）的教育分数有较强的预测能力，而家庭内部的分数（即解释兄弟姐妹的成绩差异时）则价值不大，那么《钟形曲线：美国社会中的智力与阶层结构》的观点，即遗传会促进正在扩大的社会阶级分化和代际复制，似乎就是有一定道理了。

我们现在来看另一种情况：与从总体中随机选定的两人相比，多基因分数相差一个标准差带来的实际成绩差别对一对兄弟（或姐妹）更大。在这种家庭内部差异较大的情况下，遗传因素可能会不利于"老子英雄儿好汉，老子狗熊儿浑蛋"的发生，而有利于个人的成功。尽管随机婚配（random mating）

会使兄弟姐妹间的相关性平均约为50%，这种假说依然是可能的。换言之，在基因、生态位构成（niche formation）、特化（specialization）等因素作用下，家庭内部共有的遗传基因（geneticsand）可能会被抵消，带来净的社会流动性。

我们会发现，给定教育多基因分数的差值，相对于从总体中随机选取的两个人，兄弟姐妹间的实际成绩差异确实更大。[34]换句话说，尽管兄弟姐妹共有的基因较多，他们之间的差异依然十分关键。在家庭内部，一个标准差的分数差值会引起约1/3的教育年限差别；而如果是两个随机个体，这一数字大约是1/4。为什么会出现这种结果呢？答案很可能在于微小差异带来的巨大外部影响。人们会更多地在兄弟姐妹之间进行比较，而并不是将他们与随机选取的人比较。父母看到兄弟姐妹间的能力差异后，可能会进一步强化这种差异，孩子自己也可能会去想办法与兄弟姐妹区分开，从而放大了基因差异的效果。比方说，一个家庭里有两个孩子，一个喜欢学习，另一个更喜欢运动。前者可能会通过拼成绩来确立自己的个性，而后者则会更重视在校队里的表现。不论原理如何，这都会减轻基因型对阶级固化的推动作用（虽然并没有完全消除，因为虽然家庭内部的效应较强，但还没有强到完全抹杀兄弟姐妹共有基因影响的地步）。这个故事比赫恩斯坦与默里的更加复杂。兄弟姐妹间的微小差异和共同遗传来源对不平等代际延续的影响方式还取决于另一个因素：父母根据基因差异对孩子区别对待的程度。这也正是接下来的话题——基因分类。

THE GENOME
FACTOR

第四章

美国社会中的基因分拣和变动

1958 年，英国社会学家（后成为议会成员）迈克尔·杨
（Michael Young）写成了《精英统治的崛起（1870—2033）》。[1]
在这篇意在讽刺的文章中，杨描绘了一个由义务教育法和庞大
公务员体系组成的教育体系内的社会分类系统。在该系统中，
劳动力市场对学位盲目崇拜，技艺与才能水平的高低仅凭考试
分数来评判，而崛起的知识精英则致力于自身地位的巩固。读
者朋友是否会觉得这很像科幻小说呢？但是与杨同时代的人显
然不觉得这有何"科幻"可言，因为他的新名词"精英统治"
（meritocracy）被当时的专家学者乃至每一个人真心接受了，而
且并没有如杨所设想的那般有任何讽刺的、消极的意味在其中。
有趣的是，杨的故事以在不久后发生的一场反抗和随之而来的
社会秩序瓦解而告终。

也许是太把杨的论文当回事儿了[2]，1994 年，赫恩斯坦和默
里指出，美国的社会政策再也无法促进经济流动，因为在那段
时期（20 世纪 90 年代），由社会环境造成的不公平差异几乎已
经被消除了。这并不是说贫民窟和派克大街（Park Avenue，美
国纽约市的豪华大街）之间的社会环境毫无区别；相反，这些差
别是它们所代表的经济分化的结果，而不是其原因。赫恩斯坦

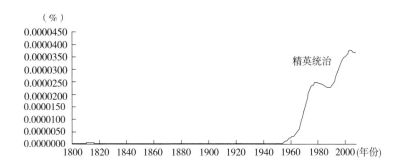

图 4.1　精英统治的崛起

注：我们很难解释为何精英统治程度会在撒切尔夫人担任首相后与里根当选总统后出现下滑；不过，小布什当选总统后的下滑原因大概就是显而易见的了。

和默里认为，杨所预言的遗传种姓制度在 20 世纪 90 年代的美国已经实现。这种基因政治不仅通过在教育系统和劳动力市场中基于技能的分类而得到加强，还通过在人类繁衍中基于技能和智力的选型婚配而得到巩固，这些都导致才能的代际差异不断增大。[3]

在本章中，我们决定严格对待《钟形曲线：美国社会中的智力与阶层结构》这本书，以实践来检验其三个核心命题。赫恩斯坦和默里写就那本书时并没有我们所拥有的分子遗传数据，而这些数据其实能对他们的论据进行更可靠的检验。他们的假设如下。

命题一：随着精英社会的兴起，遗传禀赋（genetic endowment）的效应随时间不断增加。

在 20 世纪 90 年代，高智力意味着很有可能取得成功，而且这一趋势愈演愈烈。另外，这种可能性逐渐不再受到社会环境的影响，而必然越来越多地受到基因的影响。[4]

命题二：在选型婚配的过程中，我们越来越多地依据与认知能力有关的基因型来实现社会分层。

婚姻关系倾向于遵循相似相吸的原则，而智力水平的相似性是最重要的因素之一。当这种依据智商来婚配的趋势与日益高效的教育和职业分层相结合时，智商的选型婚配对下一代的影响将比对前一代的影响更大。这一造就了美国阶级体制的过程也日益根深蒂固。[5]

命题三：社会中存在针对智力的逆向选择，因为低认知能力的人一般比高认知能力的人孩子更多。

美国在整个 20 世纪的大部分时间里经历着劣生压力（dysgenic pressures）已成为共识。一些证据表明，黑人和拉丁裔相比白人正经历着更为严重的劣生压力，这可能导致白人和其他种族后代的差异进一步拉大。[6]

另外，赫恩斯坦和默里还力图证明，遗传差异对解释美国种族不平等现象发挥着作用。本章中我们不会直接讨论这些主张，但在第五章中会有涉及。

基因政治的崛起？

让我们从第一个命题开始：社会性状的遗传力随着时间的推移而上升。为了评估这一可能性，我们可以比较 20 世纪前半叶出生的双生子和后半叶出生的双生子，看看我们是否能得到两组不同的遗传力估计值。我们可以使用分子遗传数据做同样的事情，比较第二次世界大战前出生和第二次世界大战后出生的无关个体（unrelated individuals）的遗传力估计值（关于这种方法的讨论请参见第二章）。例如，对 20 世纪的吸烟行为进行分析后发现，在解释烟草使用方面，遗传因素所占比例随时间的推移的确越来越大。[7] 事实上，遗传力上升发生于 1964 年美国卫生总署的一份著名报告发表之后。[8] 这似乎不难理解：一旦更多诸如吸烟有害健康的信息和反吸烟的规定开始传播和实施，即环境影响发生改变，烟瘾遗传倾向较弱的人便会成功戒烟，这样就只剩下成瘾倾向较强的人依然吸烟了。大多数美国青少年曾经尝试过吸烟，但是否会成为烟民则取决于社会风气和对尼古丁的内在依赖程度。一旦吸烟的社会性原因（即环境影响）越来越弱，遗传力就会逐渐上升，因为这样烟民就只剩下尼古丁的核心成瘾者。

能够改变特定行为面临的环境状况的，不只是针对其潜在利弊的宣传。比如，身高的遗传影响在最近几十年内是有所增加还是减少呢？然而平均值的变化（全美国的平均身高在逐渐增加，虽然增速已经放缓）和方差的变化（总体身高的离散程度逐渐提高）并不一定表明身高的遗传力有所增加或减少。[9] 事实证明，在美国，基因型对身高的影响在 20 世纪一直稳步增加，如图 4.2 所示。我们关注的是每张图中两条线之间的距离。下方的线代表不同年份出生的低遗传性身高分数（低于平均值一个标准差）个体对应的身高预测值。与此相对，上方的线代表的是高遗传性身高分数（高于平均值一个标准差）个体的情况。如果两条线的间距从左（出生较早）到右（出生较晚）同身高和身体质量指数（BMI）一样逐渐变宽，则说明基因型的影响在最近几代中有所增加。

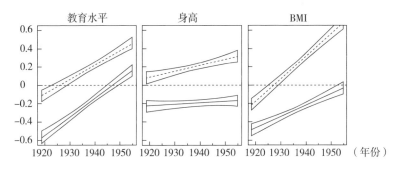

图 4.2   表型的标准化预测值

注：在健康与养老研究（the Health and Retirement Study）中，研究者通过招募不同年龄组的被试者，再根据特定表型的多基因分数（低于或高于一个标准偏差）建立表型标准化预测值（N=8865）。身高（$p<0.05$）和 BMI（$p<0.001$）多基因分数的预测能力随着时间推移而增加，而教育水平（$p<0.05$）则相反。

从图 4.2 中我们完全可以理解基因影响在近几代中增加的现象。在营养不足的情况下，基因的影响在一定程度上被抑制了。然而，一旦环境状况发生变化，抑制基因型表达的因素消失，之前个体间未表达出来的差异就可能会凸显出来。[10]BMI的动态变化更是如此。如今，高热量食品十分充足，美国大多数人都饱受肥胖症之苦。此时，基因型的表达可谓百花齐放，在它的影响下，人们的 BMI 出现了极大的差异。[11]

类似的动态变化是否会发生在社会、经济地位方面呢？环境状况是否会发生转变，如赫恩斯坦和默里所设想的那样，随着限制因素的消失，遗传潜力得到充分发挥，从而决定着人们的成就呢？在过去，不用功学习的学生可以因为家长给学校捐了一大笔钱而及格，大学学位更像是锦上添花的摆设，而非通往成功的钥匙。相对于社会阶级背景，基因型对学习成绩的预测能力相对较小。但是我们已经进入了竞争激烈的知识型经济时代，学历是必备的敲门砖，此时，我们是否应该期望原始天赋（即基因型）会发挥主导作用，而非社会阶级呢？这便是《钟形曲线：美国社会中的智力与阶层结构》观点的核心。

事实证明，答案是否定的。

基因对预测 20 世纪 60 年代出生的人的教育年限的作用并不比预测 20 世纪 20 年代出生的更强，反而有所下滑 [12]（如图 4.2 所示，随着时间的推移，两条线之间的差距略微变窄）。这与一些假设遗传力随时间上升的双生子研究形成了对比。[13] 如果我们认为基因型的效应在影响精英统治和机会均等方面是"公平"的，而环境影响反映的是不公平的"噪声"，应该尽可能减小，那么实际上，基因效应的减弱就并非好事。或许社会优势会逐代累积，而且由于正规教育对经济保障日益重要，学位已经成为一个传递社会优势的文化机制，而与基因型无关。想想教工子弟被大学录取（legacy admissions）就很容易理解这一点了。[14]

另一种解释是，在以前取得高中文凭就已经很不容易了，拥有高等教育学位的人更是凤毛麟角，继续完成大学和之后的学业确实需要对知识有与生俱来的热爱，特别是在高学历对于经济成功和经济安全并非不可或缺的年代。在这样的背景下，遗传禀赋之于学业水平在以前显得更为重要。与《钟形曲线：美国社会中的智力与阶层结构》的说法相反，随着 20 世纪美国教育的扩招，基因的影响也应当相应减弱。想想义务教育法的影响就很好理解，这些法律的目标是确保全体国民都达到某个最低的教育层次。

如果我们通过一项法律，规定每个人都必须接受教育至 16 岁或以上（正如美国许多州所要求的），那么至少在是否上完十年级这一点上，应该是没有任何遗传效应或环境效应存在的。[15] 瑞典的情况能够支持学校扩招可能会降低遗传因素对教育年限影响的观点。在瑞典，基因影响随着瑞典对机会均等的承诺而逐渐下降。[16] 进一步支持这一解释的是，当我们按照教育层次分别研究遗传影响时，我们发现，在受教育程度较低的人群（如高中未毕业），遗传影响程度有所下降；而且遗传因素对硕士的预测能力要高于本科生（在我们的研究中，硕士生非常罕见）。[17] 归根结底，环境状况变化是会增强还是削弱遗传效应需要具体问题具体分析。在上述例子中，我们的结论是，赫恩斯坦和默里的第一个命题，即遗传效应在整体教育水平中的作用不断提高，并不成立。

你愿意嫁给我和我的基因吗？

那么，与传宗接代有关的命题二又如何呢？在婚姻市场上，我们真的已经开始更加倾向于按照基因型给自己定位了吗？毕竟，与任何时候相比，配偶间在教育、职业、收入等与社会阶级相关的表型指标上都更加相似。[18] 虽然追求者和被追求者依据表型成双结对——因为这是他们彼此观察了解后的结果——但其实他们是越来越依赖基因型来配对。这种看法很直观，特别是当表型能真正指示某些深层次信息的时候。例如，身高能显示遗传健康度，而学位能代表智力。因此，当人口统计学家观察到，当今大学毕业生相比 1960 年更有可能选择与另一名大学毕业生结婚时，这可能意味着配偶越来越重视智力水平的一致性而不是身体素质、宗教信仰或种族的一致性。事实上，在 1960 年，有大学学位的男性中，只有 32% 的配偶同样拥有大学学位；在 2000 年，这一比例达到了 65%。[19]

于是，我们可能会期望在基因配对上也发现这样的趋势。[20] 然而，我们已经惊讶地发现，教育方面的遗传效应总体上并没有随着时间的推移而增加。但是这并不意味着基因型的婚配选择作用已经下降，而是给了我们一个反思上述假定的理由。首先，在 2005 年，夫妇双方均拥有大学学位的数量是 1960 年的 2 倍，这是由两个独立的动态变化导致的。一个简单的事实是，女性在这段时期内接受高等教育的机会迅速增多，因此有更多女性接受了大学教育。由于男女之间的教育分配平等化，与曾经接受大学教育的绝大多数为男性而女性寥寥无几的情形相比，男性当然有更多机会与相同学位的女性结婚。也就是说，高等教育的选型婚配只是一个统计假象，不仅是受过大学教育的男性,任何男性都更有可能与拥有大学学位的女性结婚。换句话说,当男性和女性教育水平整体分布发生变化导致两性差距缩小时,即便婚配是完全随机的(即择偶完全没有偏好),上述现象依然会出现。当然,夫妇相对教育水平的这一总体变化仍然值得关注,因为它会影响婚姻的质量和稳定(例如,如果某一性别教育程度迅速提高,而另一个性别却停滞不前)。但是就当前问题而言,与过去相比,现代人择偶时更加重视教育水平,我们想要做到的是排除两性相对教育程度的变化,然后在各个教育层次内分别考察男性和女性的择偶标准。

我们真正关心的问题是,在男女教育水平分布不变的情况下,配偶之间的相对教育水平是否变得更加相似。到目前为止,已有一篇出色的研究文献检验了多个维度的配偶相关性。该文献认为,至少两种不同的动态变化可能导致配偶间教育层次趋近。第一种是某个个体出于各种原因想要寻找与自己相似的伴侣,例如,拥有共同的兴趣爱好、价值观、性格,甚至同样仇外。第二种是如果所有追求者都根据某个维度去寻找伴侣,例如,收入高或长得漂亮,那么,我们就会按照这个维度从高到低对号入座,就像医学院毕业次序和居留权获取一样。

如果第一种占主导地位,我们就会发现,在有明确高低之分的性状(如财富和智商)上,配偶间的相关性会较高;而在没有明确高低之分的性状(如宗教、种族、性格)上,相关性会较低。事实上,问题并不是那么清晰。在生理性状如身高(0.23)、体重(0.15)以及个性性状(0.11~0.22)方面,配偶间相关性较低，[21] 而在认知能力（0.40）和教育（0.60）方面则高了不少。这可以表明，人们在择偶时会尽可能选择在这些有明确高低之分的性状上相关性较高的人。[22] 然而，一些性状虽然没有明确高低之分，但配偶间相关性反而更高，如政治倾向（0.65）和去教堂的频率（0.71），这似乎有悖于先前的假设。[23] 当然，由于配偶的交叉社会化效应（cross-socialization effect），在相处的过程中，婚姻双方可能会在一些维度上趋同，比如，上述的政治倾向和去教堂的频率。[24] 另一种可能是，我们在一些维度上追求最大化（不管自己智商有多高，都要找尽可能最聪明的配偶），在另一些维度上追求与伴侣一致（如宗教信仰），而对一些维度则要求不高（身高也许是一个例子）。

为了弄清楚以上哪种过程占主导地位，我们需要排除随时间推移产生的交叉社会化效应。为此，两名科学家在线上约会网站注册了一些账号，为它们随机分配了不同的政治倾向。实验人员发现，参与实验的被试者对和自己政治意识形态相同的人好感度更高。[25] 研究还发现，一个全国性的实名在线约会社群数据显示，男性用户更有可能向拥有共同政治倾向的女性发送信息。同样地，女性用户也更倾向于回复政治倾向相同的男性的信息。[26] 这项研究表明，自由主义者倾向于同其他自由主义者结婚生子，而保守主义者倾向于同其他保守主义者结婚生子。这样的正选型会导致全体人口的政治倾向更加分化，并将个人推向自由主义和保守主义的极端。换句话说，正选型可能会推动政治走向极端化。

虽然婚姻市场可能会部分解释当代美国的政治对垒，但对阶层结构的变化似乎影响不大。然而，高学历、高收入男性日益倾向于迎娶高学历女性这一事实的确部分解释了美国的收入不平等（当然，相较于这种情况，收入不平等更多是由于女性在劳动力市场中的参与度不及男性，因而也无法最大程度地兑现她们的受教育回报）。随着时间的推移，在解释美国加剧的家庭收入不平等方面，两性受教育回报的持续提高相比教育分选重要得多。事实上，从1980—2007年的配偶间教育层次或专业相似度来看，尽管在受教育程度较低的人群中，分选择偶的情况有所抬头（比如，本科以下人群在择偶时更加倾向于考虑对方的教育水平），但在受教育程度较高的人群中（如大学毕业生中），分选现象反而有所下降。[27] 最终结果表明，几十年来配偶相关性几乎没有改变，根据一些估计，甚至可能有所下降。[28]

在当前更加不平等的经济制度下，认为配偶相似性可能下降并不算是多么疯狂的想法。经济学家加里·贝克尔（Gary Becker）提出了一个家庭模型，一方负责为家里带回培根，而另一方则专注于煎培根。配偶双方的职能区分会导致某些性状呈现出负选型。也就是说，如果教育水平、技能、初始能力的微小差异会导致在劳动力市场上实现的经济回报存在巨大差别，那么更好的婚配策略可能是两性各自专注于自己的领域。智力高、收入高的一方可能会选择一位家庭主妇（或主夫），为家庭做出其他方面的贡献，如理解和照顾家人。[29] 当然，无论我们发现配偶在教育层次，乃至测验成绩上有多大的相关性，我们都无法获知这些表象背后，在遗传层面上发生了什么。

我们如何知道配偶间的遗传相似性比路人之间更高呢？它不像测量表型那么直接（比如，豌豆的黄色／绿色、圆粒／皱粒），即使只是评估教育水平的选型婚配，评估方式和测量标准也取决于我们想要评估的内容。现在，我们决定通过如下几种方式解决遗传水平的选型婚配（Genetic Assortative Mating，GAM）问题。首先，我们研究了总体遗传相似性，一般来说，相比在人群中随机配对的两个个体，配偶之间在遗传学上无疑更相似。平均而言，配偶与我们的遗传相似性不及第一代堂／表亲，但高于第二代堂／表亲。虽然目前只考虑了白种人，但是即便将白种人群体的历史婚姻模式的影响分离出去，我们仍然能观察到，配偶的遗传相关性相当于第二代堂／表亲（遗传相似性为2%～3%）。事实上，高出一个标准差的遗传相似性能让你成功嫁娶心上人的机会提高15%！

请记住，该分析是基于美国的情况，而美国是一个高度变化的移民社会。也就是说，美国可能是世界上配偶间遗传相关系数最低的国家之一。以巴基斯坦这样的部落社会为例，表亲婚姻率超过50%。缺少全球性人口长期迁徙也可能导致配偶之间相对较高的遗传相似性。直到不久前，也许就在一个世纪前，就有证据表明，许多家庭好几代人都生活在同一地区，男性的活动范围离家不超过5英里——也就是走到干活的地方那么远。因此，历史上80%的婚姻可能是在堂／表亲，乃至血缘关系更近的亲戚间缔结的。[30] 虽然在当代美国社会，人们不再明目张胆地与近亲结婚,但从遗传的角度来看,实际结果并没有多大区别。

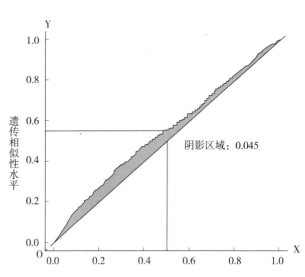

图 4.3 遗传选型婚配

资料来源: Domingue, BW, Fletcher, J, Conley, D, and JD Boardman. (2014) Genetic and Educational Assortative Mating among US Adults. *Proceedings of the National Academy of Sciences* 111(22):7996-8000

注: 美国配偶间的相关程度为 0.045, 相当于第一代堂 / 表亲水平。当通过控制主成分来排除种族因素后, 配偶之间的遗传相似性水平下降到了第二代堂 / 表亲的水平。Y 轴表示所有观察对象之间的亲缘关系分布的分位数。X 轴表示相同分布的分位数, 但仅限于异性白种人配偶。阴影区域给出了选型婚配的估计。水平和垂直的两条线是辅助线。

婚姻的遗传学并不奇怪,因为我们也发现,朋友间的基因相似度高于路人之间。尼古拉斯·克里斯塔基斯(Nicholas Christakis)和詹姆斯·福勒(James Fowler)发现,(非亲戚)朋友在遗传基因上相当于我们的第四代堂 / 表亲。[31] 与非朋友相比，朋友与我们拥有更多相同的 SNP，有趣的是，研究者还发现，还有一些基因型在朋友之间截然不同，这种差异远非偶然因素所能导致。克里斯塔基斯和福勒研究了这些共存的嗜同性（homophily，即对相似性状的喜爱）和嗜异性（heterophily）模式后发现，嗜同性基因倾向于通过两种生理途径聚集：亚油酸代谢和嗅觉知觉。那么，现在问题来了，谁知道为什么亚油酸代谢会是友谊的黏合剂呢？[32] 然而，嗅觉却能解释得通，毕竟我们喜欢与我们拥有同样嗅觉偏好的人（对于音乐也是如此）。

此外，这些研究者发现，某些与免疫功能相关的嗜异性基因比例过高。长期以来，有理论猜想配偶间在 6 号染色体上某区域的基因型存在极大差异。这段区域编码被称为主要组织相容性复合物（MHC）或人白细胞抗原（HLA）的产物。该理论认为，进化的力量推动着我们追求这类赋予生物疾病抵抗力的基因多样性，这样我们的家庭或更大的族群在面对流行病袭击时，群体中至少会有一些个体因具有天然抵抗性而存活下来。换句话说，这种现象勉强算是一种保险机制。如果该理论适用于配偶（据称是通过气味实现的），那么也应该适用于我们更广的关系网中。[33]

尽管配偶（和朋友）基因型的整体相似性非常有趣且引人深思，但它并不能真正回答我们的问题，即对于特定基因型的分类可能导致社会出现遗传种姓制度。为了回答上述问题，我们需要确切知道人们在择偶时是否会对与特定结果有关的基因进行分类。有很多间接的方法能告诉我们有多少表型变异是由人群的基因型变异导致的，例如，基于双生子的遗传力估算、领养研究、全基因组复杂性状分析（GCTA）模型和同胞血缘同源（IBD）方法。然而这些方法无法让我们得知，两个给定的个体在我们所关心的遗传变异方面到底有哪些共同点，也无法展现测量的遗传效应如何与测量的环境影响相互作用（第七章的主题）。为了做到这一点，我们需要将注意力转移到特定的标记上，即使用第三章概述的多基因分数方法。

我们有充分的理由推测，对特定基因型进行分类在当代社会的婚恋市场中起着重要的作用。我们在四个主要维度（教育水平、身高、BMI 和抑郁程度）上得到了具有较好预测性的多基因分数，并绘制了配偶相关性，如图 4.4 所示。结果发现，除了身高外，其余维度中表型皆远远高于基因型，至少通过这种分析方法得到的结论是这样。我们发现，像教育水平这类，未来配偶在择偶时期便能得知具体情况，因而在配偶间具有很高的相关性；可是这样的想法却不适用于身高，毕竟身高这一指标在结婚前也是可以明确知晓的。对于配偶相关性方面的另外两个维度，BMI 和抑郁程度，双方在结婚时对彼此的了解情况只能说是一知半解。刚认识的时候，配偶的 BMI 可能还没有达到我们进行健康和养老调查研究时的水平，毕竟这类研究中的受试人群大多数已超过 50 岁。但配偶在结婚时可能已经显示出了一些变胖或变瘦的趋势。同样地，抑郁症患病率会随年龄增长而增加，但抑郁症可能在结婚时便初见端倪。因此，它们显示中等强度的相关性。在所有这些维度里（身高除外[34]），依据基本的基因型得出的配偶相似性显著低于这些基因应当预测的实际结果。

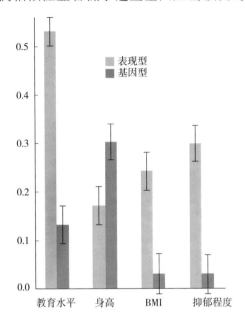

图 4.4　配偶相关性分析

注：图为在 2012 年的健康与养老研究中，已婚夫妇的选择性基因型（selective genotypes）和相关多基因风险评分（polygenic risk scores）的配偶相关性（N=4909）。受访者仅限于非再婚，且提供了有效的基因型和表型信息的夫妇。身高是唯一一项配偶间表型相关性显著低于基因型相关性的性状。去除了多基因分数后，剩下的表型相关性与原始的表型相关性无法区分，表明这里存在两种不同的分类原则。

因为我们（至少）还没有对我们的潜在配偶进行基因型分型，并以此决定是否结婚。我们所在意的是他（她）在有重要社会意义的维度上的表现。此外，我们必须再次强调，这些基因风险评分仅仅是这些性状的整体遗传组成部分的噪声代理变量（noisy proxies）。[35]

因此，虽然我们确实与配偶在文化程度上高度相关，但这一现象主要是由社会分类而不是基因分类造成的，至少基于我们的分析结果是这样的。[36]比《钟形曲线：美国社会中的智力与阶层结构》的观点所关注的基因相关性绝对水平更重要的是其变化趋势。图 4.5 展示了配偶间的表型和基因型相关性的发展趋势。图中的两条线分别代表在教育水平（或身高、BMI、抑郁程度）分布中处于较高（+1 标准偏差）或较低（−1 标准差）处的人的配偶教育水平（或身高、BMI、抑郁程度）预测值。两条线之间距离越大意味着选型婚配越明显；反之，则意味着教育水平（或 BMI、身高、抑郁程度）难以预测配偶的相应指标。

对图 4.5 中 A 组的表型数据的分析表明，我们得到的结果与当年未掌握遗传数据的人口学家一样：20 世纪后期出生的配偶教育水平相似性高于 20 世纪前期出生的配偶。换句话说，在教育水平高和教育水平低的人之间，配偶教育水平的差距正不断扩大，在抑郁程度方面也是如此，不过在 BMI 和身高方面的差距基本没有变化。这似乎佐证了赫恩斯坦和默里的观点。然而，再看看基因型相似性，我们惊讶地发现，配偶相关性的变化趋势是平稳的。[37]

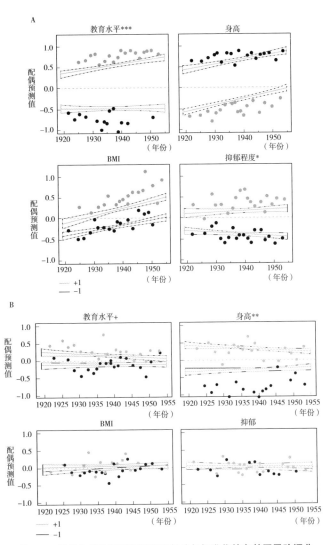

图 4.5　标准化的选择性表型测定得分与标准化的多基因风险评分

注：图为在 2012 年的健康与养老研究中，标准化的选择性表型测定得分（图 A）和标准化的多基因风险评分（图 B）的配偶相关性的世代差异（N=4909）。受访者仅限于非再婚，且提供了有效的基因型和表型信息的夫妇。通过逆 Fisher z 变换计算得到相关性估计的差异置信区间。星号和加号表示出生队列与基因型交互作用的显著性水平。+ 表示 $p < 0.10$，* 表示 $p < 0.05$，** 表示 $p < 0.01$，*** 表示 $p < 0.001$。

所以，我们暂时还可以放心，至少没有令人信服的证据表明赫恩斯坦和默里的观点成立。我们目前还没有进入通过选型婚配来巩固遗传种姓的美丽新世界中。[38]

笨蛋进化论会成真吗？

还有一个与基因政治有关的终极问题需要解决。相比讨论哪些人会在一代人中成为佼佼者，这一问题更关心整个社会将会走向何方。换句话说，由于不同基因型对应不同生育力，我们在认知能力方面的遗传禀赋是否会随着世代更迭而逐渐降低呢？尽管这不是《钟形曲线：美国社会中的智力与阶层结构》的核心假设，但赫恩斯坦和默里确实提及了这种情况的可能性，更有甚者认为，社会地位引起的生育力差异对后续世代的人口分布，甚至对整个社会的经济命运都有举足轻重的影响。例如，经济史学家格雷戈里·克拉克（Gregory Clark）认为，英国的工业革命之所以发生，一个不可忽视的决定因素是，精明能干的富裕公民的生育率高于较低阶层的公民。克拉克在《告别施舍：世界经济简史》（*A Farewell to Alms*）中声称，引起工业革命的关键变量是人口基因库，而不是一系列稳定的机构或浅层煤炭储量等自然资源（经济增长原因的讨论详见第六章）。在工业化前的英格兰，更能创造经济效益的人相比经济上不成功的人有更多的后代。随着时间的推移，基因库将不断"优化"，（克拉克使用"优化"这一词旨在表明，留存的后代将更加适应未来的现代经济生活）。当基因库优化到某一临界点时，生产力就爆发了，于是在长达数千年的发展停滞后，过去几个世纪以来收入和人口快速增长。

无论我们是否相信克拉克的观点，某些"右翼"心理学家和遗传学家共同关注的是这种二次发展的生育力（pro-development fertility）和幸存者偏差（survival bias）的另一面——他们所谓的劣生学（dysgenics）：一种有利于具有不良性状（如缺乏教育）者，而不利于拥有优良性状者的繁殖模式。[39]也就是说，如果过去是有助于社会繁荣的富人比穷人拥有更多的孩子，那么我们是否应该担心反转局面在当今社会上演呢——受教育程度较低的人比拥有更高教育程度或更高智力的人孩子更多？毕竟，社会科学家所谓的人口转变（demographic transition）的一个后果是，不仅每个人都有更少的子嗣，更高的后代存活率，而且许多生育率的预测指标（如女性的教育水平）的指示结果将调转。例如，在过去高生育率、高儿童死亡率时期（当今许多欠发达国家仍然如此），接受过更多教育的人育有更多（存活的）后代；如今的情况是，贫穷的家庭拥有更多的孩子。

在我们对健康与养老研究的分析中，我们发现了受教育年数与子女数之间有 −0.18 的相关性。其他研究发现，在美国，拥有大学学位的女性平均比只有高中学历的女性少养一名子女。[40] 女性受教育程度与子女数之间的负相关程度是如此强烈，以致人口学家罗伯特·梅尔（Robert Mare）和维达·马拉拉尼（Vida

Maralani）发表论文声称，提高某一代女性的教育水平不一定直接转化为下一代整体人口的高等教育水平。换言之，与教育相关的生育率下降是如此强烈，以致获得更多教育经历的女性最终没养多少子女。即使她们所抚养的孩子本身往往更有可能拥有更高的教育水平，但是这类效应在整体人口中会被部分抵消，因为低教育群体的母亲占据了更大的人口比例，她们的生育率并没有像高知人群那样下降。[41]事实上，我们是否拉低了整体人口的教育水平呢？倘若果真如此，这种情况会和著名的弗林效应（Flynn effect，智商测试的结果在过去几个世纪中逐年提高）碰撞出怎样的火花呢？如图4.6所示，分析世代更替中受访者的实际教育水平和其子女数之间的相关性后，我们发现了人口研究所预期的模式。在1940年以前出生的人中，基本上不存在教育水平和子女数之间的相关性（这批人的父母出生于美国人口转变中期）。对于1940年及以后出生的人，受教育年数和生育率之间存在显著的负相关关系（相关系数为 -0.20）。

正如你可能已经想到的，要想确定我们是否在亲手拉低人口整体智力水平，我们需要将教育—生育力关系划分为基因型和表型两部分。生育力似乎的确有一个可稳定遗传的组成部分：子女数量增加带来的遗传力在各世代间保持一致，大概在20%。尽管一些理论表明，生育力显然在一定程度上还是会受到遗传的影响。因此，其他受遗传影响的性状（如教育程度）可能与生育力有着共同的遗传根源。[42]但是，当我们考察教育水平的多基因分数和子女数之间的相关性时，我们发现相关系数

为 -0.04。尽管不是 0，但也非常接近。此外，并没有证据表明，随着世代更替，教育水平方面存在着加强的逆向选择——从基因的角度来看，教育程度较低者生养的子女数越发多于程度较高者。

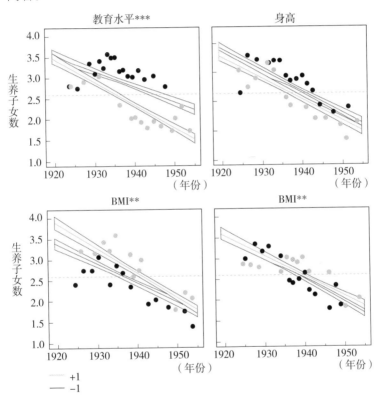

图 4.6　受访者的表型与生养子女数的关系变化

注：图为在健康与养老研究中，出生于 20 世纪各年代受访者（N=8865）的表型与生养子女数之间关系的变化。所有的表型与生育力的关联性都有变化。教育水平在出生最晚的一批人中显示出了更大的生育力差距，而 BMI 与生养子女数的关联则不断减弱。星号表示出生队列与基因型的交互作用的显著性水平。* 表示 $p<0.05$，** 表示 $p<0.01$，*** 表示 $p<0.001$。

虽然毋庸置疑的是，一个人在教育的阶梯上攀爬得越高，今后拥有的子女数可能越少，但这样的关系似乎主要与教育的社会根源有关，而不是与教育的遗传根源有关（至少从教育遗传分数来看是这样）。更重要的是，虽然测得的教育水平和子女数之间的相关性变得越来越强，教育基因型（education genotype）和子女数之间的微弱负相关程度并未增加。换句话说，没有证据支持这样的观念：教育水平引起的生育力差异导致教育在基因层面的逆向选择。电影《笨蛋进化论》（*Idiocracy*）的粉丝和赞同劣生学的朋友们可算是放心啦。[43]

后乌托邦噩梦还未来到

我们面临着这样一个谜题：为何配偶可以同时在表型上如此相似，但在基因型上又如此不同？配偶间表型相似性随世代更替而增加，我们为什么没有发现遗传相似性的增加？这个疑问的逻辑很好理解：①配偶在许多指标上非常相似，如受教育程度；②这些指标具有一定的遗传性。因此，①＋②→③，配偶在遗传上应当也是相似的。

虽然配偶在遗传上确实有些相似，但相似性并没有增加的趋势。因此，可以得出结论，许多学者观察到的教育分类程度增加是由环境变化引起的。这本身是一个非常有趣的社会"事实"。一个明显的解释是，人们尤其是女性所接受的教育程度在20世纪有了很大程度的增加（这种性别差异可能解释了为何最初按性别进行 GWAS 来计算多基因分数时，最具预测性的基因似乎都存在两性差异[44]）。

我们可能一直在一定程度上对学术"能力"进行分类，只不过这种程度几乎没有变化甚至有所下降。但是，随着现在女性也能够获得学位，在分类选择伴侣的问题上，表面上的学位越来越与内在的智力水平相一致。之前，受过大学教育的男性可能会和一个受过高中教育的女性结婚，但他选择的绝对是其中最机敏、聪慧的女性（甚至可能会拒绝那些不那么聪明，但由于家庭资源等因素上了大学的女性）。今天，聪明的男性和女性都更可能获得大学（或更高的）学位，这导致了教育分类的强化，即便其背后的相关基因型分类机制并未增强。

配偶间显著的遗传差异表明，遗传流动性（genetic mobility）在代际方面起到了很大的作用。虽然成功人士的子女会在所处的精英家庭环境影响下发奋努力，向父母看齐，但这些孩子正面临着一场遗传基因的洗牌，这种洗牌有助于平衡下一代的竞争环境，减缓代际间基因政治格局固化的步伐。当然，由于环境和遗传因素，这些精英家庭的子女在同辈中仍然有很大优势。

《钟形曲线：美国社会中的智力与阶层结构》认为，正如社会学家迈克尔·杨在 1958 年创造"精英统治"时颇具讽刺意味地提出，美国社会已经形成了以先天（即遗传）禀赋为基础的阶级分层系统，而这一系统正是由精英统治和选型婚配孕育出的。倘若此观点真的成立，为促进机会平等而出台的社会政策将会适得其反，至少实际效果会如此，因为每个个体已经处在

了最适合他 / 她先天能力的社会地位水平。同时，通过选择性地与拥有类似基因的个体婚配，父母将加强后代的优势与劣势。这种情况不禁使人想到，有关社会、经济地位的变量如收入、职业和教育水平，其代际相关性的高低也许能显示出一个社会精英统治的程度。

在人类分子遗传学革命发生之前，赫恩斯坦和默里于 1994 年出版《钟形曲线：美国社会中的智力与阶层结构》时做出了上述断言，然而无论人们是否相信，这些言论在当时基本无法检验。他们基于对认知能力的分析提出的主张并不正确，因为智商同时具有环境和遗传根源，它的任何变化趋势都可能归因于环境和遗传的共同影响。此外，他们分析了 1979 年全国青年纵向调查（The National Longitudinal Survey of Youth，NLSY79）—— 一项对 1957—1964 年出生的男性和女性的调查。然而，这项研究中用于验证他们宏大理论的出生时间跨度有些小，尤其是受调者全都出生于第二次世界大战之后。相比之下，我们使用了更广泛的（说实话，也是更恰当的）出生时间分布数据来检验他们的假设。迈克尔·杨预计，到 2033 年的时候，精英统治根深蒂固的英国将发生一场最后的"反抗"，虽然距预言年份只有十多年的时间，但如果目前的结果是可信的话，我们应该距他半个多世纪前所设想的反乌托邦噩梦还相去甚远。

但是，如果（亲本）表型分类和（儿童）遗传改组的过程发生改变，那么可能会发生什么？如果适婚人群在挑选婚配对象时不再受限于教育水平和收入水平这类间接而不够准确的指标，而是直接基于基因型呢？如果婚恋交友网站与民用基因检测公司合并，如果个人资料的一个关键条目是你的教育多基因分数，而不是你的实际学位，那会怎样呢？我们将在本书的结论部分探讨这种可能性。

THE GENOME
FACTOR

第五章

种族是否有遗传基础？用全新视角看待世界上最惹人非议、最荒谬的问题

当我全家去做基因组测序的时候，测序报告给出了很多显而易见的结论。比如，我热爱运动的前妻有两个我没有的"短跑选手"基因。但是，这份报告中也有很多让我大吃一惊的结论，尤其是在普遍觉得很明显的种族方面。我早就知道我有一半阿什肯纳兹犹太血统，但我真的不确定另一半是不是美国土著血统。我父亲的 X 染色体和北美土著同源。这说明我们其实是马什皮印第安人的后裔。最让我惊讶的是我前妻本人其实是 1/4 的阿什肯纳兹犹太人。进一步的证据显示，她的爷爷其实是纯种的犹太人。作为一名可以将血统追溯到哥萨克人的乌克兰人，她爷爷对犹太人的态度真切地反映了东欧历史上对犹太人的不信任。而到了此时，他大概不得不改变自己对种族和政治的所有看法了。

　　遗传学已经成为学者和家族史爱好者的重要工具。它可以从社会而非个体的角度来揭示种族的奥秘。让我们举一个厄瓜多尔的例子。厄瓜多尔的人口组成是比较清楚的：有很早之前横渡白令海峡进入美洲的土著，有黑奴贸易中被带到这里的非洲人，甚至还有在当时地位与奴隶无异的西班牙人。在殖民时代前，这里的婚配关系究竟是怎样的呢？[1]DNA 的分析可以告诉我们这三类人在社会中的比例，甚至能够告诉我们关于两性婚配的信息。例如，虽然总人口中祖先来自欧洲的只占 19%，但是拥有西班牙血统 Y 染色体的比例却高达 70%。这种差异不难理解。大多数到新大洲开疆拓土的西班牙人都是男性。遗传学分析显示，当时欧洲男人强奸了当地妇女，历史学家早就用传统手段了解了这段故事。

那么，非洲人和美洲土著之间存在怎样的关系呢？我们很难找到关于这两者关系的历史记录。遗传学家指出，在自称是非裔的厄瓜多尔人中，美洲原住民血统的比例达到 28%，相应的 Y 染色体比例达到 15%（已知非裔美洲群体中最高的）。这一结论表明两个种族间有大量的通婚，且以黑人男性娶本地妇女为主（虽然本地男性娶黑人妇女的情况并不少见）。这些结论还不足以盖棺论定，但是它们仍然丰富了我们对厄瓜多尔历史的理解。毕竟通婚状况一直是种族权力更迭和种族同化过程的重要指标。对我们来讲，这个研究揭示了一个更深层的问题：在美国的种族史上，遗传学究竟能告诉我们什么，又有哪些局限性。

随着我们在这个领域的不断深入，各位读者需要牢记的是：在这一领域内，科学研究和伪科学理论曾对人类社会造成严重的伤害。讨论这些问题的困难之处就在于：我们面对的困难不只是实际的科学问题，还有很多可怕的传统观念——它们以科学、命运、自然之名禁锢了无数无辜的人。

从当今的美国看历史上的遗传进程

在黑人的问题上，美国人大多采用降格继嗣（hypodescent）方式，也就是著名的"一滴血原则"——只要你体内有一滴来自非洲的血，你就是一个黑人。其他人又依血统被分为亚洲人、美洲原住民和白人。而谈及印第安祖先的时候，我们又会依据升格继嗣（hyperdescent）方式，即有一点印第安血统的欧洲人都会被认为是白人。与之不同的是，群体遗传学家会使用族系谱图（cladograms）表示人与人间的遗传距离。遗传学家会找到两个种族出现遗传差异的时间点，以此为依据计算每个物种独立进化的时间，并绘制出族系谱图。同时，进化时间也可以作为研究遗传差异的指标——两个物种分开得越早，它们就越可能有和对方不同的基因突变[虽然遗传漂变（genetic drift）也是一个会造成遗传差异的因素][2]。

现代的种族概念始于 18 世纪晚期，得益于约翰·弗里德里希·布卢门巴赫（Johann Friedrich Blumenbach）[3]的工作，当时围绕"黑人和野蛮人"是否是人类这一话题，许多政治和法律的问题被提出。布卢门巴赫的创新在于，他承认人类是一个单一的物种，但可以区分种族。1775 年，他提出了 4 个种族：亚洲人、欧洲人、非洲人和北美人。随后他添加了一个"南方人"种族（如菲律宾人）。到 1795 年，他已经命名了 5 个遗传变体：高加索人、蒙古人、埃塞俄比亚人、美洲人和马来人——这些分类至今还在沿用。[4]

　　几百年后，美国的社会科学家仍旧在采用类似的模糊定义，他们通常通过调查问卷来确定受试者是白人、黑人、亚洲人、美国原住民还是其他种族。题目中潜在的可以选择的种族类别数目越来越多（混血、太平洋岛人等），但是选择的过程是一样的：在数个人为构造的选项中，人们选择一个作为自己的种族，而他们的依据通常是自己的肤色、祖先或自我认知。与此同时，很多生物学家却已经将"种族"这一概念替换为"大洲祖先"，这在一定程度上反映了生物学家不认为"种族"是一个分类。例如，每个"种族"都有相同的蛋白编码基因（protein-coding genes），而且并没有任何明确的依据来把人这一物种再次细分。用"大洲祖先"代替"种族"的另一个理由是在遗传学研究中，如果能精确定位个体在历史和地理上的起源，得到的结论也就更为确切。比如，奥巴马总统不止是第一个"黑人"总统，他还是第一个（就目前我们所知的）同时有着欧洲和非洲血统的总统。有了详尽的数据，一个人甚至可以查清自己血统中芬兰裔或者爱尔兰裔的比例。[5] 虽然我们一般用种族作为代表起源的简单方式，但是一旦了解了更有效的基因工具，我们就没有理由再这样做了。事实上，个人化的遗传分析很可能会颠覆很多现有的故事，那些故事代代相传，对复杂的结合史不断进行简化，逐渐偏离了事实的真相。[6]

　　具有讽刺意味的是，美国的种族分类系统最想抹平特殊性群体——非裔，而其却是遗传多样性最显著的群体。其他的人群——拉丁裔、美国原住民、亚裔和白人——在内部存在民族划分（对于美国原住民，明显是按照民族或部落划分的；对其他人来说常与国家相关），美国黑人内没有更小的族群划分（尽管随着黑人国家移民人数的增加，也出现了像是牙买加裔、尼日利亚裔这样的划分）。这是因为奴隶主故意将不同族群的奴隶混在一起，以此来阻止他们互相帮助，从而防止叛乱。这样一个大杂烩，加之非洲人离开故土，被迫适应新的劳作方式，最终使他们的种族荣誉感被完全剥夺。[7]除了他们生活的美国之外，他们并不为属于一个具有独特历史、传统的部落而自豪。[8]黑人没有自己的圣帕特里克节（St. Partrick Day）和五月五日节（ Cino de Mayo）。[9]事实上，如果美国的节日是基于遗传多样性安排的，我们可以忽略圣帕特里克节。如果将基因差异作为人种间的关键因素，那新的人种分类将会是怎样的呢？

量化基因多样性

首先让我们简要回顾一下人类的历史。根据化石记载，300万年前，最早的人类起源于撒哈拉以南的东非大裂谷。现在的物种中和我们关系最近的是大猩猩。500万年前我们和大猩猩有共同的祖先。有很多已经灭绝了的过渡性的物种，如南方古猿（Australopithecus）、直立人（Homo erectus）和尼安德特人（Homo neanderthalensis）。尼安德特人有可能并未像其他人种一样灭亡，因为现在有些人还有尼安德特血统。[10]100万年前，

尼安德特人离开东非，向北迁徙（见图 5.1），和他们一样离
开非洲的人种还有德文郡人（Devonians）和海德堡人（Homo
Heidelbergensis）。

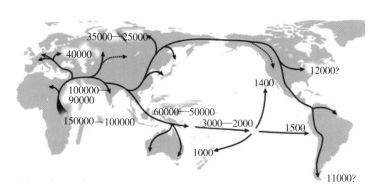

图 5.1　人类迁出非洲的进程［单位：年（距今）］

　　在大约 40 万年的时间中，这些早期猿人（non–Homo
sapiens）独自占有着欧亚大洲（仅考虑人的话）。但是在 100 万
年前，一群智人（Homo sapiens）离开非洲，扩散到世界各地
（也有学者认为这样的迁徙有多次）。有证据表明，这场迁徙中
的有效群体大小（也就是可以交配的人数）为 1000~2000 人。
很难说究竟是只有这 2000 人富有冒险精神，还是他们只是一个
庞大出征队伍的幸存者。无论如何，关键事实是这 2000 人成为
非洲外所有人的共同祖先。[11]

　　迁徙中的“人口瓶颈”导致现代社会中非裔和其他人之间
巨大的遗传差异。当群体的有效交配人口数目过小时，很多遗
传差异会消失。进化中性理论认为：在没有选择压力的情况下，

基因标记的消失是随机的。[12] 如果一个群体很大，那么一个给定的基因标记几乎不可能在某一代随机消失。而如果这个群体很小，这件事情就更有可能发生。比如一个占比 10% 的 SNP。如果人群中的交配群体有 10 个人，且只有一个人有这种 SNP，那这种 SNP 只有两份。很有可能，在某一代中这两份都没有传给子女。特别地，其概率是 1/4。然而在一个 200 人的群体中，20 份拷贝都没有传下去的概率陡降至一百万分之一。因此，最早离开非洲的一小群人只包含整个群体中的一部分基因信息，而且很容易丢失。随着人们离开非洲越来越远，这两种效应使人群中的基因多样性越来越少。事实上，在人类逐渐遍布地球的过程中，迁徙最远的一群人中的多样性下降最明显。这就好像在面包片上抹果酱的过程，随着刀锋在面包片表面滑行，抹上去的果酱越来越少，最后可能只有薄薄的一层。类似地，距离东非的距离也可以很好地表征一个族群基因多样性的大小。

量化基因多样性的指标有很多，最简单的是杂合子的比例（一个人两条染色体上等位基因不同的频率）。在假设随机婚配的情况下，如果某个位点的两种等位基因在人群中是平均分布的，那么此时的杂合子率是比较高的，约 50%[13]，但是如果某一种的出现率减小到 0，这个位点是杂合子的概率也会减小到 0。另一种检验基因多样性的指标是考察在 DNA 中一段给定的序列连续重复的次数。例如，对 AGGTCT 在一行中进行重复计数。这是所谓的拷贝数变异。

根据研究我们可以看到，除了某些特例，非洲群体有极高的基因多样性，而美洲原住民和太平洋岛民多样性较低，这和我们之前的预测——他们与东非的距离——是一致的。[14] 有些部落，包括"北卡"和"匹兹堡"，具有很高的基因差异性。尽管受到黑奴贸易中潜在建立者效应（founder effect）的影响，也经历了与欧洲人和印第安人的通婚，但是这些美国黑人仍旧保持了很高的基因多样性。这些非裔巨大的基因跨度（与百万年前徒步离开的人相比）印证了之前的论断——基因多样性高低的分界线由是否来自非洲决定的。[15] 综上所述，我们现在用的种族分类来自一段混乱而血腥的历史，其中不乏对事实的故意扭曲。即便 5 个种族的分类法是合理的，这 5 个种族也并不能和遗传分析的结果保持一致，尤其是在我们可以精确量化这些差异之后。[16]

祖先差异是重要因素还是随机误差

人种论在科学的角度是站不住脚的。然而，大洲祖先的差异是有遗传学根据的。但是大洲间的遗传差异对当代社会又有什么意义呢？现在，我们有必要打破一些左右两派同样在大肆宣扬的对基因差异的神话了。"左派"的许多人倾向于忽略人种之间的基因差异，指出这些人种内的基因差异大于人种间的差异。他们经常引用的事实是，所有人类的基因组有 99.9% 是一样的，并没有哪个族群含有其他族群没有的基因（比如，编码蛋白的基因）。这些说法都是错的。毕竟，我们和大猩猩的基因相似度也高达 98%，与尼安德特人的基因相似度也有 99.7%。这 2%（或 0.3%）的差异是多么微不足道啊！

简单来说，与其谈总体差异，不如具体基因具体分析。想象一群 FOXP2 基因（所谓的语言基因）发生了变异的人，他们体内的转录因子（transcription factor）是失效的。这些人没有用语言交流的能力。事实上，这个基因的功能被首次发现是在研究一个患遗传病的英国家族时，这个家族三代人中有一半患有严重的言语运动障碍（verbal dyspraxia）。这个家族和邻居有99.9999% 的遗传相似性，但就是那 0.00001% 的差异产生了巨大的影响。虽然整体高度相似，但局部差异还是会产生巨大的影响，这种效应存在于各种生物中。通过在实验室里人工修改 4 个基因，科学家可以让拟南芥（一种草本植物，株高 20 厘米左右）长成高大的乔木。就好像是娱乐节目《听声识曲》（Name that Show）的遗传学版本，只需要几个基因就可以彻底改变生物的表型（虽然像 SNP 这类常见的变异在人群中的影响较小，但是某些基因的改变或失效会对表型造成重大影响。即便是由多个基因控制的表型，比如侏儒症或者智力障碍）。

过分强调所有的人类拥有同样的基因型（即使他们的表型不同）会忽视这样一个事实：生物学意义上的进化并非只体现在基因的增减上，而更多地体现在对基因表达的调节上——对产物、时机、位置，甚至表达与否的调节。在人类基因组计划（HGP）启动时，对人类总基因数的预计为 10 万个左右。毕竟，我们比只有 32000 个基因的玉米高等多了。[17] 测序的结果让人

113

大跌眼镜，人类的总基因数只有不足 2 万个。所以说，绝大多数人类的差异来自这 2 万个基因在体内的具体调节。同一个基因可能在大脑中表达，也可能在肝脏中。某些基因只有在受到细菌侵袭时才会被激活，而一碗热面条又会关闭这个基因。每个基因就像是一个努力工作的家长，白天在单位忙前忙后，下班之后匆匆回家做饭，还要火急火燎地去开家长会。

人类有 2 万个基因这一事实并没有排除另一种可能——表型的差异来自基因组调控区变异（如启动子、增强子、小 RNA 和其他分子开关）。相比研究人们是否拥有同样的蛋白，更有意义的是研究等位基因是否一致。在考察了某个族群是否拥有其他族群没有的等位基因后，我们得出的结论是肯定的。非洲人拥有最多的特有等位基因，这也是该地区巨大基因多样性的体现。问题在于，没有证据可以排除这些特有等位基因在群体差异中的影响。

"左派"的第三个观点是：从进化的角度，人类发展的时间还太短，不足以让有明显效果的差异出现。史蒂芬·杰伊·古尔德（Stephen J.Gould）有一句名言：四万年来，人类没有发生任何生物学上的变化，所有的文明都是用同样的头脑和躯体建造的[18]。根据此种说法，人类进化史在现代人从东非起源之后就结束了。毕竟和原始人漫长的历史相比，6 万年的时间不过是弹指一挥。如果我们要分析其他大洲人类的差异，时间尺度就更小了。然而，族群间的差异既有可能从对原始突变的选择中产生，也有可能从一些多基因决定的性状中产生，因为其中已经积累了很多可供选择的变异。我们已经知道，身高和认知能力具有很强的多基因性，数以千计的小小差异都影响着最终的结果。如果群体中的高智商者生育率更高，可以预见几代之后群体的平均智商水平就会有质的飞跃（假定高智商带来的生存优势足够强）。[19] 从这个角度来看，6 万年似乎已经是地老天荒了。[20] 只要不同的表现——不只是智力，还有勇气、自律等——会带来不同的生存能力，可以想见遗传性差异很快就会发生，不过需要几千年。[21]

事实上，这正是某些有争议的学者所推崇的理论。比如，人类学家格雷戈里·科克兰（Gregory Cochran）和已故的亨利·哈本汀（Henry Harpending）在他们的著作《一万年爆发》（*The 10000 Year Explosion*）中指出的，新石器革命（Neolithic Revolution）和定居文明的开始使社会结构，而不是自然环境，成为群体遗传性改变的主要动力。结果就是，当今的很多差异都可以追溯到农耕时代起日益增长的选择压力。这样的压力使擅长规划的人比强壮的狩猎者更具优势。在给定的一个社会中，成熟农业兴起的时间是与族群适应新生活方式的程度密切相关的。他们的理论虽然能自圆其说，但是没有经过数据的检验，仅仅依赖一些偶然的证据。尽管最近的研究显示，技术的发展并没有让进化停滞，但我们并不知道现代社会中自然选择的驱动力是什么，以及它会带来哪些影响。[22] 换句话说，虽然人类还在进化，在自然选择的压力下不断分化，但是自然选择在各个大洲上仍然是相同的，不受社会等方面的影响。

在人类进化以及群体差异的领域内，"左派"的观点只占了半壁江山。"右派"也有自己的一套神话。比如，尼古拉斯·韦德（Nicholas Wade）是《天生的烦恼》（*A Troublesome Inheritance*）的作者，他关注分布呈现地理差异的那些基因位点，试图以此来解释群体间的差异。诚然，有一些基因，如FOXP2，存在他们所说的那种强力效果，但他们恰恰错在不是每个基因都是这样的。例如，韦德经常举的例子是MAO-A基因拷贝数的差异，他认为这是一个"战士基因"。理由是经过对一些志愿者的基因分析发现，这个基因的存在会增加暴力倾向。然后他们说这个"暴力基因"在黑人中出现的频率更高。然而，正如我们在第三章中阐述的，这样的候选基因实验——尤其是韦德用的这个——经不起重复测试的考验。即便通过了，这样的分析也只能说明群体差异中的一些细枝末节，并不能以此证明种族间存在不同的基因模式。

"右派"的另一个错误是过分相信自然选择而忽视了遗传漂变。[23] 在自然选择中，不同的基因会使个体具有不同的存活率，从而逐步影响群体的基因型。

而在基因漂变中，遗传变异是随机产生的，与生存优势关系不大。这一过程会为不同地区、不同时期的族群（像是美国白人和美国黑人）打上不同的"标记"。不同族群间的表型——比如，身高或智商也可能出现差异，但那是由和遗传差异密切相关的环境因素导致的。

随着环境的变化，纯化选择正在发生。一个非常明显的例子是镰刀型红细胞。具有镰刀型红细胞的个体有抵御疟疾的能力。控制这一性状的基因只分布在非洲中西部的部分地区。而非洲中西部恰恰是疟疾发病率最高的地区之一（其他疟疾高发区发展出了其他抵抗疟疾的基因，如 G6PD）。另一个例子是体形的大小。根据阿伦定律（Allen's Rule），热带地区的恒温动物耳朵和四肢较大，以利于散热；寒冷地区则恰恰相反。这一效应在人类和其他恒温动物身上都有所体现。

因为我们在身体结构上发现了环境和基因的影响，所以有些人认为，人类行为和心智也可以这样简单地去分析，这是许多基因决定论者犯的另一个错误。他们犯了效度的错误，盲目推广小样本下的结论是无效的。在一些由少数基因决定的性状中，我们可以清楚地看到基因型与自然选择的关系，如肤色、瞳色和乳糖耐受等。但是像认知能力这样由众多基因控制的性状，这一关系就不那么明显了。在我们研究体形的时候，四肢长度的变化和阿伦定律预测的基本一致，但是与身高不同，四肢长度这一性状只由少数几个基因控制（主要由 HOX 家族基因控制）。[24] 实际上，身高并不符合纬度分布的规律。除了行为表现的多基因型和复杂性，用遗传学来解释种族兴衰的理论并不可信。1000 年时光足以让人群中的遗传差异充分表达，但 200 年或许就不够了，50 年的可能性就更小了。[25] 因此，要想解释生活水平和社会形态的差异，我们需要比遗传差异更有解释力的理论，可能是制度差异，也可能是法律差异，等等（我们会在第六章继续讨论）。目前的研究认为，遗传差异虽然也是国家、种族和民族间经济与社会差异的一个可能解释，但可靠程度很低，而且难以证实。接下来，我们就要看看到底有多大难度。

各大洲祖先是真的，说明了什么？

我们现在知道的是，各大洲人类的祖先有很大的遗传差异（这些差异和种族分类相关，但多数时候是相反的）。我们现在试图回答一个更加具有争议性的问题：当代美国种族间各项指标的差异可否用祖先间的差异来解释呢？有没有一些基因型差异凌驾于环境差异之上，直接导致了教育水平和收入水平的差异（关于环境因素的部分请参阅附录 5）。我们已知，不同祖先的人群间有很多基因的频率不同，但是有证据表明，这些不同并没有给智商等指标带来显著的影响。但是是否存在这样一种可能：在黑人与白人之间的这些小小的差异累加起来，就形成了足以影响智商的结果呢？我们又该怎样观测这样的变化呢？

这是一个"令人不愉快的"，总是被意识形态左右的问题。作为科学家，我们有充分的理由绕开这个问题。换句话说，这些研究带来的破坏性比它们的价值更高。[26] 现在我们提出这个问题，就是希望以一种科学的而非意识形态的角度来看待它。虽然把研究限制在某一个种族内会更简便易行，但如果我们的书中只涉及社会遗传学，而非它和种族的关系，那显然是在逃避问题。在围绕美国论述种族 / 大洲起源的一章中，如果我们不谈基因在解释社会经济结果方面的潜在作用，也不免有隐瞒事实之嫌。此外，略过这些内容显然会背离本书的主旨：负责任地将遗传学与社会科学结合起来。最后即最重要的是，随着遗传学和社会科学交叉研究的大发展，终有一天会有人去研究种族、基因和社会成就间的关系，与其等着一帮种族主义学者借题发挥，还不如我们现在就向公众揭示到底什么样的假设是合理的，什么样的数据又是科学的。

一个很容易想到的处理方式是，直接比较白人和黑人基因组中的微小差异，看他们是否具有"加性"，以及"加和"之后，这些遗传差异是否能够解释重要的表型差异，比如，教育水平。这里有至少两种进行"加和"的方式：第一种读者应该比较熟悉，就是多基因分数；第二种则会在后面详细介绍，即主成分法（principal components）。

如果我们在黑人和白人间比较教育水平的多基因分数，能通过结果来说明就学儿童的差异是由基因决定的吗？进行这一比较要面对许多困难，有些是技术上的，有些是概念上的。让我们先来看技术问题，因为这个似乎更好解决。首先，计算多基因分数需要所有（至少绝大部分）欧洲先祖的基因样本，由此引发的关于数据有效性和缺失问题不容忽视。由于计算多基因分数时采集的环境数据不包含黑人的生活环境和教育环境，可想而知，多基因分数在黑人群体中的预测表现会大打折扣。数据缺失问题的产生则是由于黑人群体有很多"特有基因"。而欧洲人的祖先并没有这些基因，因此，多基因分数在这一方面无能为力（一个相关的问题是剪裁基因数据，详见附录 6）。如果我们有一个大型的非洲人全基因组数据库（如 50 万规模的 UK Biobank），我们也许能从理论上规避这两个问题，构建教育水平的多基因分数。

即便我们可以为每个群体算出一个多基因分数的值，欧洲后裔和美国黑人的结果也是风马牛不相及。这些结果或许能帮助我们理解种族内教育分层的现象，但是对跨种族研究毫无意义。这是因为，只要试图比较两个各自独立计算出的数据，"筷子问题"就会存在：对两个群体间的所有可见差异，我们都应该将主成分提取出来，以排除群体间潜在的环境差异影响。

另一种可以用的方法——直接追溯先祖，然后评估其效应——也有严重的不足。乍听上去，这个方法是可行的。我们已经知道，每个大洲的"生态群"（cotinental clines），或者叫"种族"有着不同的遗传性状。值得注意的是，差异的主成分与选取群体高度相关（如欧洲最主要的两个地理主成分是东西和南北）。[27] 主成分分析（PCA）是统计学上的一种手段，可以给出在单个维度中造成最大变化的那个变量。在有基因数据的情况下，第一主成分（PC1）可以有效把握 SNP 中跨基因组相关的性状，并由此可靠地追溯祖先。第二主成分（PC2）描述的是去掉第一主成分之后对差异造成最大影响的因素，或者叫维度。[28] 如果我们知道你在这两个维度上的得分，我们就可以对你的种族和起源做出有效（但不可能完全确定）的估计。增加额外的主成分可以提高预测的准确性，我们甚至可以在同一个种族内再进行分类，采用其他的方式也能得到相似的结果。

在遗传学研究中，这些主成分常被用于划分人群（血统）结构，以避免前文提到的"筷子问题"，这个问题导致在确定结果的根源时，环境、文化、历史差异会与遗传差异相混淆。如我们在第三章中所描述的，在 GWAS 研究中，研究者试图利用回归估计手段，从统计上将单个单核苷酸多态性与表型建立起联系。为此，研究者通常需要 10 个以上的主成分，以确保被试者基因组中余下的部分基本一致。主成分的另一个作用是跨时跨地比较不同人群的基因组，以追踪其混合模式与历史迁移模式。[29]

然而，新兴的第三种主成分使用方式则存有争议，即不仅把它用作控制变量，还作为主要研究对象；也就是说，用"祖先"的主成分来直接研究社会经济中的差异。这样的研究有一个方法论上的优势：虽然种族分类是离散的，而且基本采用降格继嗣原则，但血统成分却构成了一个连续的谱系。人为定义的离散种族类型——黑人、白人、拉丁裔、亚裔、印第安人、其他，不仅涵盖的基因型范围很大，而且混合方式也多种多样，尤其是在美国这样的移民国家中。在黑人群体中非洲、欧洲血统各占一定的比例（也有一定的印第安人血统，但比例较小）。事实上，所有自称是黑人的美国人中，欧洲血统平均占到了 10%。[30]

虽然用主成分分析来研究祖先情况是有先例的，但我们还是应该十分谨慎。[31]我们需要在这方面深入研究的原因有如下两个。第一，对于遗传学和社会科学交叉学科的研究者来说，它指出从种族分类转向大洲祖先研究的一个清晰方向（与医学和生物学的相关进展类似）。第二，我们相信自己可以开启对这一思路中存在的问题的阐述，帮助后人避免过往研究中的滥用和误用。

主成分分析无法告诉我们到底是哪些基因影响着智力，然而它可以告诉我们的是，非洲血统的比例（或者欧洲血统的比例）与智商和教育水平等表型有无关系。我们不关心哪个基因决定认知能力，而是去研究一个有20%欧洲血统的美国黑人和一个有4%欧洲血统的美国黑人在认知测试中的表现（我们也可以在白人群体中做这样的研究，但白人中的非洲血统比例少得可怜）。

这种方法的主要困境是：因为我们研究的变量是主成分，"筷子问题"依然存在，即我们如何确定是祖先的基因标记，而不是与之相关的历史、地理因素决定了其智力水平？比如，美国最南部各州依然是美国黑人最集中的地区，而密西西比州则是黑人比例最高的州。而且，密西西比州与最南部各州也是美国学校最糟糕的区域之一，黑人学校、白人学校都一样。所以，我们也许应该专门研究"位于密西西比州"这一变量的影响（假设与美国其他地方相比，这里的非裔具有更多的非洲血统）。事实上，最近的一篇文章显示，美国黑人中含有的欧洲血统比例和向西、向北的迁徙存在关联——在美国西部和北部，黑人所处的社会环境更好。[32] 或许我们应该考虑家庭背景的因素，因为欧洲血统较多通常意味着家庭环境较好。不论我们考虑并试图排除多少因素，主成分中总是会存在一些无法观察到的环境因素。

但是，或许有另一种方法来研究遗传差异的影响。尽管家庭成员间的主成分大多是相同的，[33] 但他们在各个成分上的值还是不尽相同。[34] 实际上，在两组大规模研究中，在第一主成分上，兄弟姐妹间的相关性为 0.95；第二主成分则是 0.9。[35]在全美青少年与成年健康状况纵向研究中，兄弟姐妹间的相关性超过 0.98。这意味着家庭成员间还是有一定区别的，尽管微不足道。在第三章中我们讨论过，通过考察家庭成员间的遗传差异，我们可以解开基因与环境的戈尔迪死结（Gordian knot）。兄弟姐妹的等位基因也会有不一致，例如，我的一个等位基因上有一个 A，而我同父同母的妹妹则是 G，这样的随机过程会导致兄弟姐妹间的某些位点上基因型不同。考察兄弟姐妹间的差异，一方面可以解决"筷子问题"，另一方面也有助于评估多基因分数和主成分的因果效应。[36]

该方法的逻辑为：通过考察兄弟姐妹间的血统差异，并研究这些差异与认知能力间的关系，我们或许可以解决"筷子问题"，同时避开我们还不知道哪些基因起决定作用的问题（详情参阅附录 6）。[37]

然而这个方法同样有两个问题。第一，我们需要巨大的样本量。因为对象间主成分的相关性高达 98%，发现差异所需的有效样本量要比从随机群体中分析差异时大 50 倍。第二，即便我们获得了如此大的样本量，发现了预期的差异，那又怎么样呢？假设我们发现非洲血统的比例——相应主成分的值——和认知能力呈负相关。这样的结果又会引发另外一个问题：这种影响是如何产生的？我们依然不知道大脑结构的差异能否在测试中体现，但我们确切知道的是，血统会在外貌上有体现。因此，即便是在家庭内部，我们也可以打赌说非洲血统更多的孩子头发更黑、更卷，而且拥有更多西非面部特征。甚至可能还有一些在美国尚未与种族联系起来，但实际上与血统相关的生理指标存在，如身高。

这些生理指标之所以重要，是因为它们把我们带回了原点。换句话说，当赫恩斯坦和默里下结论说，黑人在认知能力上弱于白人的时候，他们假定这一指标完全由先天决定。也就是说，他们认为遗传差异造成了中枢神经系统的差异，而与环境条件无关。但是，就目前的各种方法而言，比如，研究兄弟姐妹间的差异，我们还不能将独立于环境的纯生物学效应（即它们不会作为中介变量影响其所处的社会环境）和与社会系统发生相互作用的遗传效应（如肤色较浅的人会受到奖励）区分开来。认知差异可能确实是由基因决定的，但是从基因到智商之间的联系却是社会性的，而非生物性的。肤色更深的孩子有可能经常被警察呵斥，被老师、父母认为是愚笨的，这都会对孩子的认知能力产生质的影响。总之，即便基因能预测族群的智商值，那也可能只是因为基因预测了该族群受到的对待方式。

从杜波依斯（W.E.B. Du Bois）时代开始，美国黑人（也包括白人和拉丁裔社区）中间就存在"以肤色定等级"（pigmentocracy）的现象。最近的研究表明，这一现象不是美国特有的，它也出现在巴西、南非等拥有混血人口的国家。我们可以先去测量肤色指标，然后将其排除。但是在生活中，种族印记极其深刻，几乎不可能完全排除。而且很多时候，我们都没有意识到它的存在。如上所述，非洲或欧洲血统与身高有关，而身高更高的人可能会在学校待遇更好，在家里获得的营养更充足，等等。即使我们不把身高作为区分种族的决定性因素，那也不能说明这和其他有显著差异的性状没有任何关系。

为提高准确性，问题的反面也是需要探讨的。我们并不能说明基因型差异不能从生物学角度解释测试结果的差异。血统遗传差异可能以一种我们目前尚未发现的方式影响着中枢神经系统的功能。甚至控制黑色皮肤或者鼻子形状的基因有可能在大脑中有着其他的作用（一因多效），而不仅仅是影响人体外貌。结合已有的结论，最核心的解释可能是一个基于人群区分的动态模型。

正如我们在上文中提到的，找到一个明确的、科学的方法几乎是不可能的。而这与某些学者随意做出的结论——遗传因素可以解释白人与黑人智力测试的分数差距——形成了鲜明对比。简要介绍了分析遗传学的方法后，我们希望这样的讨论可以警示科学家该如何对待涉及种族、基因和智力的研究。随着数据的增加，这一领域无疑会有更多大胆的尝试。因此，我们既要努力打磨问题，提出解决方案，也要避免重蹈覆辙，以致有些人把模糊的证据用于给伪科学辩护。

话虽如此，过往研究中的疑点并不意味着在种族分析中应用遗传学方法总是有害的。通过对基因型变量的控制，我们实际上可以更清晰地了解社会过程的影响，比如，歧视现象。也就是说，只要我们将人群间的生物或遗传差异设为控制变量，从而将它们的影响排除在外，环境（非遗传）因素的意义就会更加突出，例如，结构性的种族歧视。控制遗传差异排除了实际后果中的先天因素。例如，在一个之前进行的实验中，我们研究了同卵双生子出生时的体重差异对婴儿死亡率的影响，结果是它对黑人的影响比白人高得多。由于我们排除了两个孩子遗传差异和孕期母亲行为的影响（母亲的所有行为都会同时影响两个孩子），结果表明，新生儿健康状况的种族差异是引起死亡率差异的主要原因。[38] 或者，如果我们对肤色和健康的关系感兴趣，我们可以比较肤色不同的兄弟姐妹，同时保证他们的遗传差异为一个定值。这样的话，假设我们发现肤色与高血压存在关联性，那么就对与肤色相关，而且可能会直接影响血压的遗传（和家庭病史）差异进行个体间比较，这种研究就能更有力地证明，这种关联的原因是肤色歧视带来的社会压力。[39]

在本章当中，我们进行了一场思维的探险，结果证明：常用的政府种族定义是不可靠的社会建构，不符合实际的遗传学分析结果。然而，我们也承认不同大洲祖先的比例是有生物学意义的，虽然这与人群选择有关。随着获取遗传数据越来越便捷，种族和遗传祖先的不一致可能会引发对种族理论的修正。也就是说，当许多白人意识到他们有非洲血统，而许多黑人也发现自己有欧洲人祖先时，"一滴血原则"可能就会被更复杂、更细致的分类方法所替代。另外，正如社会学家安·莫宁（Ann Moring）所说，"我们都知道种族融合。早在 19 世纪，人口普查单位就因此列出了'1/4 黑人'，甚至'1/8 黑人'这样的项目。但即使如此，'一滴血原则'并未偃旗息鼓，反而在外界对其的反应中越发强化"。[40]

　　面对种族融合的问题，科学知识也许比简单的、朴素的认识更能把问题讲清楚，权威性也更强。当然，也可能不是这样。不管是哪一种情况，正如在择偶、社会流动和生育等方面一样，社会遗传学都揭示了隐藏在表象之下，与直觉相悖的种族奥秘。在如此强大的工具面前，我们显然不能望而却步。

THE GENOME
F A C T O R

第六章

基因国富论

如果说在一个社会的内部，遗传因素对个人成败、子嗣数量乃至婚配对象起到了重要作用，那么推而广之，它可能也会对整个社群（乃至整个民族和国家）的贫富之道有巨大影响。在本章中，我们会回顾之前章节提到过的微观遗传现象，然后把它们放大到宏观的角度，探究和国民财富相关的多个问题。我们会探讨遗传学和演化学对历史解读的塑造或者重塑。我们把焦点放在了经济史上："国家人口"与"财富的全球分布"。这一主题结合了两种看似不相干的理论：经济发展史和种族遗传学。这种整合能够解释各国发展道路的成因，以及全球贫富差距是如何变得如此之大，以致超过上百倍的。

　　无论是在过去还是现在，将演化学、遗传学、生物学与经济学、人类学、历史学、政治学、社会学结合起来的工作一直存在着很大争议，甚至有些学科之间存在着整体的对立关系。人类学家将一些经济学家的著作描述为"业余的大话，数据薄弱，方法不当，而且会带来有害的社会政治影响"。[1]这简直是学术界里的门派争斗。尽管存在着这些争论，学科融合带来的新发现还是层出不穷，使我们无法忽视这种探究解读经济发展史的新思路、新方式。

宏观经济学的一个基本问题是，为什么一些国家在过去几百年间兴旺发展而另一些国家却停滞不前。来自世界银行的数据表明：世界上 1/7 的家庭日收入不足 1.25 美元，而且贫困现象在全球的分布极不均衡。比如，在欧洲，不到 1% 的人口处在这条贫困线以下，而在撒哈拉沙漠以南的非洲国家则接近一半。[2] 在马拉维，家庭平均年收入是 226 美元，而挪威的家庭平均年收入则超过 10 万美元。[3] 经济以外的福利指标存在着同样的不均衡。斯威士兰和塞拉利昂的预期寿命不到 50 岁，而美国、法国等国家则超过了 80 岁（美国为 81 岁）。[4] 我们该如何解释世界各地所存在的巨大差异呢？遗传学理论是否可以帮助我们探究这一问题呢？

在过去几十年中，国家间经济差异的理论解释总是随着政治风向摇摆不定。在"二战"后乐观主义洋溢的 20 世纪 50~60 年代，诺贝尔奖得主罗伯特·索洛（Robert Solow）专注于研究国家的科技创新和资本积累，即一个国家对于机械设备、基础设施等方面的投资力度。他的模型表明，一个国家的经济发展成功与否，很大程度上取决于它是否决定向新技术投资。后续研究扩大了资本概念，将人力资本——教育和技术投资——也囊括模型之中。接下来，科技研发因素也被纳入这个经济学理论中。尽管这一模型在一段时期内不断完善，但它指出的经济发展方针却是一以贯之的，那就是国家应当投资科技和教育。如果欧美以外的国家模仿欧美的成功经验，那么这些国家也会迅速取得经济上的发展。落实到实践中，这条方针并未取得全面成功。由于只着眼于对经济发展最直接的影响因素，所以它得出了一个"一招鲜，吃遍天"的规则：投资科技和教育。实际上，它遗漏了很多其他会在更长时段上影响经济发展的因素，包括自然地理、社会制度、民族文化，乃至人群间的遗传差异。

经济学与历史学的交织

越来越多的宏观经济学者开始转向历史纵深，结合长期历史进程中的历史、文化、社会层面因素，以进一步解释当今世界的发展模式。这一学派的经济学家在思考经济发展的"深层"根源时，将制度和文化的长期差异也考虑在内。

这一领域已经提出了很多颇有争议的新颖假说。正如前文讨论过的先天后天之争，其焦点在于：环境因素和社会组织结构哪一个更重要。一方面，许多学者相信，国家层面上的收入、发展、健康差异主要是由地理和历史因素决定的，也就是相对恒定的地理优势（河流丰富、气候适宜、土壤肥沃、少有疾病瘟疫等），再加上有利的偶然历史事件（如驯化家畜较早）。这些资源在特定阶段与相应技术结合，从而使经济得到迅猛发展。另一方面，也有很多学者认为，决定国家经济发展的核心因素主要是制度上的，例如，所有权的形成、法律规定、代议制民主等。

探讨这一分歧是很重要的，其中最重要的动力在于，我们希望知道如何促进、刺激、创造世界范围内的经济发展、福利和人口增长。广义来说，这个探讨是在问这样一个问题：发展到底是有一套方案可供遵循，还是已经被预先安排好了。一个极端观点认为，重点在于制度，通过遵循目前已经成功的发展道路，我们可以人为地去设计和规划发展。例如，美国和世界银行的援助开发基金往往都有一些附加条件，规定和指导资金的使用方式。另一个极端观点则认为，历史和地理因素更加重要，单纯借鉴现有范例很难重现过去的成功。事实上，有很多发展中国家虽然遵循美国等富裕国家的发展模式，但成功者寥寥无几，这在一定程度上支持了历史地理论的观点。

与大多数热门争论一样，正反双方都有大量的统计数据和案例。例如，有些学者认为，韩国与朝鲜在地理条件和人口上基本相同，但存在巨大的收入和健康水平差距，这就相当于一个支持"制度决定论"的自然"实验"。两国同处朝鲜半岛，气候条件基本相同，与贸易伙伴的距离也基本相等，甚至连血统都一样（这意味着两国人口的遗传背景是一样的）。尽管有如此多的相似性，但是两国的经济发展却有着天壤之别。韩国是世界上最富有的国家之一，[5] 2012 年的人均 GDP 超过 32000 美元；而朝鲜却是世界上最穷的国家之一，同期人均 GDP 仅有 1800 美元。[6] 韩国依托美国经验取得的发展也让人感受到了"输出"成功模式的可能。一些学者认为，如果韩国与朝鲜从一开始就转换位置，即朝鲜学习美国，韩国效法苏联，那么也许现在的朝鲜会是一个令人羡慕的富裕国家；而韩国则成为典型的经济失败案例。[7]

这一观点最近被经济学家达隆·阿斯莫罗（Daron Acemoglu）和詹姆斯·罗宾逊（James Robinson）进一步强化和阐述。在《国家是如何衰落的》（*Why Nations Fail*）一书中，他们认为环境不是经济发展的主要影响因素，国家贫富的主要因素在于有利于推动经济增长的健全制度，包括民主权利、保障所有权、法制等。一些国家建立了榨取性体制，即少数人剥削其余大多数人（如种族隔离时期的南非）；而另一些国家则建立了广纳性体制，让多数人都能参与到国家政治生活中。两人认为，正是这些国家的不同体制造成了经济发展的差异。支持他们论断的核心证据，是地理因素几乎相同但体制不同的国家之间存在的发展差异。让我们重新回到韩国与朝鲜的例子，阿斯莫罗和罗宾逊指出，近年来，韩国政府是广纳性的，而朝鲜政府则是榨取性的。所以，造成两国经济发展差异的重要因素，不仅是分别从美国和俄罗斯获取援助，更在于两国制度的不同。

让我们再来看其他的例子，"二战"后东德和西德在经济发展上的对比，或者格兰德河（美国和墨西哥的界河）两岸分属于美国和墨西哥两国的两个小镇。在这些例子中，作为对比的两个地区都有着相似的环境和相当的人口，甚至对疾病也有几乎一样的传播或阻挡效果，但因为制度差异而走上了不同的经济轨迹。这些例子无疑表明，制度对于世界各个国家或地区的经济发展产生着极为巨大的影响。

对上述观点持反对意见的学者或许会承认，制度的确在这些微环境对比中显得格外重要，比如，东德和西德。但是他们认为，如果我们把对比的尺度放大，上述观点就有些站不住脚了。比如，为什么美国和墨西哥同样都是民主国家，也都拥有适当的基础设施来支持强有力的制度，为什么经济发展差距却那么大呢？还有一些针对"制度决定论"的反驳声音指出，一个国家内部的相邻各邦（或各县）同样存在经济发展水平的差异。例如，喀拉拉邦（印度西南部）与印度的其他地区制度相同，经济发展却差异巨大。又如，尼日利亚北部与石油丰富的南部相比要贫穷很多。阿拉伯联合酋长国中的 7 个酋长国之间经济发展也处于不同的水平，原因就在于自然资源禀赋的巨大差异。阿布扎比酋长国人均年收入达 50000 美元，而相邻的沙迦酋长国却只有其 1/3。在美国，阿巴拉契亚山区和美国东部其他地区的经济发展程度也不同，这其中地貌差异也有很大作用。

确实，如果我们认为环境因素不会对经济产生影响，那就把问题看得太简单了。例如，在赞比亚，热带疾病缩短了人们的预期寿命，因此熟练工人只能保持 10 年的经济生产力，而这一数字在美国则超过 35 年。美国农田的单位产值是非洲的 10 倍。并且，为了避开非洲河流产生的洪水灾害，非洲是唯一一个人口远离河流和海岸线聚居的大洲，因此，非洲河流海岸附近适于耕种和贸易的地区并没有得到充分利用。[8]

目前的宏观经济学统计分析表明，大约 50% 的国家经济发展差异可以用少数几个地理和环境变量来解释，例如，海拔高度、气候、大陆 / 海岛等，其中仅海拔就能解释大约 13% 的差异。[9]

用地理因素来解释经济发展差异的假说不仅仅局限于这些

环境变量。学者不仅认为目前的地理条件对当前经济发展有直接影响，例如，高温会降低工作效率和生产力。他们还认为，当前的经济发展会受到历史地理状况的间接影响。例如，几千年前的高温可能会提高低生产力条件下开垦农田的可能性，这反过来降低了居民研发技术的动力，[10] 最终导致科技进步和经济增长的长期放缓。热带气候的这一双重作用过程意味着，热带工人（和国家）面临着热带气候带来的双重不利影响：一方面高温使当前的工作很艰辛；另一方面数千年前的高温使这片土地没有被很好地开发维护。这一不断积累的过程产生了富者越富的现象：从一开始就落后的国家很可能再也没有机会追赶上一开始就领先的国家。

《枪炮、病菌与钢铁》（*Guns,Germs,and steel*）的作者贾雷德·戴蒙德（Jared Diamond）与其他学者认为，初始地理环境与后来的富者越富现象其实是高度相关的。首先，在人类社会从狩猎文明到农耕文明过渡的时期（即公元前万年前后的新石器革命时期），气候温和等地理环境优势和较低的疫病率在欧亚大陆上的分布并不均匀，这就构成了初始的地理环境。而之后的富者更富则是众多因素叠加的结果，这些因素包括可供驯养、种植的动植物种类，以及东西向延伸的欧亚大陆更适合（沿着类似的气候带）传播农耕技术，而对于非洲这样南北向延伸的大洲来说则相对不利。同样地，冰河时代末期冰川的消退在世界各地留下的表层土肥沃程度差距也很大。

根据"地理决定论"假说，初始地理环境优势后来被一步步地累积放大：富者变得更富，之后更富者继续保持更快的发展速度，就好像滚雪球一样，发展的优势不断积累，发展的差距也被进一步拉大。欧洲国家经历了人口激增，并通过连通东西方的丝绸之路和印度洋商路不断积累技术（东西方的技术交流还包括了移民和侵略，如蒙古西征[11]）。这些早期技术积累和人口激增带来的优势保持了相对长的一段历史时期，使欧洲有机会更快地发展军事装备、提高疾病免疫力和促进技术创新，这也就是戴蒙德所指的"枪炮、病菌与钢铁"。

这些动态的进程往往历经几百年甚至上千年才逐渐展现出其对发展的影响，因此这些因素被称为成功发展的长期决定因素。事实上，这一理论推测：一些成功发展案例的根源可以追溯到久远的史前时代。例如，当前发展程度的差异可以部分地归因于他们的祖先：在数千年前发展农业时，他们选择了短视还是长远的发展模式，[12]这是一个可以追溯到史前时代的长期决定因素的例子。在史前时代，一个社会如果种植水稻，那么其可能也随之发展出很强的社会规范观念；[13]一个社会如果采用犁来耕地，那么由于这项技术对上肢力量的要求更高，用犁耕地的社会相比用锄头耕地的社会更有可能发展出性别分工。[14]地理和技术上的优势与劣势就像滚雪球一样，可能在很早的年代就开始累积，并最终以一系列直接的或者更多间接的方式，导致了现在我们所看到的国家兴衰[15]。长期决定因素的存在让我们难以充分认识与经济发展相关的关键因素，更别提给欠发达国家指出发展之道了。

其实，正如同单独的体制因素无法完全解释当下的国家兴衰一样，单独的地理因素同样做不到。历史地理论的批评者认为，历史地理论中许多因素过于宽泛，无法解释局部的显著发展差异。例如，很多欧洲国家都拥有东西向大洲带来的传播优势，然而，岛国英国却比欧洲其他国家更早开始了工业革命（虽然英国确实拥有浅层煤矿丰富的优势）。朝鲜与韩国，东德与西德之间的对比也是一样，历史地理论很难充分解释发展结果存在差距的原因。

制度论学者也有局限性——很明显，他们无法很好地解释为什么榨取性体制只在某些地区确立。如果他们只是说明某几种体制对于经济发展非常重要，却没有说明这些体制如何建立起来，那么显然这套理论是不完整的。人们不知道为什么某些国家建立起了榨取性体制，而另一些国家则建立起了广纳性体制。让我们设想一个极端的例子，制度论学者给一个穷国提出建议——"你们的制度不够广纳，要提高制度的广纳程度"，这无异于历史地理论学者建议落后国家"不要再发生飓风和地震了"。这样的建议显然很荒谬。

制度论和历史地理论对经济发展所做解释的分歧，将富裕国家、非营利组织和相关国家的公民联系在了一起。许多富裕国家认为有道德义务去帮助落后国家脱贫，因而采取了建设基础设施、支持当地工农业、扩大教育覆盖面、健全政府结构、直接捐赠现金和粮食等方式。然而，由于支援的实际效果有好有坏，而且学界对经济发展的核心决定要素也是众说纷纭，因此富裕国家支援贫困国家的行动一直伴随着争议和矛盾。事实上，随着历史地理因素和制度因素各自的作用逐渐明晰，对经济、制度、地理互动关系感兴趣的经济学家已经开始探索新要素了——群体，从而提出了群体遗传学。

国家发展理论的新议题：遗传学因素

少数社会学家提出了一套引发巨大争议的新想法，即将演化学、遗传学和生物学等学科中的概念引入对国家发展的阐释中。这些想法恰恰与当前学界的热点问题相吻合：解释长期决定因素对经济发展的影响。这些学者将群体遗传学视为一个影响经济发展的潜在长期决定因素，从而将环境变化与人类社会演变联系了起来。这一领域的研究刚刚开始，我们接下来讨论的都是新近的成果，因此留有很大探讨空间，同时这也意味着，这一新领域还远未成熟，只是雏鹰初啼而已。

人类群体遗传学会测定某个遗传突变发生的频率，并分析造成当今各国、各地区差异的历史与演化过程。群体遗传学与宏观经济学、经济发展史的结合使自然选择（natural selection）、遗传漂变、突变和种群间基因流动（gene flow）等概念成为解释经济发展进程的潜在模型。这些概念还与冲突、贸易等宏观进程相联系。地球物理环境通过群体来影响经济发展的一个方式，就是改变群体的遗传组成（genetic compositions）本身。

正如我们已经看到的，自然环境改变了不同国家居民的遗传变异情况。例如，在疟疾肆虐的地区，引发镰刀型细胞症的等位基因会被保留下来。又如，接触日晒时间和强度不同的人群，皮肤内黑色素的含量也不相同。与此同时，随机遗传漂变在经过漫长的发展后，会在群体中产生无数种基因型，其中有些突变是重要的，而另一些则可有可无。这些基因型都是可以流动的，即基因流动。环境改变，群体的扩张、缩减、迁移，群体互相之间的主动同化，疾病的爆发和传播，这些过程都会导致基因流动。

通过分析一个群体的遗传组成，我们就能够了解在某个特定时间和地点，群体究竟利用了环境的哪些方面。如果环境远未达到适宜居住的条件，那既有可能刺激群体的发展（如发展动物驯养技术），也可能将他们赶出原本的栖息地（如传染病暴发导致人口衰减）。有些环境会被人类开发，而有些则不会。一个环境是否会被群体开发，依赖于环境与群体的契合度，而环境与群体之间的契合度也是在不断变化的。我们知道，在漫长的历史岁月中，人类遗传特征（human genetic profile）与环境不断地发生着交互作用。那么这种人与自然的相互作用是否有助于解释国家层面的兴衰呢？

基因经济学的出现

我们在第五章讨论过人类迁徙的自然史：一开始我们诞生于东非，随后缓慢地迁往非洲以外的大陆，最终覆盖了整个地球。

这一理论如今已被学术界公认。简单来说，现代人类起源于非洲，他们当时的遗传多样性已经与今天的我们不相上下。当时走出非洲的一小部分人只携带了全部遗传变异的一部分。在 15 世纪初殖民时代开始之前，我们都能通过全球的遗传多样性状况了解到这些基本的遗传和历史事实。非洲人群有着最大的遗传多样性，而随着人类的脚步走出非洲，逐渐向更远的地方迁徙，遗传多样性也在逐渐变小。事实上，远古人类最难到达的南美洲的遗传多样性也最低。

但是，人群迁移、瓶颈现象、遗传漂变等群体遗传学现象对当今的全球发展差异有什么影响呢？遗传多样性是否会以某种方式促进或阻碍一个国家的福利和经济发展呢？[16]

在 2013 年，夸姆罗·阿什拉夫和奥德·盖勒在最有影响力的经济学期刊之一《美国经济评论》上撰文，论证了具有"适中"（Goldilocks）遗传多样性的国家往往收入更高，发展更快。[17] 作者观察到，许多遗传多样性过低的国家（例如，玻利维亚等大部分国民为美洲原住民的国家）和遗传多样性过高的国家（例如许多撒哈拉沙漠以南的非洲国家）的经济增长相对缓慢；而遗传多样性适中的国家，如欧洲和亚洲国家，在前殖民时代和近现代的发展程度都较高。图 6.1 来自阿什拉夫和盖勒的文章，他们比较了各国人均收入和遗传多样性之间的关系。曲线呈"驼峰形"，最高点是适中的遗传多样性，对应着最高的经济发展水平（如美国和许多欧洲国家）。

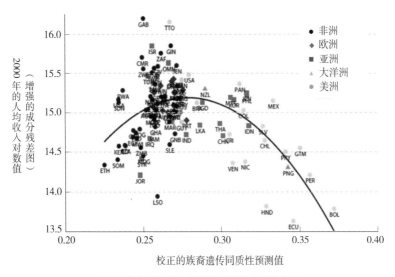

图 6.1 各国人均收入和遗传多样性之间的关系

资料来源：Q.Ashraf and O. Galor. The "Out of Africa" hypothesis, human genetic diversity, and comparative economic development. American Economic Review 103, no. [1] 2013：1-46

有学者注意到，用遗传学理论来解释国家层面的发展差距——如欠发达的非洲和发达的欧美——会不会有点太"顺手"了。事实上，这一发现可能会被曲解。如果我们仅凭这一发现，就认为国家层面的经济发展是一个"自然"的过程而不受政策影响，那显然是断章取义了。

阿什拉夫和盖勒的理论也暗含了这样一个逻辑：欧洲殖民者的殖民入侵对美洲原住民的发展是"有利"的，因为他们提高了当地的遗传多样性（当然,假设当时没有发生疫病和战争）。尽管两位作者已经在文中极力反对如此过分简化的解读方式，并提醒读者，他们的发现也可以通过其他方式解释（如文化特征的重要性）。但是，读者显然往往会被标新立异的言论所吸引。这些新奇的解释和政策观点的出现表明：我们在进行这类分析时一定要小心谨慎，不能随意将生物学和遗传学的概念套用到经济和社会发展的问题中，以免带来不良的政策影响。

向理论深处探索

这一理论的基本观点（假说）是：群体和国家在群体水平的遗传多样性上面临着一种权衡。通过借鉴种族、经济学（还有收入、语言、宗教）的多样性测度方式，研究人员用以下方式对遗传多样性进行了测度。试想一下，我们随机从一个群体（或者一个国家）中挑选出两个不同的个体，然后检验两人基因组在某个位点上存在差异的可能性。我们已知人类基因组是由 30 亿个碱基组成的序列，每个碱基有 A、C、T、G 四种不同的可能性，因而我们可以比较两个个体在基因组序列上的碱基组成差别。如果把这种分析推广到更大的人群中，比如，全体国民，我们就可以估计一个国家的遗传多样性水平高低（如图 6.1 所示的遗传多样性就是通过类似的思路测量得到的）。[18]

阿什拉夫和盖勒猜想，国家面临着协作与创新之间的权衡。这种权衡指的是什么呢？设想有一个遗传基因均匀（genetically homogeneous）的群体，如果这个群体的遗传多样性开始增大，作者认为主要有两方面的影响。一方面，更高的多样性带来的新的思想、文化和生产方式，随着新旧观念的交汇融合，发明创新随之出现；另一方面，作者还指出，更高的多样性"增强了社会吸纳先进高效的生产方式的能力，提高了经济潜力，同时发达的生产力也会给社会带来各种益处[19]"。也就是说，多样性提高了社会内部的分工和比较优势，从而有利于其发展壮大。例如，如果具有某基因型的群体更擅长精细操作，而另一类群体更适宜重体力劳动，那么拥有这两类群体的社会就会产生专业分工。两类人分别做自己擅长的工作，然后交换劳动产品。关于分工与贸易的经济学理论认为，当一个社会的每个人都从事自己最擅长的工作，然后互相交易劳动成果时，群体的状况就会变得更好。[20]

然而，这种多样性也有着潜在的不利影响。越来越高的遗传多样性带来了个体之间的怀疑和冲突。阿什拉夫和盖勒认为，遗传多样性"过高"的地区更有可能发生混乱、内斗以及冲突。这些负面事件会减少合作，破坏社会经济秩序，最后导致社会生产力的下降。一些非洲国家（民族）有着较高的遗传多样性，该理论也因此预测，它们的居民更容易产生猜疑和冲突。[21]

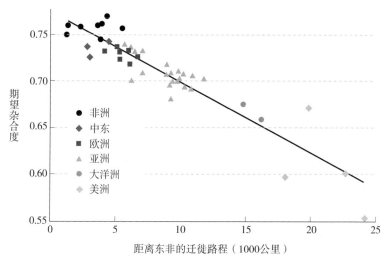

图 6.2　期望杂合度和距离东非的迁徙路程的关系

资料来源：Q.Ashraf and O.Galor. The "Out of Africa" hypothesis, human genetic diversity, and comparative economic development. American Economic Review 103, No.[1] 2013: 1–46

　　正是由于遗传多样性具有正、反两方面的效应，因此存在一个最有利于社会发展的遗传多样性水平。"适中"的遗传多样性既具备了多样性带来的优势，同时相应的劣势也不太明显。这种"适中"的遗传多样性能最大程度地促进社会的发展。事实上，两位作者对全球 140 多个国家进行了实证分析，在过去（1500 年左右）和现在（2000 年左右）都发现了这一权衡的存在。他们关注了较早时期的情况，以验证这一结果在欧洲帝国主义兴起前后是否一致。接下来，作者就可以进行检验，考察被征服民族本身的遗传多样性能在多大程度上预测主要的国家发展指标。如果预测结果与实际情况相吻合，那么这个理论就能站得住脚。同时，这些较早期的数据也让作者得以回避"欧洲侵略者提高了被侵略民族的遗传多样性，从而有利于其长期经济发展"这种错误的论断。

那么阿什拉夫和盖勒究竟有什么新发现呢？对于玻利维亚等遗传多样性很低的国家，只要其多样性略有增长（哪怕1%），1500年时的人口密度（经济发展程度的一个指标）就会提高58%[22]；对于肯尼亚等遗传多样性过高的国家，多样性降低1%则可能会使1500年时的人口密度提高23%。

作者紧接着直接跳到了当代。他们发现，遗传多样性低的国家（玻利维亚）的多样性提高1%，2000年的国民收入就会增加30%；而遗传多样性高的国家（肯尼亚）的多样性降低1%，国民收入会增加21%。这些影响不可小觑。

无论是哥伦布开启大航海时代之前，还是进入21世纪的现代社会，群体遗传多样性都存在着上述提到的两种作用方式，形成了"驼峰形"的曲线和"适中多样性"效应。群体遗传多样性过高或者过低的国家其国民收入都较低，而多样性适中的国家则有着较高的收入。

我们如何将这种模式与国家贫富的传统解释相结合呢？阿什拉夫和盖勒认为，遗传多样性因素是对现有经济发展理论的一个重要补充，而不是独立于历史地理论或制度论。事实上，作者在模型中使用了多个统计控制变量，因此已经将现有文献的多个经济发展机制考虑在内了，例如，农耕开始时间的不同

（上文中戴蒙德的观点）和制度的重要性等（上文中阿斯莫罗和罗宾逊的观点）。尽管阿什拉夫和盖勒并不认为自己的发现是一套全新的理论体系，但他们相信自己的发现能够提高现有理论的解释力：遗传多样性是解释现代国家之间巨大发展差距的一个新的重要因素。"遗传多样性可能会影响国家的发展"既是经济学理论上的一大新发现，同时它也成为利用群体遗传学理论、方法和数据对某一重要现象做出新解释的成功范例。

然而这只是我们对于现象的一种解释。一个国家的发展兴衰真的可以部分地由遗传多样性的长期效应来解释吗？这一假说虽然有一定的理论依据，也得到了一些初步的实证结果的支持，但是阿什拉夫和盖勒指出，他们观察到的现象也存在其他的解释方式。

即使我们已经假设遗传多样性和经济发展之间存在着因果关系，[23] 对这一关系的阐释仍然晦暗不明。虽然作者有一套个人偏好的解释（即我们在上文所做的分析），他们仍然无法排除许多其他解释的可能性。例如，遗传多样性与国家的种族构成存在联系。这种潜在的相关性意味着，我们很难确定遗传多样性与国家发展之间的联系是通过阿什拉夫和盖勒所提出的"分工和分歧"的方式，还是通过其他与种族构成相关的方式，如殖民史、战争、自然资源开发等。

阿什拉夫和盖勒也承认，他们无法把遗传多样性从更广泛的文化进程中分离出来。在他们的数据中，他们无法对更广泛的文化进程进行测量。这一点很值得注意，因为这让我们难以把研究结果应用到政策分析中。遗传多样性可能只是"附属于"（即具有统计上的相关性）将文明彼此区分开的更广泛的文化进程中。在这种情况下，我们获得的遗传多样性可能和碱基序列本身的变化没有太大的联系，而与文化联系更紧密。例如，在不允许近亲结婚的文化中，群体的遗传多样性会较高。

对于阿什拉夫和盖勒的理论，还有最后一点需要注意，那就是对于遗传多样性可能促进创新，也可能增加猜疑、冲突，作者只给出了间接而有限的论据。而这一点实际上是他们提出的机制的核心论点。尽管他们在文中展示了遗传多样性和科学专利（可以作为衡量科技创新的指标）之间的关联，但是他们无法证明遗传多样性对更大范围的科技创新的影响，也没有给出论据来支持遗传多样性过高会增加群体内的猜疑、暴力和冲突。正是由于他们假说的核心论点缺乏强有力的证据支持，对其结果的反对之声也不绝于耳。或许他们发现了一些可以解释甚至预测经济发展的新概念，即遗传多样性与国家经济发展存在联系，但是我们目前还无法具体地明确这一层关系。

那么他们的观点与之前我们讨论的制度观点是否互洽呢？他们的观点和阿斯莫罗与罗宾逊提出的"制度对于国家发展至关重要"的论点是相互矛盾的，也就是说他们提供了制度论目前缺失的一环——从一开始导致各国建立不同制度体系的原因。也许遗传多样性正是造成初始制度差异的一大因素。同时，在人类最初从非洲迁移到世界各地的过程中，或许不同文明迁移距离的远近也与文化不同相关。而文化和遗传多样性一样，从远古至今一直影响着文明（或国家）的发展。因此，我们之所以看到当前各国的生产力水平不同，可能并不是因为遗传多样性本身的差别，而是由各自的文化和制度造成的。遗传多样性可能只是"标示"出了长期的文化与制度差异。

阿什拉夫和盖勒这篇文章的论断很宏大，而且引出了一个令人担忧的假说：遗传多样性可能会对总体（即国家层面）生产进程带来不利影响。如前所述，这一假说目前还没有被最终证明（单凭一篇文章不可能完全解释清楚），所以目前我们还远不能说明这个发现的意义。事实上，在更多的证据提出之前，我们或许应当谦虚谨慎地对待各种科学结论，尤其是当我们想到科学种族主义的遗毒给全世界带来的恶果时，我们就更应该对"遗传多样性会影响国家发展"这一假说持严谨的态度。为了更好地剖析遗传多样性影响经济发展的内在机制，我们需要多层面的新研究，包括微观的、国家层面以下的研究，可能还需要来自产业、工厂、车间的材料，以证明遗传多样性对经济发展的影响（尤其是国家以下层面的）是确实存在的，也是能够检测到的。

值得一提的是，人们很早就发现了多样性对生产活动所带来的积极影响，但是很少有实证研究把它扩展到遗传多样性上。这里面或许存在着把一个领域的直觉论断（互补的新观念会提高劳动生产力）过渡推广到另一个领域的风险（观念多样性源于遗传多样性）。即使人们开始发现支持这两个论断的证据，[24]但要想验证它们的正确性还是需要大量的证据。与本书里提到过的其他新兴观点一样，这些想法有可能是正确的，但并未得到真正的检验。

遗传学和战争与和平

尽管离证实还有一段距离，但是阿什拉夫和盖勒的新兴观点已经吸引了其他一些研究者。该领域的新论文正如雨后春笋般涌现，虽然目前还没有人像阿什拉夫和盖勒那样做非常细致的调查工作。恩里科·斯伯劳雷（Enrico Spolaore）和罗曼·瓦茨格（Romain Wacziarg）发表了一篇分析"群体（国家）遗传多样性水平与国家间发生冲突的可能性"之间相关性的论文。[25]他们的论文同样做了大范围的分析。作者考察了 1816—2001 年间发生的各种区际冲突和战争，涉及超过 175 个国家，并提出了这样一个疑问：基因组成上相似性更低的国家之间（换言之，遗传多样性更高）是否更有可能爆发战争？比如，由于长期种族差异引发的战争。

然而，结合了遗传学和国际关系学的知识，这篇文章的结论与直觉完全相反：冲突和战争更容易在基因相似性较高，而非较低的群体间爆发。但是，当我们考虑到这一结果其实存在许多与"遗传"无关的解释时，似乎就不足为奇了。首先，遗传上相似性更高的群体很有可能本身在地理位置上就很接近，当一方触动了相邻另一方的重要利益时，战争或冲突可能就爆发了。针对这一问题，研究者对于国家间的地理距离做了调整，随后他们发现遗传差异仍旧是影响国家间发生冲突或战争的一个因素。另外，"遗传"现象也可能来源于另一个社会因素——遗传混合（genetic admixture）。两个群体之间遗传相似度高可能是由于在历史上这两个群体之间发生过侵略、贸易等相关交流事件，从而导致群体间发生遗传混合。例如，两个遗传相似度很高的国家——英国和美国——在 1812 年爆发了战争，部分原因就在于之前英国对北美的征服。这样一来，遗传相似度高的国家在未来更有可能爆发冲突和战争就毫不奇怪了：因为这些国家间的遗传相似性可能正来源于之前的冲突（例如，侵略战争和战后的遗传混合），过去的冲突或战争给未来的国际争端埋下了隐患。因此，研究者在统计时也调整了过往冲突和战争所带来的影响，随后他们发现遗传相似性仍旧影响着群体间爆发冲突的可能性。不过，与阿什拉夫和盖勒将遗传多样性与经济发展相联系的研究一样，认为遗传距离（genetic distance）与地区间冲突相联系的学说是一个尚未成熟的新理论。

自然选择、突变和健康

另一些经济学家开始考虑历史上群体遗传学与环境资源之间的相互作用关系，他们关注的是，群体遗传学的某些方面会如何影响各国发展模式的差异。他们的研究方式不再是假设存在一个最理想的遗传多样性程度，而是深入到基因组的具体序列中，探究历史进程中基因组的特定变异是否使不同群体得以开发利用各自的环境。乳糖酶基因（lactasegene）的例子表明，经济发展的差异可以部分地归因于我们基因组的局部变异。[26]

经济学家贾斯汀·库克发现，在早期的人类历史中，人们就已经拥有了在断奶后消化奶类的能力（或者说进化出了这样的基因），而这一能力提升了 1500 年的人口密度（群体中拥有该能力的人口比例提高 10% 会导致人口密度增加约 15%）。[27] 而且，其他研究已经发现历史上经济发展的差异会带来长期的影响，这就表明，如果基因组在适当的时间和地点发生了微小的变化（例如，在新石器时代畜牧业出现的区域），那么它可能就会为各国的经济发展带来巨大的、持久的、不断累积的变化。

宏观经济学家也开始探索群体遗传学影响经济发展的另一种方式——遗传因素可能会影响群体的健康水平，从而影响国家的生产力和收入。例如，库克指出，在近代及近代以前的历史阶段，免疫方面遗传多样性更高的群体更能抵御疾病，因而有着健康上的优势。[28] 这是因为免疫系统对病原体的防御具有特异性，如果一个群体的遗传多样性较低，那就意味着只能对有限数量的病原体进行免疫反应（immune response），因而更容易遭受传染病的打击，整体健康也相对较差；反之，遗传多样性较高的群体则具有更强的抵御疾病入侵和传播的能力。

对于一些社会学科学家来说，这样的结果很符合他们的直觉，因为它可以由经济学中的成熟方法博弈论推导而来。这其实就是把"猜硬币"应用到群体上。先考虑双人博弈。规则是：如果两名玩家的硬币都是正面或者都是反面，那么第一个玩家赢；如果一正一反，那么第二个玩家赢。在这个简单的博弈中，玩家应该使用怎样的策略来增加获胜的概率呢？是否有最优策略呢？首先，让我们考虑一下玩家有没有"简单的"最优策略：也就是不管第一位玩家觉得第二位玩家会猜什么，他永远只猜正面或反面。然而，与其他一些经典博弈模型不同，猜硬币并没有简单的最优策略，或者叫作"纯策略"（pure strategy），即总是选择特定的一面。相反，最优策略是采取"混合策略"（mixed strategy），即有时选择硬币正面，有时选择硬币反面，总是让对手猜不准。所以，在猜硬币中，最优方案是随机选择。这个简单的博弈可以应用到许多现实世界的例子中。比如，在足球赛中，一个简化的模型就是，攻守双方都要选择带球突破或是传球（对于防守方，就是选择去封堵突破还是去阻截传球）。假如攻守两方做出了相同的选择，那么防守方更有可能占得先机；假如攻守两方做出了不同的选择，那么进攻方更有可能占得先机。如果你是场上的球员，你一定不希望对手提前预知你的选择。所以博弈论告诉我们，要经常调整你的选择：有时直接从中场开始向球门区发起冲击，有时则送出一个掩护长传。

博弈论、群体遗传学和健康之间又有什么联系呢？让我们设想一场"猜硬币"博弈，玩家分别是人类和病原体。人类进化出一系列抵抗病原体的机制，但是我们无法抵御所有可能的攻击。另外，病原体选择某些特异的途径来感染人类。这个"猜硬币"博弈是动态的：人类不断进化出更多抵御病原体的机制，而病原体不断进化出新的感染人类的方式。[29]这就好像人类和病原体在选择硬币的正反面，或者选择带球突破还是传球一样：如果人类和病原体做出了相同的选择，那么人类就能够抵御病原体的侵袭，人类得一分；而如果人类和病原体做出了不同的选择，那么病原体就会绕开人类的免疫机制，感染人类，就好像假装突破，骗过防守队员，然后送出一记长传的足球选手一样。那么，根据博弈论得出的结论，一个群体的免疫机制如果具有做出"混合"选择的能力，那么这个群体在漫长的历史岁月中，就更有能力抵御病原体感染，保持繁荣兴旺。

于是，库克似乎发现了一些听起来不可思议的结论：遗传变异可能对国家层面的发展产生着重要影响。具体来讲，群体免疫遗传多样性［人类白细胞抗原（Human Leukocyte Antigen，HLA）系统］的提高，可以延长群体（国家）的预期寿命。[30]但这个发现可能只是新瓶装旧酒。人类白细胞抗原的多样性可能和国家间的移民流入有关（移民流入增加了白细胞抗原系统的多样性）。那么，当他"发现"移民流入较多的国家的预期寿命高于移民较少的国家时，认为决定国家预期寿命差异的就是移民因素，而非白细胞抗原的多样性。针对这样的怀疑，库克为了进一步阐明观点而提出了另一个检验。他注意到，在20世纪后半叶，越来越多成熟的疫苗被用来对抗传染病。这些疫苗从某种层面上会使一个群体的白细胞抗原多样性不再具有抵抗病原体的优势。在群体层面上，现代科学和医学替代了人类自然的（遗传）抗病机制。在更早的时期（疾病横行，医学也不发达），遗传变异是对抗疾病的一个因素，会和其他因素共同延长群体的预期寿命。但是现在情况发生了变化，越来越发达的医学和疫苗使之前存在的遗传多样性带来的优势被淡化了。他试图用数据验证这一推测，而验证的结果证实了他的想法：尽管在 20 世纪中叶，白细胞抗原多样性程度较高的国家有着更长的预期寿命，但到了 20 世纪下半叶，随着疫苗和新医学手段的推广，白细胞抗原多样性就不再体现出其优势了。

在这个例子中，白细胞抗原多样性一开始提供了生存优势（更能抵抗疾病），之后随着生存条件的改变（药物和疫苗的使用增加），它的优势就体现不出来了。这其实就是一种遗传与环境的相互作用，只不过在这个例子中是发生在群体层面上。我们之前提到过的乳糖酶基因也是类似的：乳糖酶基因只有在具备养殖驯化动物的条件下才能够发挥作用。如果没有奶牛、山羊等家畜，乳糖酶基因的存在就不会给群体带来任何优势（我们将会在第七章详细探讨遗传和环境因素的相互作用）。

在我们寻找影响国家财富的决定因素时，这些新发现到底带给了我们什么呢？群体遗传学的概念和数据的引入并没有颠覆之前的制度论和历史地理论，而是给整个理论体系带来了新的补充。与通常的遗传学分析一样，把遗传学与国家经济发展相结合的研究兼有自上而下和自下而上两种方法。与之前章节讨论的分析候选基因的方法类似（自下而上），一些宏观经济学家通过理论、机制分析研究了某些具体的遗传突变，如乳糖酶基因。单单一个基因突变就会在数百年的历史中造成国家层面的巨大发展差距，这是一个惊人的结论。同时这种可能性也引出了一个新思路：将群体遗传学的影响引入历史地理论的宏观经济增长模式分析中。有些经济学家则采用了类似全基因组关联分析（自上而下）的方法，试图探究总体遗传指标（如遗传多样性和遗传距离）与经济发展之间的关系。我们对这方面机制的认识还远远达不到实用阶段。新的研究或许可以增进我们对影响发展和迁移的核心要素的理解。但是随着新观点的产生，它们也有产生国家财富"先天决定论"的危险（即国家发展由基因组决定，因而是与生俱来的）。我们认为这是一种需要反对的鲁莽观点。因为我们发现（在第七章我们会进一步讨论），单独的基因或者环境因素都无法很好地解释现实现象，这些现象常常是基因与环境相互作用的结果。

THE GENOME
FACTOR

第七章

环境的反击：个体化策略的机遇与挑战

大多数科学研究会针对某一特定结果，来检验环境因素或政策（此处即为基因）对其所产生的典型（或平均）效应，而这类研究都离不开随机对照试验（randomized controlled trials）。医学上在进行这种试验时，一组试验对象服用红色药丸（药物），另一组试验对象服用蓝色药丸（安慰剂），然后比较两组的平均效果。如果我们要研究红色药丸是否优于蓝色药丸，或美国公共医疗补助制度是否能够促进民众健康，抑或是暴露在含铅环境中是否会降低智商，那么关注平均效应是有意义的。当然，极端情况同样也需要考虑在内。若是某种药物有很好的疗效，但同时会对一小部分人产生严重的副作用，我们还是不希望它上市。

想象你是一位勇敢的社会科学家，发明了一种新方法来教一年级学生阅读。你是个谨慎的人，于是采用随机对照试验来验证你的方法是否可靠。在试验过程中，一部分学生作为试验组，采用你的方法学习语文；另一部分学生作为对照组，采用传统方法学习语文，然后你在某学期开始和结束时分别测试了学生的阅读能力。第二年夏天，你马上开始分析数据，结果发现试验组在测试中的表现要优于对照组 15 个百分点（一个标准差），这是一个显著的统计学成果。这个结果令你十分激动，因为这会对语文教育带来巨大影响。你的研究肯定不愁发表了。更重要的是，如果能说服一些教育机构，也许你就能全方位实施你的教学模式，从而帮助更多的孩子。但当你更加仔细地查看数据时却发现，虽然两组的平均成绩差异达到了一个标准差（即 15%），但是试验组内个体差异极大。结果表明，试验组的一小部分学生获得了巨大的提高：他们的阅读成绩翻了 1 倍。正是他们成绩的大幅提升（比对照组的任何一个人都高）平均到所有试验组的学生身上，才产生了 15% 的总体效果。事实上，试验组中的另一小部分学生的成绩反而略有退步，这一点在对照组中未曾被发现。

显然，你遇到了教学效果异质性高的问题。对于一般学生来说，你的方法效果并不明显；对于一小部分孩子来说，你的方法甚至会起到负面作用；但是对另一部分孩子来说，你的方法简直就是灵丹妙药。如果你能分辨出哪些孩子适合你的方法，哪些孩子不适合就好了。不是只有你会遇到这种问题，异质性是社会干预手段的常态，而非例外。有些时候，我们能根据一些维度区分出措施的适用或不适用人群，比如，收入水平、性别，甚至身高体重指数。但更为常见的是，异质性现象的来源完全隐匿在了平均效应的阴影之下。如果说平均效应是一束白光，那么真的希望我们有一面棱镜，能将这束白光折射成代表异质性的七色彩虹，搞清楚各自的来源。这正是社会科学家研究基因和环境的动力，也是他们崇高理想之所在。

随着对基因与环境相互作用的理解日益深入，我们逐渐意识到，如果仅仅关注某遗传效应或环境的平均效应，就会漏掉很多事实。既然遗传因素能够过滤和反映出环境因素对我们自身的影响，那么我们假设红色药丸对含有 A 基因型的人群有疗效，而对 B 基因型的人群则毫无用处。但是，与蓝色药丸相比，红色药丸对含有 B 基因型的人群可能会有更大的危害，这样的话，如果我们没有基因型信息，最后得到的平均效应就是 0。在更多地了解了基因和环境的相互作用之后，我们理应让含有 A 基因型的人群服用红色药丸，让含有 B 基因型的人群服用蓝色药丸，以期得到最佳结果。如今，在药物基因组学（pharmaco genomics）和个体化用药（personalized medicine）这两大领域，当务之急就是解决这些具体的问题，然而解决的思路并不局限于设计药物这一个方面，因为造成这些问题的也可能是让一些人受益，却伤害了另一些人（或者与他们无关）的政策。如果真是这样，那么也许我们需要开创有关专门制定个体化政策和"政策评估组学"（policy-evaluation- omics）的领域了。

事实上，随着基因环境互动方面研究的深入，学者已经开始从遗传学社会科学和政策评估两个方向对现有的普遍观念提出了质疑和新解读。这些情况还表明，当我们不再狭隘地关注药物和政策的平均效应时，生物学和社会科学的学者需要携起手来，寻找各种形式的新证据，包括效应的分布情况（而不只是平均值），还有检测被试的基因型，为随机对照试验做好准备（这项工作已经启动）。

基因和环境的相互作用——以智商为例

在一些情况下，基因和环境之间的相互作用是显而易见的。在以狩猎采集为生的环境中，食物资源十分分散，而且时有时无，那么有一类基因的功能就显得极其重要了，即在摄取能量后能加快脂肪积累。但是，放到食物廉价充足的现代社会中，这一基因型虽然生理机能没有变化，但可能导致肥胖症或代谢综合征。在这两种情况下，尽管基因发挥着同样的功能，但环境最终导致了表型上的不同结果。类似地，有一种基因型能够促使人们敢于冒险，这对以捕猎为生的远古人类当然很有用处，但是放到现在，它与犯罪的关系更为紧密。再者说，虽然环境并不一定会影响基因的内在生理机能（也不是不可能），但它却能够影响基因实现的结果。[1] 这些事例迫使我们意识到，当我们在研究基因对行为的影响时，忽略环境因素是一个致命的错误。一方面，如果我们研究的是非常基础的且与社会及环境无关的生理机能（例如，某种蛋白质编码序列的一个位点由 CCC 替换成了 CGC，从而导致胰岛素合成的变化），那么只关注基因型是有益的；另一方面，对于受社会因素影响的结果，上述例子表明，单单强调基因的作用是站不住脚的，基因与环境之间普遍存在着相互作用。[2]

在与基因环境有关的文献中，一个明确的主题是，我们应该去研究先天因素和后天因素之间的联系，而不是去探讨这两者应当舍谁留谁。通过下面的讨论，也许这个观点就会更清晰地体现出来。我们不会说基因 X 的功能是 Y，而是会说，在环境 A 的作用下，基因 X 可能会发挥 Y 功能，而在环境 B 的作用下，它可能就会发挥 W 的功能了。这种相互作用实际上是双向的。基因 X 在环境 A 下的作用可能要看基因组的某个位点上的碱基是 A 还是 T。这些差异往往是通过追踪一种基因型在一系列环境下产生的标准反应来表现的。如图 7.1 所示，在一系列环境的影响下，A 基因型和 B 基因型产生的假想的表型结果。除非两条曲线平行，否则标准反应的差异就表明基因与环境存在相互作用。无论我们怎么画，给它起什么名字，它所表达的含义都是一样的：基因型对行为的影响取决于环境，环境对行为的影响取决于基因。而且，在一定程度上，我们会根据基因型主动地选择和塑造自身的环境（也就是说，某位点为 A 碱基的基因携带者寻找的环境可能与该位点为 T 的人不一样），这就使问题变得更加复杂了。

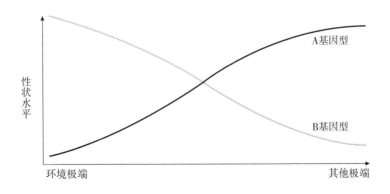

图 7.1 基因—环境的交叉交互效应的假想后果

那么，基因与环境之间的相互作用在社会经济结果中扮演什么样的角色呢？值得一提的是，关于智商和经济地位遗传力的早期研究曾指出一个有趣的发现。我们在第二章提到过，有学者认为，我们应该为建设一个新世界而奋斗，社会经济成功的衡量标准完全由遗传决定。换言之，要尽量把遗传力提高到100%。正如支持者所看到的那样，任何社会因素尤其是家庭背景所造成的影响，都是低效而不公平的。反对这种观点的人则认为，如果遗传力真正达到了100%，那将是一场可怕的噩梦。实际情况（至少根据之前双生子研究来看）是这个遗传天堂已经在某些人身上或多或少地实现了，但对其他人则仍然是遥不可及的梦想。

心理学家艾瑞克·特克海默（Eric Turkheimer）认为，基因效应没有平等可言。[3] 他注意到，与出生于优渥家庭的双生子相比，遗传因素对贫困家庭双生子智力的解释力更弱。换言之，越是往社会阶级的上层走，同卵双生子与异卵双生子（双生子模型中度量遗传效应或遗传力的指标）的差别就越大。根据特克海默对这些结果的解释，出生于优渥家庭的孩子能够接触到各方面的资源，不论是经济上的还是非经济上的，从而确保他们能完全激发遗传潜能，至少在智力方面看是这样的。社会不利因素会消除遗传上的优势，而这些优势本会在一个机会平等的社会中"自然地"出现，于是能力上的先天差异被消除，社会底层的情势越发恶化，因此对贫困家庭的双生子来说，基因的优劣毫不重要。

　　凭直觉来说，这个理论是有道理的。在种族歧视的社会中，只要你是黑人，就无法上大学或者找到一份好工作。早在 1967 年，这种与种族相关的情况就被发现了。当时，社会学家奥蒂斯·达德利·邓肯（Otis Dudley Duncan）和皮特·布劳（Peter Blau）发明了"不正当平等"（perverse equality）一词，用来描述非裔美国人的阶级背景对事业成就影响较小的情况。[4] 种族歧视不仅会压制黑人苦工的子女，同样也会压制黑人医生的子女。与此同时，象征性包容（tokenism）确保了每一代黑人中间都会出现杜波依斯所谓的"天才的 1/10"，也就是一批黑人职场精英，而他们的前途受身份背景的影响并不大。

　　尽管特克海默谈论的是智商分数的高低，而布劳和邓肯谈论的是职场出路，但他们的观点可谓若合符契，[5] 他们的核心观念介于先天论和后天论之间。白板理论是纯粹的后天论思想，是"左派"学者内流行的观点。特克海默认为遗传因素极为重要，但他的理论也承认环境扮演着独特的关键角色。直观地说，特克海默的理论表明,资源再分配不仅能促进结果的平等化（换言之，让底层子弟也有出头之日），而且通过释放低收入个体身上未充分利用的遗传潜能，经济效率会有大幅提升。这样，从公共财政的角度来看，资源再分配不会赔本，甚至可能有赚头。[6]

　　但是这些关于基因与环境相互作用的结论真的是准确的吗？也许对于处在社会底层的人来说，并不是环境差异的影响比较大，而是他们的遗传效应本身就比较弱。也就是说，要是贫困家庭本身的遗传变异就不显著呢？这样的话，异卵双生子的基因相似度就会超过 50%，与同卵双生子的差异更小，同样会产生特克海默归因于环境因素的现象。此时，这一情况的发生就是由于贫困群体中正选型婚配的比例较高。[7] 虽然观察到的结果可能是一样的，但是其含义会大不相同，并且可能也表明，我们应当干预的是婚配制度而非教育制度。

在双生子模型的研究过程中，我们很难知道究竟会发生什么，因为他们的基因型是我们推断而非测量出来的，所以我们仅仅是假设同卵双生子之间的基因型相似度比异卵双生子高，看上去似乎合理。问题是，他们的基因型究竟相似到什么程度？具体来说，异卵双生子之间的基因型有多相似？这个问题的答案会因为社会经济地位的不同而改变吗？总体来讲，社会、经济地位低的家庭中的异卵双生子的相似度超过了 50%，这可能是因为在低社会经济地位的人群中，基因分选，或者说正选型婚配现象更加普遍，从而导致在这一人群中遗传效应的作用较弱。实际情况也可能与特克海默所假设的一样，即不论社会、经济地位的高低，基因分选的结果大体一样，而且在环境因素相同的情况下，遗传效应的结果也一样。如果不直接测量基因组或是环境因素，我们就无法区分这两种看上去都有道理（但政策意义不同）的解释，因为在双生子模型中，我们的确无法知道各个子群体遗传变异（正选型婚配）程度到底有多大。[8]

接下来，我们就应该去测量之前没有测量过的，用来预测学习成绩的遗传变量，并确定相比社会、经济地位低的家庭，在社会、经济地位高的家庭中，这个遗传变量是否能更准确地预测学习成绩。为了测定学习成绩背后的这个决定因素，我们需要根据现有数据构造一个新变量，以测定教育程度的遗传潜力。

为了构造这个变量，研究人员利用 10 万名研究对象的基因型和受教育程度的数据，进行了全基因组关联分析，测量遗传变异对预测个体受教育程度的总体影响。正如在前面章节所讨论过的，该分析能够梳理出研究对象的基因组信息，进而发现在受教育程度高的人群中，哪些基因变异出现的比例更高。将所有能够预测受教育程度的基因型联系在一起，我们就会得到一个多基因分数，然后可以将它用到其他数据集上，只要该数据集包含全基因组和在学校受教育结果的信息，就能够进一步分析多基因分数与教育程度之间的潜在机制（只要新数据集中的对象的血统基本相同）。GWAS 的初步结果较好。在对上万人进行的检验中，它能够解释教育程度差异的 2%~3%。根据双生子模型的相关研究，教育程度的遗传力将近 40%，因此 GWAS 的初步结果也存在着上文谈过的遗传力缺失问题。但这是一个好的开始，而且如前所述研究成果一直在改善。

于是，凭借在两个独立样本基础上构建出的多基因分数，我们尝试通过两个相关的问题来检验特克海默的理论（以及与它并立的假设，即社会经济地位不影响遗传力）。第一个问题是，多基因分数的分布（即被试分数的差异程度）是否会随着社会阶级背景（由父母双方或一方的教育程度衡量）而变化？我们可以借此评判，随着社会经济地位变化的是否可能是遗传状况，而不是环境状况。第二个问题是，不管什么原因，教育多基因分数的实际影响是否会随着阶级背景而变化。

第一个问题的回答是"不会"，该分数的分布不会随着社会背景差异而变化。在弗雷明翰心脏研究（Farmingham Heart Study）和明尼苏达双生子家庭研究（Minnesota Twin Family Study）两个数据集中，无论双亲学历高低，子女初始分数的标准差都是一样的。[9]截至目前，证据有利于特克海默的基因环境相互作用论。有一种观点认为，对于贫困家庭的孩子来说，遗传效应较弱不是因为基因差异，而是由于环境差异。上述结果与其是一致的。

然而，我们接着检验了父母教育程度是否会改变后代的多基因分数，结果发现不会。虽然这一检验并不完善，[10]但其结果表明，不管家庭的社会、经济地位高低，其子女的遗传优势（或劣势）的影响大小都是近似的，这就与特克海默双生子研究的结论截然不同。[11]

尽管多基因分数这套方法的优势在于能够进行直接测量，但它仅仅分析了总体遗传效应的一小部分，这是一个致命的缺陷。[12]由于该分数是通过对各个人群在不同环境下的情况进行"元"分析得到的，所以它可能只描述受环境影响最小的那一部分遗传效应。换言之，多基因分数所能反映出的遗传效应，是在众多研究得到的数据集中最相似的那一部分。例如，最初的多基因分数系统使用了54个数据集，由于我们获得的遗传测量数据是根据在一系列不同环境下的平均结果得到的，因此我们使用的遗传标签很可能与环境差异无关，[13] 所以说，当我们运用这套系统去检验基因与环境之间的相互作用时，肯定会失败。然后我们可能会认为，在任何环境下都起作用的基因型，不会表明基因与环境之间的相互作用。如果有一种基因能够使得人们的合作性加强，竞争性减弱，那么拥有它的人就会在瑞典、挪威这样的国家中取得更好的学习成绩，但要是放到美国、澳大利亚这样竞争激烈、自由放任的资本主义国家，该基因就会对学习成绩造成消极影响。在上述两种社会背景下，该基因的确都能预测个人教育成就，但是如果用这套有缺陷的分数系统去分析，结果是效应为零，因为正好正负相抵了。然而，这正是我们想要寻找的，能反映基因和环境相互作用的基因型。

为了让多基因分数系统更好地用于基因环境相互作用的研究，我们可以改变测量对象。以往采用的是对某结果（如教育）平均水平的预测能力最好的一种分数，现在我们想要构造的，则是能最好地预测对环境的敏感性的分数。尽管这种方法还处于发展阶段，但我们首先要做的，就是运用全基因组关联分析去预测一种表型内部的差异，而不是这种表型的平均水平。此方法通常被称作基于体素的全基因组关联分析（voxelwise Genome-Wide Association Study，VGWAS），目前是一个热门科研领域。[14]

因此，虽然我们还远没有破解不同阶级间基因效应差别的谜团，但至少可以通过这些多基因分数研究的结果清楚认识到，刚发现不同人群间——不管是按照种族、阶级、地理还是家庭划分——的基因效应存在差别，就假设其反映了"真实的"基因与环境互动关系，这种做法多么愚蠢。

理解遗传和环境之间的相互作用已经够复杂了，更麻烦的是，两者的关系似乎是一种非常复杂的动态反馈回路，因此很难分清谁是因，谁是果。[15] 毕竟，只要人们（尤其是父母）对生活的地点、方式和邻居有一定的选择能力，那么基因型就会反映到对环境的选择上。把基因与环境之间的相互作用从不同基因之间的相互作用，或者从不同环境之间的相互作用之中分离出来并非易事，但是这对于理解人类行为的起源和正确评判政策的好坏都起着至关重要的作用。

特克海默通过对双生子模型进行社会经济地位分层分析，说明了基因与环境之间的相互作用，在这方面他是一位先驱人物。然而直到 20 年后，第一篇从分子层面测量基因与环境相互作用的文章才被发表。该文作者在新西兰南岛的达尼丁进行了一项独特的研究，研究对象均出生于同一时期，他们首先选取了多个基因，然后宣称这些基因的效应会随着环境的变化而变化。这是一支跨学科团队，成员包括临床心理学家特里耶·莫菲特（Terrie Moffitt）、发展心理学家艾弗谢罗姆·凯蒲赛（Avshalom Caspi），以及多名心理学家和遗传学家，他们的目的是去探讨面对同样的暴力和虐待，为什么有些孩子受到的负面影响就比较小。适应力问题是社会科学的一个重要研究领域，已经有了大量研究，但是直到这一研究出现，学者才开始考虑使用遗传数据。研究人员在受到不同程度虐待的大量男性儿童样本中，检测了单一基因 MAO-A 的变型，结果同预期一样，童年时期经受过暴力的孩子成人以后反社会和暴力倾向更明显。更引人好奇的结果是，童年时的被虐待与成人后的不良行为之间的联系，取决于这个男孩携带的基因型。对于 MAO-A 基因活性低的男性个体来说，被虐待对成人后反社会行为带来的影响是该基因活性高的男性个体的 2 倍。

MAO-A 基因包含着能够降解 5- 羟色胺和多巴胺等神经递质的一种酶的信息。事实上，在之前的社会遗传学研究中，由于 MAO-A 基因与个体侵略性之间存在某种联系，它早已被贴上了"战士"基因的标签。[16]

这项研究值得我们学习的地方有很多，它既是开创性的，同时也是十分严谨的。它使用高质量测量仪器去检测个体童年时代受虐待的程度，对这一敏感主题进行了可靠的评估。[17]基因选取也是建立在以往动物实验基础上再三斟酌的确定的。

这项研究论文发表在 2002 年的《科学》杂志上，另一篇探讨同样问题的相关论文选取了 5-HTT 基因作为检测对象，发表在 2003 年的《科学》杂志上。[18] 5-HTT 能够编码 5- 羟色胺转运蛋白，进而参与颅内突触对于 5- 羟色胺的重吸收过程，同时它也是抗抑郁药物的靶点。在对小鼠和猿猴进行该基因的研究时发现，在紧张环境下，该基因的不同变型会导致生物体产生不同程度的应激反应。凯蒲赛等在此研究中假设，这种遗传变异能够减轻生活压力对日后出现抑郁症症状的影响。通过对比研究 MAO-A 基因所得到的数据集，他们发现了与动物实验结论相一致的证据，即同样处于紧张环境下，有些人会比其他人表现出更为严重的忧郁症症状，而这是由有无应激基因型导致的。

可以说，这项研究开辟了一个新的方向，探讨如何将生物与环境预测因素的互动关系，与重要的社会结果联系起来。这两篇文章在过去的 10 年左右被引用了成千上万次，引起了很大的反响，既有人给原文的解释添砖加瓦，也有人针锋相对地提出另外的解释，有人指摘统计方法，也有人进行重复实验（成功者有之，失败者也不少），还有人进行了概括分析。这场争论仍在继续，不同的概括分析（即所谓的"元"分析）得出的结论也各不相同[19]。

基因与环境之间相互作用的理论

现在我们需要一套关于基因与环境之间相互作用的理论，以便解释凯蒲赛等人做出的惊人发现。这套理论的核心就是解决几个问题：为什么人类的基因要由环境所决定？为什么这种对环境的敏感性有利于物种生存和繁衍？让环境来决定人类的出路是不是有风险？或者说，让基因完全脱离环境，独立发挥功能会不会更有风险？

素质应激假说（diathesis-stress hypothesis）是一个论述基因环境相互作用的早期概念框架，它认为一些个体天生具备"冒险型"基因（"risky" genetic variants），而其他个体具备"保守型"基因（"safe"genetic variants），但是如果都生活在一个中性的环境中，这两类个体最终的情况会大体相同；而如果"冒险型"个体生活在极端环境下，结果就会大不相同。这就体现出了基因与环境之间的相互作用。事实上，尽管存在争议，但是大量数据表明，对于拥有与 5-羟色胺系统相关的"冒险型"基因的孩子，遭受虐待会使其生活前景明显恶化；当然，其他没有这种基因的孩子也是一样，只是程度要轻得多。[20] 既然没有收益，那么人类为何要选择"冒险型"基因呢？为什么进化压力没有消除这些基因型？针对这些问题，人们提出了多种理论。第一种理论认为，这些"冒险型"基因在不太遥远的过去是有益的。只是现在看来会造成对紧张环境"过度反应"的基因型，放在东非大裂谷这种极端环境下就很可能是有益的，但是人类已经离这些极端环境太遥远了，以致很多基因型在自然选择后都消失了。比如，"战士"基因可能对于需要抵御狮子的种群来说是有益的；或者说，这些"冒险型"基因在某些情况下确实有较大的风险，但是在某些没有人去测量的情形下，反而能起到保护作用，例如，精神分裂症往往与创造力和智力存在正相关关系。[21]

第二种理论认为应从物种而不是个体的角度去思考，假设存在"兰花型"基因和"蒲公英型"基因两种类型。"蒲公英型"基因能应付绝大部分的环境，而"兰花型"基因只能在理想环境中发挥作用。拥有"蒲公英型"基因的个体能够抵御在环境变化过程中可能遇到的危险（虽然种群选择还是一个有争议的进化论概念）。站在物种的角度上来看，为了确保万无一失，人类会希望同时拥有这两种基因型。为了防止环境出现巨大变化（如气候变化）将完全适应当前环境的"兰花型"基因全部抹除，"蒲公英型"基因的存在对物种延续就显得尤为重要。

这种进化上的风险管理已经在很多物种上有所体现，例如，拟南芥的萌芽阶段，[22] 以及酿酒酵母的生长和繁殖策略。[23] 在拟南芥的萌芽阶段，一个重要的（由基因促成的）"决策"就是确定种子发芽的时间点，以便其能最大程度地利用生长的环境条件，如水分、阳光等。如果选在阳光最充足的时候发芽，那么所有北半球的植株就都应该在春分日发芽，但要是碰巧那天乌云密布或者出现日食，那植株该怎么办呢？因此，理应有一部分拟南芥植株对于发芽时间的调控不那么精确，换言之，这个群体舍弃了最大效益，来换取发芽时间是一个区间，而非一个点。在拟南芥这个例子中，只在春分日发芽的是"兰花型"植株，而那些发芽时间存在一定随机性的植株就是"蒲公英型"植株——在特定的情况下，它们不会因天气条件而受太大影响。因此，在晴朗的天气里，"兰花型"植株由于在理想的时间点萌发，从而最终会占据优势地位；但是在不太好的天气情况下，"蒲公英型"植株给自己留了后路，也会最终占据主导地位。自然选择会找到一个适当的平衡，应对多变的大自然。

另一个挑战

用现有数据来检验这些想法已经够麻烦了，但偏偏有一批社会科学家还指出，某些关于基因与环境相互作用的文献有着潜在的致命缺陷。

为了能够更好地探究基因与环境之间的相互作用，我们需要考虑另一个问题：我们所研究的环境是否受到了人为控制，或者说它是否是外源性的。这个问题十分重要，因为评估基因与环境之间相互作用的过程分为两个关键的步骤：先将社会活动中的基因成分与环境成分剥离开，然后再研究这两者的相互依赖关系。第一步就十分困难。如果各种行动和因素不能清晰地被分成"基因的"和"环境的"，而是说我们对环境的反映本身就是部分由遗传因素决定的，那又该怎么办呢？实际情况可能是基因也会塑造我们与之互动的环境，而非基因和环境是两种独立的力量，各自对我们直接发挥作用，同时两者之间也会进行相互作用。基因型塑造我们所处的环境，这就是所谓的基因—环境相关性（gene-environment correlation），它可以分为三种。[24]

第一种是积极型基因—环境相关性（active gene-environment correlation）。人们（无论是儿童还是成人）能够部分地决定自己所处的境遇，而这可能是为了更好地"适应"或者利用环境。这个过程也被称作选择性基因—环境相关性（selective gene-environment correlation）。例如，内向的人选择的环境（朋友、党派等）可能就与外向的人不一样。

第二种是唤起型基因—环境相关性（evocative gene-environment correlation），是指基因可能引起环境的回应，而不是主动选择环境。例如，（由基因决定）喜欢搞破坏的孩子就可能引来家长、老师等人的惩罚（环境做出回应）。

再举一例，假设有一种基因叫作 SCHOOL 基因，它有 A 和 T 两种等位基因，如果拥有 A 等位基因的孩子比拥有 T 等位基因的孩子更有可能进入高等院校，那么总体来说，前者上的学校就要比后者好一些。如果 A 等位基因仅仅通过影响学校选择来起到作用，那不会有什么问题，并且这一机制是 A 等位基因通过对下游结果，比如，工资产生影响来实现的。但是现在假设 A 等位基因有两个作用，一是影响学校选择；二是通过提高智商来影响工资。那么，这就可能会把分析学校影响的社会科学家搞糊涂，让他得出错误的结论：得到某些结果的原因是"好"学校，而实际原因是 SCHOOL 基因两方面效应（分别影响学校和工资）中的一个。相反，如果我们让拥有 T 等位基因的孩子进入到所谓的"好"学校，他们的工资可能并不会提高，因为学校的影响只不过是基因分选的一个统计工具罢了。

当有多个基因同时影响一个结果时，我们需要更复杂的能力去推断其因果联系。回到上述例子，虽然具有 A 等位基因的孩子会选择进入更好的学校，但是我们现在假设一种新的情况，SCHOOL 基因对于智商或工资都没有直接的影响。然后再考虑 COGNI 这个基因，它有 C 和 G 两种等位基因。假设 SCHOOL 基因和 COGNI 基因之间存在相互作用，对于拥有 T 等位基因的孩子来说，无论他拥有 C 等位基因还是 G 等位基因，结果都是学校糟、智力差、工资低。在这一方面，两者并无相互作用。但是对于拥有 A 等位基因的孩子来说，如果他拥有 C 等位基因，他的智商和工资都会比较高。换言之，只有当拥有 C 等位基因时，SCHOOL 基因对于获取工资的影响才会显现出来。换个角度来讲，只有当拥有 A 等位基因时，COGNI 基因对智商和工资的有利影响才会显现出来。如果我们不去对 SCHOOL 基因进行准确的测量，不去寻找这种基因之间的相互作用，那么仅仅研究 COGNI 基因的科学家就会错误地推断出，只有当孩子进入优质学校时，C 等位基因才会对智商和工资产生影响，因此存在基因与环境之间的相互作用。事实上，正是由于基因—环境相关性，检验学校质量就是检验孩子 SCHOOL 基因上是 A 还是 T！也就是说，我们以为是基因与环境间的互相作用，其实是之前没观察到的基因之间的相互作用。

当我们考虑代际问题时，情况会变得更加复杂。因为子女在遗传上是与其父母相关的，而父母会为子女挑选邻居、学校，甚至（间接地）玩伴、运动方式，[25] 所以我们在分析基因与环境相互作用的过程中也会遇到这个问题。父母为子女的生长环境做出了一系列重要的选择，其效果相当于子女自己的基因在帮助他们自己选择生长环境一样，这就是消极型基因—环境相关性（passive gene-environment correlation）的概念。既然父母将 SCHOOL 基因和 COGNI 基因都遗传给了他们的孩子，即使孩子自身对于所处的生长环境没有任何选择权，那么这种明显的基因与环境相互作用似乎也可能是基因之间的相互关系，因为我们可以说，父母给后代既传递了基因，又传递了环境。

在艾弗谢罗姆·凯蒲赛（Avshalom Caspi）等人的研究中，[26] 受虐待对于孩子来说虽然可视为来自外部环境的压力，但很可能实际上这是由父母的基因型所决定的，这就使我们很难将基因和环境分离，并去研究两者之间的相互作用，这也是我们对于这项研究所担心的地方。究竟是父母所创造的环境和 5-HTT 基因发生相互作用导致了孩子的抑郁，还是存在另一种基因（不妨称作 ABUS 基因）使父母产生了这样的行为？如果是后一种情况，那么我们可以假设，如果父母同时将 5-HTT 基因和 ABUS 基因传给后代，那么这两者会发生相互作用，从而使后代产生抑郁。但是如果后代仅仅获得了 5-HTT 基因，那么就没有迹象表明该个体会产生抑郁。如果我们不去准确测量 ABUS 基因（或者 5-HTT 基因的其他潜在伴侣基因）的活性，那么我们可能就会认为是父母创造的环境以某种偶然的方式和 5-HTT 基因产生了相互作用，而不是驱使父母去创造环境的、未被检测到的 ABUS 基因与 5-HTT 基因产生了相互作用。

由于基因不仅与环境产生相互作用，还能在一定程度上对环境进行选择，因此父母的基因型（和孩子本身的基因型）也能用来预测后代受虐待的风险指数，所以我们不能分清凯蒲赛等人的研究究竟是发现了基因之间的相互作用，还是发现了基因与环境之间的相互作用。在前一种情况下，后代中测得的基因型与未测得的基因型产生相互作用，因为这些未测得的基因型是与父母的基因型相匹配的，而父母的基因型与其对子女受虐待密切相关。在后一种情况下，我们发现基因与环境之间的相互作用只发生在子代基因型和子代所处的环境之间。

基因—环境相关性的存在表明，我们很难真正揭示基因与环境之间的相互作用，因为我们不能确定如何区分这两种相互作用。如果基因通过相关性来影响环境，那么有可能我们评估的是某种"行为基因"和某种"环境筛选基因"之间的相互作用，对于环境本身则并没有揭示任何有用的信息。这个问题对于研究基因与环境之间的相互作用显得尤为重要，它或许能够解释为什么那些早期著名的相关研究尽管提供了大量依据，但是却不能进行重复实验，并且直到现在仍充满争议。

关于从环境因素中分离遗传因素的问题，早在现代分子技术研究手段出现以前就已经有了一段很长的历史。1980 年，克里斯托弗·詹克斯（Christopher Jencks）在一篇智商调查研究中非常关注基因与环境之间的相互作用，并对智力迟钝这一现象产生了浓厚的兴趣。[27] 在这之前已经有大量研究表明，苯丙酮尿症（PKU）是由某种肝酶的编码基因发生突变所引起的，缺少这种酶会影响大脑的发育，进而使个体产生智力上的缺陷。现在，随着筛查技术的发展，我们能够及时发现哪些孩子患有苯丙酮尿症，只需要进行简单的饮食调节就能避免症状出现。这样看来，环境干预能够大大降低该基因携带者出现智力低下的概率，很多时候甚至能降为 0。那么在这种情况下，智商完全是由基因决定，还是完全由环境决定呢？对于那些没患苯丙酮尿症的孩子来说，不会有专门的饮食调节这种环境影响；而对于拥有不良基因的孩子来说，环境可能会起到主导作用。总的来说，我们如何把遗传因素和环境因素完全区分开呢？[28]

现在有一项规模不大且仍在进行的研究，研究者正尝试聚焦于非遗传变异引起的环境变化情况，以此分离基因—环境相关性和两者的相互作用。[29] 虽然看上去你的出生日期与基因型毫无关联，甚至根本不会影响到你的未来生活，但是有时并非如此。

经历过越战的那一代人都会记得，当时搞过一次抽签征兵，也就是给某一年（如 1950 年）某一日（如 7 月 22 日）出生的男子发一个入伍号码。于是，生日就会对人生造成影响，但是与基因型无关。[30] 利用这些信息，我们可以去研究，这个号码（提高了参加越战的概率）和某种与吸烟相关的基因差异（能够预测成年后是否吸烟和吸烟数量）是否存在着相互作用。服役期间的高压力与随处可见的香烟，是否会影响遗传吸烟倾向的反应呢？[31] 我们发现，高遗传吸烟倾向的退伍老兵更容易吸烟成瘾，因而更容易被诊断患有癌症或高血压。这样看来，军队的高压环境似乎与遗传因素引发的抽烟有着一定的相互作用。而且这个证据是"独立的"（clean），也就是说，抽签时的号码大小与基因无关，所以它不会受到基因—环境相关性的影响。

　　另一篇关注"独立的"基因环境相互关系证据的研究恰巧也用到了一个重大的日子——2001 年 9 月 11 日，一个几乎令所有人都难忘的日子。与上个事例一样，我们同样想利用它去寻找重要的、与基因型无关的环境。[32] 研究刚起步时，我们发现有另外一项大型国际研究从 2001 年 8 月就一直进行着，其研究人员收集志愿者的唾液进行 DNA 分析，并且询问他们当时是否有抑郁的症状。这项研究持续跟进了数千人从高中起的情况，到现在已经超过了 5 年。我们比较了在"9·11"事件前后的调查情况，以此评估该事件造成的抑郁程度差异是否与基因型相关。[33] 虽然这和凯蒲赛等刊登在《科学》杂志上的那篇文章（考察高压力事件与 5-HTT 基因启动子长度的互动关系，预测抑郁症症状的程度）[34] 类似，然而结果却不尽相同。凯蒲赛等发现，短小型 5-HTT 基因会放大高压力事件对抑郁症产生的影响，而我们却发现了相反的现象，那就是短小型 5-HTT 基因会减轻"9·11"事件对抑郁症产生的影响。而且更为关键的是，在"9·11"事件发生前后所采访的对象是随机选取的。

　　对于这两种不同的结论，一个可能的解释是，我们设计的研究能够将基因—环境相关性和两者的相互作用分离开来。[35] 在这两项研究中，因果推断都需要哪些假设呢？事实上，两者都要求基因型与环境无关，因此在我们的研究中，需要保证基因型与调查时间位于"9·11"事件之前或之后无关，而凯蒲赛等人需要保证基因型与儿童是否受过虐待无关。我们的研究假设似乎更合理一些。

虽然将遗传效应和环境效应分离开来的研究对于真正理解它们之间的相互作用是至关重要的，但关于这方面的文章却很少。如今，这一领域的研究陷入了两难境地，因为我们很难发现既能解释重要的社会经济现象，又与遗传因素无关的环境因素。

对于这种"自然实验"（natural experiment）的研究方法，有人批评它们新则新矣，却无法描述真实世界，指出我们不能指望靠抽签征兵和恐怖袭击来研究基因—环境相关性领域中最紧迫的问题。另外也有一些人将其称作极其"局部"的处理效应（local treatment effect）。接下来让我们来看一个教育学的例子。美国《义务教育法》最新规定，义务教育时间应延长 1 年，因此很多经济学家对此进行了自然实验研究，想要从未来工资或预期寿命的角度探究它的实际影响。[36] 在研究义务教育时间延长 1 年的影响时，应当排除其他会导致学生接受更多教育，而且可能会直接影响收入或死亡率（如智商、毅力等）的背景因素。然而，由于该项法律只是让本来上 10 年学的孩子多上 1 年，所以我们从中能了解到的信息极其有限。对于本来就会继续深造的学生来说，我们无法了解这项政策的影响。它也无法告诉我们这对另一个教育节点，即上大学，有多大的价值。如果我们感兴趣的是上大学对未来收入的影响，那么分析义务教育从 10 年延长到 11 年带来的变化也未必有什么意义。如果我们认为教育对所有孩子产生的影响是相同的，而且每延长 1 年教育时间带来的影响也是相同的，那么我们或许确实能从中了解到一些关于其他教育政策变化的知识。但是，这两个假设显然都非同小可。

虽然推广局部效应的结论有其潜在问题，但我们也需要考虑其他研究方法的局限性。除了关注"局部"效应以外还有一种比较准确的方法，那就是关注我们认为存在偏倚的估计值。也就是说，如果我们想研究义务教育由 11 年延长到 12 年的影响，那面前有两种选择，一是分析之前从 10 年延长到 11 年后产生的"独立的"数据；二是采用其他虽然不能产生"独立的"数据，但是可以直接检验从 11 年延长到 12 年的影响的研究方案。当然我们可以结合这两种方法进行分析，但要是它们产生的结果不一样该怎么办呢？

自然实验不但关注点狭隘（只能检验 10 年和 11 年义务教育的区别，而不能研究调整为其他年份的影响），而且也不能进行重复实验。在遗传学分析中，一个很重要的科学标准就是，研究人员能否在不同时间、不同地点，用不同的数据和被试者得出同样的结果。[37]之前提到的抽签征兵和恐怖袭击规模庞大，因此不允许进行重复实验。重复实验的困难性同样也让我们意识到一些问题，这些研究得到的发现是否具有外部效度，或者说是非常局限的？如果说越战时期的抽签征兵发生于 1949 年、2009 年或其他时间点，那么结果还会一样吗？基因与环境相互作用领域研究的另一个问题是，我们对于候选基因分析（candidate gene approaches）过于依赖。正如我们在第三章所提到的那样，很多候选基因分析的结果会出现假阳性的现象。因此，如果使用这种方法去研究基因与环境之间的相互作用，很可能也会得到假阳性的结果。针对这个现象，起初人们往往改用多基因分数系统，[38] 但是也有人担心，多基因分数系统是一个无法破解内部情况的黑匣子。[39] 最理想的状态是，在承认每种方法都有其缺陷的前提下，将每种方法的优势进一步整合到一起，毕竟任何事物都不是完美的。

利用基因与环境之间存在的相互作用来改善生活

数十年以来，我们一直相信医疗机构正尽可能更好地满足个人需求，同时制药厂商也在努力设计更加个性化的药物。这正是医学遗传学的目标。例如，从病人口中取出一点唾液的样本，然后我们就能确定病人是否患有肥胖症或抑郁症。这种技术上的突破是尤为重要的，因为对肥胖症患者来说，几乎所有节食疗法都不起作用，而抑郁症的治疗基本上都是试错试出来的。临床医师开处方的依据一般只有过往经验、和病人短时间的交流、直觉，还有制药公司的自吹自擂。[40] 因此他们经常会开出错误的药方，没有意识到现有药物可能产生的副作用，而且最根本的是，他们不会根据病人的遗传性状来选择适当的药物。于是，病人白白浪费了好几个星期等待错药起效，最后被迫转去另一家医院，接着试错撞大运。

精准医疗（precision medicine）作为一个新的研究方向，旨在推翻以往的诊疗方式，尤其是针对抑郁、酗酒、抽烟和肥胖等不健康行为。在不同人身上，出现这些病症的主要潜在原因也是不同的。例如，有一些人是在经历重大伤恸之后患上抑郁症的，而有一些人（如一些西雅图市民）则患有季节性情感障碍（Seasonal Affective Disorder，SAD），可能会在没有阳光的时候极其敏感，[41] 还有一些人可能因为无法理解青春期的发育变化而抑郁。总的来说，这些症状的根源在于基因易感性（genetic vulnerability）。

不是每个经历过伤恸的人都会患上抑郁症，也不是每个住在西雅图的人都会受到 SAD 的影响，因此我们需要用理性思考：既然造成抑郁症的遗传和环境两方面的原因有很多，那么是否应该使用更具针对性的药物和治疗手段来治疗抑郁症呢？现阶段治疗抑郁症的药物有很多，它们能阻断不同的神经通路，但是通常情况下我们无法了解其具体机制。例如，郁复伸（Effexor）的原理可能是阻断突触前神经元对于 5- 羟色胺和去甲肾上腺素的重吸收；[42] 安非他酮（Wellbutrin）可能是作用于烟碱型乙酰胆碱受体；[43] 依地普仑（Lexapro）则可能是直接作用于 5- 羟色胺来产生疗效。[44] 但是这些药物都有不同的副作用，郁复伸会让年轻的服用者产生自杀的想法，服用安非他酮的患者会有病情突然发作的可能性，而依地普仑会降低服用者的性欲。让我们回到之前提出的抑郁症话题，相比一开始就让医生自己来决定开什么药方，如果在确定药物前将病人分组检查多巴胺和 5- 羟色胺基因多态性，诊疗是否会更合理呢？事实上，人们正在努力根据生理、环境等因素有针对性地选择治疗方案。[45]

　　人们开始抽烟的原因也各不相同。在美国，几乎所有烟民（至少抽过 100 盒香烟）都是在 14~22 岁开始抽烟的。绝大部分人在高中时就开始抽烟了，也有上大学或者参加工作以后才开始抽烟的，很少人是在 30 岁、40 岁甚至 50 岁之后才开始抽烟。开始抽烟的时间有着明显的年龄模式，戒烟就不一样了。对于很多人来说，成功戒烟需要花费一生的精力，并且每个人都会有很多次失败的尝试。

　　吸烟人群的年龄分布曲线与其他影响健康的行为的年龄分布曲线不太一样，从另一个角度看，这或许能解释为什么成功戒烟极其困难。对于大多数人来说，开始吸烟有着很大的社会因素，因为这样在朋友之间会显得合群，也意味着他们愿意接受流行文化。在美国，大多数人开始吸烟并不是由遗传倾向导致的，即使是这样，他们也是在尝了第一口以后才知道。

　　虽然大多数人真正开始吸烟的过程是类似的，但是戒烟的过程却存在较大的差异。有一些人能够短时间内迅速戒除烟瘾，而其他人则需要经过无数轮治疗之后才能停止吸烟。与引发吸烟的原因不一样，在戒烟方面，社会因素相较遗传因素的影响要稍逊一筹。虽然毋庸置疑的是，如果周围有吸烟的朋友和同事，甚至自己的另一半也吸烟的话，戒烟的难度的确会增大，但是仍有大量证据表明，成功戒烟离不开遗传因素的影响。然而这并不是说，能否戒烟完全由遗传因素所决定，因此有些人就应该直接放弃。就像治疗抑郁症一样，如果我们能够找到失败背后的生理原因，并设计针对这些原因的治疗方案，那么成功率便会大大提高。换言之，利用基因与环境之间的相互作用，对"环境"（即疗法）进行巧妙的选择，进而降低吸烟率，这可能是一个新的研究方向。

这些帮助治疗抑郁症和戒烟的新方法，仅仅是精准医疗中发展迅速的领域中的一小部分。在精准医疗中，我们会利用以前临床试验得到的数据，寻找潜在的基因与治疗手段之间的相互作用，同时也会进行新的临床试验，目的是找到对治疗存在影响的基因调节因素，进而理解为什么同样的治疗手段对一些人有效，但是对另一些人却无效。

遗传药理学临床试验重点关注基因型的不同会如何影响药效。[46] 在试验中，研究人员实施了三种治疗手段——尼古丁贴片、鼻腔喷雾剂、服用安非他酮，并在接下来的 1 周时间里观察其对戒烟的影响。他们发现，在服用安非他酮的试验对象中，拥有某种基因型（在 GALR1 基因的多态性 rs2717162 上至少有一处等位基因为 C）的人戒烟概率小于 50%，因此他们认为这种与吸收尼古丁有关的基因型会使安非他酮无效。但是，此基因型不会影响其他两种治疗手段对于戒烟的效果。这些结果都表明，对于拥有这一基因型的人群，不应推荐服用安非他酮。[47]

如果将基因与环境相互作用方面的研究发现运用到临床实践上，戒烟成功的概率可能就会有所提高。如果没有遗传学信息对医疗实践的某些方面进行指导，很多想要戒烟的人可能会一直失败下去。之所以我们要在这里讨论吸烟的问题，是因为它对于全球人民的健康都带来了负面影响。事实上，世界卫生组织已经将吸烟定为造成全球可预防性死亡的第一大诱因。[48] 另外，新的研究无疑会把目光投向更广阔的领域——从肥胖、饮食习惯到酗酒、吸毒。[49] 当为戒烟、抗抑郁等健康问题选择治疗方案时，基于基因型的靶向治疗已经越来越显示出了自身的实用价值。

虽然利用遗传差异来有针对性地进行医疗养生存在一定的争议性，但是这种争议并非主要在于伦理道德困境，而在于现在的科学技术能否真正让人信服。接下来会有一整套有意义的重大问题要研究，包括如何实现个体化用药，即从分子水平上设定药物靶点，以及如何实现个体化政策，后者可能会包含人民同政府等机构之间的很多互动行为，例如税收政策、教育集资等。

美国的烟草税就是一个典型的例子。在过去的一个世纪里，美国国家医学院和疾病控制与预防中心等机构一直认为，该政策是提高公众健康的十大最有影响力举措之一。20 世纪 60 年代中期，在美国卫生局局长做了一次报告之后，美国第一次颁布了烟草税，到现在为止吸烟率已经降低了一半。此外，提高烟草税税率对于政府来说成本不高，因此效益成本比（Benefit Cost Ratio，BCR）是极其可观的。

但是在过去 10 年里，情况发生了反转。虽然烟草税在持续增长，但是吸烟状况却未发生本质的变化，难道是经济学法则失效了吗？结合遗传学与社会政策评估学知识的新证据给出了一个解释，20 世纪 60 年代的吸烟人群和现在的吸烟人群相比，两者的基因型是不一样的。不同的人可能有不同的烟碱型受体基因，而这些基因会影响吸烟时多巴胺的释放量，进而影响个体对于吸烟的迷恋程度。另外，这些基因型同样会与吸烟者所处的环境产生相互作用。针对上述情况，一种假说认为，过去的吸烟者其实无须太大的推动力（比如，税收增加或者社会压力大）就能成功戒烟。随着时间的推移，虽然这些推动力不大，那些基因本来就不会"奋起反抗"的人大部分成功戒烟，继续吸烟的就只有那些基因会"奋起反抗"的人了，其中部分原因在于尼古丁给他们带来的快感过于强大。关于烟草税的评估也表明，税率上涨会影响具有低吸烟遗传风险的成年人，而具有高吸烟遗传风险的成年人则不会有任何的改变。[50]

那么这对于政策意味着什么呢？我们是应该继续提高烟草税率，让吸烟者仅仅因为拥有"不幸"的基因型而支付更高的烟草税吗？或者因为他们太过迷恋吸烟（部分是因为遗传），我们应该给他们发放补贴吗？抑或是我们应当针对这些人做好预防工作，让他们从一开始就不会沾染香烟呢？

除了吸烟问题，另一个有时看上去难以解决的问题是子女出生时的身体状况，幸运的是，关于这方面的研究已经有了重大进展。婴儿最重要的登记信息和跟踪指标就是体重，出生体重容易测量，它反映了婴儿刚出生时的健康状况，并且对于婴儿以后的生活也会产生长期的影响。事实上，相较于其他发达国家，美国在降低低体重婴儿的出生率这一方面做得还不够，需要在未来实行进一步的研究调查。

即使在同卵双生子中，虽然两者基因型相同，但是出生体重高的人在今后的生活中也会更胜一筹。一部分证据直接涉及健康水平以及认知能力，特别是关于智商方面。桑德拉·布莱克（Sandra Black）和她的同事利用挪威档案处的数据，对一个大型的同卵双生子样本进行了分析，发现对于 18 岁左右的人来说，出生体重增加 10% 会导致智商提高 5%。[51] 在我们早期的研究中发现，与出生体重正常的孩子相比，出生体重轻的孩子高中毕业的比例更低。[52] 其他研究人员也发现，出生体重的差异会影响晚年的身体状况，例如，是否会患 II 型糖尿病，以及细胞衰老的情况。[53]

然而，正如之前提到的凯蒲赛等人关于虐待儿童的研究发现一样，适应力在关于出生体重轻婴儿的研究中也扮演着重要的角色，因为并不是所有出生体重轻的孩子都会出现智商偏低、健康不佳的情况。事实上，我们发现，基因层面上的神经可塑性程度（大脑在环境变化时做出反应的能力）似乎会影响儿童在未来摆脱低出生体重带来的不利影响的能力。有一项著名的研究追踪调查了 1 万多名威斯康星州居民（1957 年的高中毕业生）长达 50 多年，我们对于其中提到的三种基因（BDNF、COMT 和 APOE）进行整合分析后发现，只有一部分人的出生体重与智商存在关联，而非所有人。[54]

在这个例子中，我们也能看到"兰花型"基因和"蒲公英型"基因的作用。对于大多数人来说,更高的出生体重是有益的,但是"蒲公英型"基因不会对成年人智商起任何作用。"兰花型"基因有所不同，只会在出生体重高的人群中发挥作用。对于这个基因型敏感的群体，不仅会在青春期后期影响智商，如果调查对象年龄大于 50 岁，我们还会发现他们的事业成就和工资也会受到影响。

如同对烟草税产生差异反应（部分基于遗传因素）的最新证据一样，对于出生体重也有多种可能的政策可供选择。一般来说，这个问题会最先出现在医院，因为婴儿的出生体重和基因型都会在这里被测量。医护人员会从婴儿的脚后跟进行针刺法抽血，接下来对其神经可塑性进行遗传分析，然后用更具针对性的方法来决定对婴儿的干预类型，以便减少出生体重轻可能造成的不利影响。现如今，很多干预措施，例如，补充营养、留院观察等，都被认为对减少死亡率没有实质性的作用，[55] 不过"兰花型"和"蒲公英型"反而做出了两个重要的提示。其一，因为多数接受干预的出生体重轻的个体在基因上都属于"蒲公英型"，所以干预措施定然不会起到多大作用。其二，如果我们能够为他们采取更具针对性的措施，提高干预的效果，就能从本质上提升成本效益。

这种新型"个体化干预"虽然存在较大的争议，但是在不久的将来有可能走向实用化。就像在实行烟草税个体化政策时出现的问题一样，任何针对基因型的措施都包含着一些道德上说不清道不明的问题。对于那些出生体重轻的孩子来说，难道只是因为其基因型决定了干预措施不会生效，我们就应该停止实施这些措施吗？当我们考虑停止实施干预措施时，基因预测需要达到多大的精度才能够作为参考的依据呢？如果基因预测会受种族影响，那又该如何应对呢？

在构建"个体化世界"时所面临的另一个难题就是规模的大小。对于人们日常生活中非常私人的问题来说，因为会牵涉到州或者联邦的法律及相关政策，所以对其进行干预难度更大。虽然社保项目，尤其牵涉到福利转移支付方面，对贫困儿童影响程度不一，但是许多项目已经在改善其生活前景和质量方面取得了一定的进展。一方面，很多项目取得了小范围的成功，如佩里学前教育计划，它在20世纪60年代实施，目的是让来自密歇根州的非裔美籍儿童能够接受学前教育和医疗服务。尽管这项计划开销巨大，但是它对这些孩子的很多方面都产生了持续的影响，从犯罪行为减少到健康改善，40年后依旧如此。另一方面，收入所得税减免或现金福利等大范围的项目，随着孩子逐渐长大，也会对其产生程度不一（但一般比前一种小得多）的影响。

回到研究基因与环境之间相互作用的话题，研究人员开始关注，基于孩子的遗传"天赋"，家庭收入差异是否会对其产生不同的影响。事实上，已有最新的证据初步对这一观点进行了阐释。欧文·汤普森是一位年轻的经济学家，通过对青少年样本进行分析，他发现"战士"基因可能是家庭收入对个人未来学习产生影响减少的原因。[56] 平均来说，在此样本中，来自较为富裕家庭的男性接受的教育较多。因此我们可以认为，一种受政策影响的环境状况（家庭收入）能够解释儿童接受的教育

程度。虽然家庭收入和孩子学业之间的关系已经很明显了，[57]
但汤普森还是提出了一个新的问题，如果孩子们拥有不同的基
因型，家庭收入会对他们产生不同的影响吗？事实上，他已经
发现，对于所有的男孩来说，家庭收入越高对教育成就越有利，
尤其是那些拥有低活性 MAO-A 基因的男孩。对他们来说，家
庭收入会显得更为重要，家庭富裕给他们带来的收益是该基因
活性较高男孩的 3 倍。当然，这项研究也存在凯蒲赛等人所遇
到的类似问题，那就是环境的内源性和潜在的基因间相互作用，
这些因素会隐藏真正的因果关系。但它仍然是一个新的开始，
能够帮助我们去理解家庭收入会对孩子产生潜在的不同影响。

在进一步对基因型、家庭收入和孩子未来成就这三者之间
的机制进行深入研究后，有人开始关注家庭压力的潜在重要影
响。一支由社会学家、经济学家、儿童发展学家和遗传学家组
成的队伍，将经济大衰退的影响同严厉家教结合在一起研究，[58]
他们认为，家庭经济压力会使父母易于暴躁。结果发现，有些
母亲携有一种能够影响多巴胺分泌的基因（DRD2），会使她们
更易于对孩子大喊大叫，甚至使用暴力，当经济情况好转时，
她们才会恢复正常，另外，她们会将这种由经济困难所造成的
消极影响传递给下一代。

目前，一些旨在帮助贫困家庭提高收入的大规模经济政策
的基础是他们需要多少收入，而不是可能带来多少影响。这项
最新的研究证据，和对出生体重轻婴儿的干预措施研究得到的
证据都表明，未来基于遗传因素采取针对性措施是可能的。换

言之，如果我们能够利用遗传信息（如与神经可塑性相关的基因）来预测，医院的额外护理对哪些出生体重轻的孩子有效，对哪些又无效，那么我们同样能够预测哪些孩子在家庭收入扶持计划中收益会更多。虽然汤普森利用"战士"基因进行预测就是一个很好的例证，但是如果我们能够利用全基因组数据进行分析，就能得到更好的预测结果。不过，因为我们目前看到的研究都是基于候选基因来考虑的，在设计方面也有一定的局限性，得出的结论似乎有些"极端"，也不太可能在近期实现。然而，随着数据质量的迅速提高，我们需要考虑的是应不应该利用它来进行预测，而不是能不能用它来进行预测。

基于遗传信息来制定社会政策在现实中可能不太容易让人接受，因为它是从效益最大化的角度，基于可预测的数据模型，阻止某些人接受某些治疗方案。英国国家健康学会（NICE）已经根据成本效益的研究制定了临床护理指南，其中指出，如果某一疗程所带来的健康效益需要花费过多的成本，那么它不会被推荐使用，政府也不会为其买单。[59] 但是该学会仅仅关注某疗程所带来的平均效益，如果它对于一小部分人能够产生巨大的效益，但是对大多数人却不起作用，那又该怎么办呢？能否用遗传分析的方法预测谁是那一小群会受益的人呢？

虽然根据遗传信息来决定其是否应当采取某些疗法，适用哪些政策，占有哪些资源，看起来有点令人恐慌，但是我们也应该考虑到，我们是根据个人支付能力的高低来合理地分配医疗、教育等资源。实际上，在一定程度上，教育程度和就业岗位等能够反映个人支付能力的指标的根源正是遗传因素，所以我们当前的按价分配体系背后确实有一部分"按遗传分配"的因素存在。

除了按照支付能力外，另一种分配规则就是按照从资源中获益的能力。毫无疑问，各种环境因素，包括医疗服务以及社会政策等，对不同的人会产生不同的影响。产生这些影响的一部分原因无疑与容易测量的人口因素（如年龄、性别）以及环境因素（如收入水平）密切相关，但是另外一部分原因可能与遗传变异相关。截至目前，我们还没有真正开始利用基因型差异来提高各项治疗和政策的收益（虽然我们可以根据年龄和贫困状况来分别分配某些资源）。在大多数时候，我们相信（主要是听从经济学家的教导），从资源中获益最大的人会为其支付最多的金钱。在某些情况下，这确实是有效的，尤其是当贫困家庭能够轻松借到钱并获得收益时，但是如果在获取资金信息，以及建立社会关系这些方面存在不平等，那么贫困家庭就享受不到这些资源。这种基于经济状况的分配方案还假定，个人能够精确地评估投资回报。在不久的将来，随着多基因分数系统被进一步完善，我们就能够真正利用遗传信息，对诊疗手段和社会政策将会造成的影响进行预测和评估，那时最重要的就是该如何使用这些信息了。

THE GENOME
FACTOR

结　论

走向"基因统治"？

社会基因组革命的一个重要影响尚未被人们充分认识到，即人们如何对待和认识自己和所爱之人的遗传信息。现在遗传数据越来越容易获得，那么这种新知识将如何被更广大的民众所运用呢？换句话说，当大数据遇上公众会发生什么情况？谁会为非专业人士（只知道零星的相关术语和概念，高中或大学毕业后就再也没有碰过生物学或遗传学的人）翻译这种所谓的"生命语言"？我们如何在混乱的原始数据、误报和真实的风险中进行筛选，尤其是在我们中的大部分人都不甚了解的时候。

　　如今，你可以向杯子里吐点唾液，并把它寄到 23andme 等公司，然后在线输入信用卡信息，花上 100 美元，等上大约 4 周后，你就可以获得 100 万比特的基因组信息，比如，你是否具有 TA、AA 或 TT 遗传变异（你的基因组里有上百万个这样的组合）。对于几乎所有人来说，这些未经过滤的信息是完全没用的，就像是第一次上手阅读计算机文件里的 0 和 1 一样。0 和 1 会告诉你一台机器（你的细胞和身体）的编码用途，但没有人知道如何阅读完整的文本，更无法了解程序在不同的情况下会做出哪些反应。遗传学家已经确定了这些数据对一部分表型的意义，但其余部分仍然是一个谜。在行业发展早期，

23andme 等公司会向你发送一份评估报告，为你翻译这些 TA、AA 和 TT 的意思。他们可能会向你发送饼图、线形图和摘要，例如，"你中风的概率比平均水平高出 20％""你患上阿尔茨海默病的概率比平均水平高出 18％"。[1] 真是恐怖的东西。[2] 但FDA（食品药品监督管理局）的裁决是：这些评估基本上是胡说八道。[3] 多年来，这些公司只能向你发送关于血统的评估——你可能在肯尼亚（或得克萨斯州）有远亲，或者在你的基因组中有很多尼安德特人的 DNA（然而，2015 年 2 月，FDA 的裁决被部分撤销，允许基因分型公司描述若干疾病的遗传风险）。[4]

但这种监管障碍真的只是一个小问题。不久之后，你可以获取遗传数据，为各种情况打出多基因分数——从教育成就到 BMI、创业倾向、抑郁风险。未来 10 年里，这些分数在预测力上将会更准确。现在，多基因分数能预测欧洲血统人口中教育成就差异的约 6％，但有些人认为，随着时间的推移，它将达到接近 20％，甚至更高（即使预测力不高，也可能带来重大影响。BRCA 基因就是其中一例。如果一名妇女的该基因处于某种状态，那么她在一生中患乳腺癌的概率就是其他妇女的 8 倍之多，虽然它对人口总体的乳腺癌发病率没有多大解释力）。然而，我们目前几乎完全不知道，这些分数所代表的遗传力会如何影响学习成绩或 BMI。这些研究基本都是靠碰运气，因此很难详细了解对生理（或社会）产生影响的原理。与许多糟糕的基因评估相比，多基因分数对原始数据的预测力反而更高。[5] 因此，这些信息对你现在的生活可能还不是很有用。 就好像我们告诉你，6 月出生与学习成绩差相关，[6] 可现在想改变出生月份已经太晚了（但也许还不算太晚，你可以计划一下孩子的出生日期）。

想想孩子

虽然我们收集的信息现在可能没有什么价值，那对你现在的孩子、未来的孩子呢？目前，临床产前遗传诊断一般只会扩增有限数量的 DNA，目的是进行染色体扫描，或者检测遗传风险较大的某些突变。但是研究实验室正在解决这个技术问题，临床医生将很快能从 5 日期囊胚中提取一些细胞，扩增出足够数量的 DNA 来读取整个基因组。我们现在采取的措施是，在 12 周的产前血液检测中寻找唐氏综合征或其他染色体异常的"确切"标志，还有在 18 周的超声波检查中确定胎儿性别。那么，当我们进步到可以在受孕后不久（体外受精的情况下甚至可以在植入精子之前）就进行全基因组检测，报告胚胎的瞳色以及身高、BMI、智商，乃至收入的预测值时，情况又会如何呢？如果这项检测不在保险范围内呢？在澳大利亚，这项检测的基础版就要花费 1000 澳元。[7] 在血检中，医生会检查母亲的血液，寻找理论上可测序的胎儿 DNA 片段。但是，该检测目前只针对唐氏综合征，准确率达 99%，而传统检测手段的准确率则只有 87%。

　　在短期内，当这些检测进入美国市场时，那些会花费数年帮孩子准备学前面试的父母同样会给这些测试掏钱。有些父母会晚点要孩子，因为想等待"更好"的 DNA 预测上线。其他人也会聘请公司提取他们的精子和卵细胞，尽可能保证受孕胚胎的多基因分数最好。对于遗传学家、实验室人员和遗传咨询师团队来说，这确实是一笔大买卖。但这对紧张不已的父母到底有多大用处，那可是要打个大大的问号。也许不久之后，父母发在 Facebook（脸书）的怀孕公告帖中除了无聊的性别标志（男孩为蓝色，女孩为粉色）外，还会包含 8 周龄胎儿的发色、预期寿命和患心脏病风险。然后，随着孩子出生长大，未来几十年里父母会一直焦急地等待结果，如果实际情况跟预测不一样，肯定会倍感沮丧。

这些想法中的一些正在被积极验证。BGI（原北京基因组学研究所）正在研究约 2000 名高素质个体的基因组，希望更好地了解高智商的遗传学原因，中国政府也支持这一计划。另外，新墨西哥大学的一些学者，比如，进化心理学家杰弗里·米勒（Geoffrey Miller），认为这些结果可以用来检验胚胎，确定哪些孩子"最聪明"。除了类似电影《千钧一发》中的场景外，[8]还有人担心遗传数据会被用于种族歧视。有些人认为，在某些种族中，疾病（以及认知能力等性状）与基因变异的联系可能会比较普遍，从而可能加剧歧视现象。[9]

然而，基因检测技术的进步还有一个更细微、更有效，也更有可能造成不平等加剧的意义，那就是胎儿的 APOE 基因（与阿尔茨海默病有关）和 BRCA1/2 基因（与乳腺癌有关）与父母基因的潜在联系。随着时间的推移，胚胎或胎儿选择（如果没有被广泛纳入保险）可能会使最终会患这两种疾病的人与父母的资源形成更紧密的联系，从而迈向基因社会分层——虽然可能只是一小步。这也意味着，某些遗传病将越来越多地表明社会经济地位，从而可能让苏珊科曼乳腺癌基金会等机构的资金来源越来越稀少。一般来说，典型的"贫困病"可能会转变为遗传性疾病。

除了疾病之外，性状的分布也会受影响。父母会使用来自候选基因或多基因分数的性取向信息吗？目前，我们还无法确定性取向的遗传预测因子，但这并不意味着永远是这样。毕竟，许多经典遗传研究表明，性取向的遗传力可能在 50% 左右。[10]在美国和其他地方，肤色对黑人和白人的生活机遇似乎都很重要，而且很大程度上是基因编码的产物。[11] 那又该怎么办呢？

在全面检测的过程中，我们还需要考虑那些被科技进步所困扰的人——他们早早地就知道自己患病的风险更大，可惜一时还找不到治愈良方。许多人会在很小的年龄就了解到自己的基因状况。更重要的是，是否要提供这些信息，如何提供，何时提供，以及如何共同应对这些坏消息。例如，一项研究表明，向具有亨廷顿病风险的人士提供这一信息，会减少其获得高等教育学位的可能性。[12] 毕竟，既然时日不多，又何必下大力气投资呢？但是，正如我们将要讨论的那样，希望总是有的，因为可能出现新技术来修复引起亨廷顿病等疾病的基因突变。但是，患者及其家属要如何应对收到的多基因风险分数信息及其含义，这个更广泛的话题本身依然晦暗不明。

除了对产前 DNA 检测的担忧之外，产后 DNA 检测的影响也即将到来。2013 年 9 月，美国国家卫生研究院（NIH）宣布了一项 2500 万美元的试点计划，用于对新生儿的基因组进行测序和医学筛查。参与该计划的一家机构主管艾伦·古特马赫（Alan E.Guttmacher）表示："人们可以想象有一天，每个新生儿出生时其基因组都会被测序，它将成为电子健康记录的一部分，可以终生使用，以便更好地预防疾病，提前发现疾病的早期临床表现。"[13]

这种方案的潜在优点是显而易见的：它们可以比传统筛查形式更有效地检验遗传疾病，从而带来更多治愈的希望。这些信息也有助于发现那些社会科学家感兴趣的其他情况的人群。例如，遗传信息可能是学习障碍的一个预测因素，它让我们能够比现在更早地对语言障碍、自闭症、阅读障碍患童采取专门的教育措施，甚至在发病前就能进行干预。

除了这些益处以外，此类项目还存在若干潜在的危险。那么，谁有权利拥有这些遗传信息呢？新生儿是不能主动同意基因组测序的，但测序的结果却会影响他们的一生。应该向父母说明子女成年后会患抑郁症或者高血压的情况，从而在实际上剥夺孩子（在未来）的不知情权吗？

目前，我们还不知道父母会对子女的基因组详细信息做出怎样的反应。一个主要的问题是，与大多数医疗筛查工具一样，遗传筛查将导致许多假阳性结果。这意味着，一个孩子虽然可能永远不会患有某种疾病，但全家都不得不因为这种"莫须有"的疾病而长期生活在恐惧中。父母也可能获得关于孩子更多的信息，如人格特征和认知能力，这可能会改变他们抚养孩子的方式。

如前所述，基因与大多数疾病以及其他健康状况的关系都是概率性的，而不是确定的。亨廷顿病这样一个基因决定一生命运的疾病数量并不多。大多数疾病都是遗传和环境因素共同作用的产物。这使应用遗传检测（尤其是新生儿检测）的信息难度更大。参加 NIH 试点研究的研究团队不会向父母提供全部的遗传序列信息。然而，由于测序成本下降，一些家长很快就可以得出这类信息。

遗传学与择偶

那些携带阿尔茨海默病易感基因 APOE4 的人（他们在人群中会日益减少，并且更可能会来自社会、经济地位低的家庭），随着他们长大成人，到了结婚成家的年龄，他们身上会发生什么呢？约会服务与基因服务绑定，承诺筛查出 APOE4 携带者，提供潜在配偶的未来收入、寿命或生育力的多基因分数，这样的日子还有多远？ eHarmony（美国婚恋交友网站）整理了一份包含 400 个问题的调查得到的数据，[14] 为客户之间的配对提供建议，下一步它将会为每个人再增加 100 万条左右的（遗传）信息，为配对提供参考。客户可以一方面考虑潜在伴侣的 BMI 或医疗支出的（遗传）预测结果；另一方面暗自衡量自己对（当前）健美（或苗条）身材的偏好。另外，新一代的精明"淘金者"也可能会出现，努力挖掘多金短命的伴侣。

关于潜在伴侣的新信息将会带来目前尚不存在的一套新决策权衡机制。我们将面临"交易"的不同方面——是否选择现在漂亮，但是（根据遗传预测）之后会百病缠身的对象。如果对方能传递给孩子的"遗传潜力"很高，有些人也可能会选择长得不那么漂亮的配偶[15]——在认真阅读对方的资料，发现他的精子中满溢着德智体全面发展的藤校学生基因之后。[16]

这种过程可能导致两种择偶市场的分层和分离——根据表型选择的约会市场，以及根据基因型选择的婚姻市场。当然，这两个市场现在也存在。在约会或者非长期关系中，人们可能会选择虽然吸烟，但喜欢"找乐子"的对象；然后在结婚时选择没有不良嗜好，事业心强（或者顾家）的伴侣。[17]APOE4携带者是否会在婚姻配对网站中被筛选出去呢——不一定是eHarmony正式把他们清理出去，而是其他用户会有意识地避免跟他们交往。这种极端情况不太可能发生，但一些配对市场的调查表明，APOE4携带者将在配对中处于不利地位，而且相较于基因组革命揭示他们的基因状况之前，可能需要跟本来不会选择的对象"凑合过"。那些（根据遗传预测）生育力较低的人会如何呢？

但是还有一个潜在的问题：根据来自配对双方的遗传信息（不仅仅是写在公开资料里的），约会配对机构可能会尝试通过基因间的相互作用来预测何种组合更可能产下高素质的后代。你还记得受精后遗传大洗牌的重要性吗？当我们生一个孩子时，我们只会传递大约一半的有利或不利的遗传禀赋，另一半则来自伴侣。但是，可能会有一些对象与你自己的 DNA 特别互补，如果只是浏览精子库的活页册，或完成 eHarmony 或 OkCupid 上的 400 个调查问题，你可能不会想到配对达人竟然是他们。随着配对服务越来越善于找出这些组合，其他建立长期关系的方式又会经受何种变化呢？虽然我们没有发现证据表明 20 世纪出生的人选型婚配的程度在加深，[18] 但是这些结果都来自从基因角度来看在"盲目"择偶的人。有可能发生的是，一旦基因型信息更容易获得，有些人就去会利用它。按照大多数医疗技术的模式，[19] 首先和最常使用这些数据的就是地位高的人，[20] 从而导致遗传选型婚配带来的社会分层。即使分数的预测力较低，对它们的选择也可能存在阶级差异，并导致对不平等的二次效应。

迈向个体化环境与政策

如果一些约会网站建议基于遗传互补性择偶，我们还可能考虑哪些其他类型的配对呢？其中一种就是，基于遗传学和环境的互补性配对。这是第七章中基因环境相互作用讨论的延伸，涉及为人们匹配对他们的基因型最有效的药物治疗——但现在联系更为紧密。

什么时候我们应该根据重要的基因环境相互作用证据做出行动呢？一个极端的例子就是，从资源丰富的环境（例如，教师数量较多）中清除"蒲公英型"，原因是他们对这些环境不会做出回应（事实上，我们还应该把"蒲公英型"置于艰难困苦的环境中，从而就产生了争议）。然而，正如我们在第七章中所讨论的，目前预测"蒲公英型"状态的能力还非常粗糙。但是随着时间的推移，技术和数据可能会取得实质性进步，让我们无须再考虑"能不能"准确地将学生置于他们适宜的环境中，而只需考虑"该不该"这样做。从效率来看，这笔账很容易算——我们不应该把资源浪费在不会造成影响的人身上（例如，为健康个体提供治疗）。然而，谈到平等，问题就复杂了。"蒲公英型"基因的分布可能不是均一的——有的孩子可能在学习方面是"蒲公英型"，而在体育方面是"兰花型"；甚至可能差别更细微，在数学上是"蒲公英型"，在语文上是"兰花型"。因此，平等议题可能就会关注对于不同的表型来说，对其有利的环境是否存在，以及孩子是否都能够进入这些环境。如果我们把注意力集中在对数学有利的环境中，那么"数学兰花型"就会蓬勃发展（"数学蒲公英型"则不受影响），但相对来说，"语文兰花型"（和"运动兰花型"）的日子就没那么好过了。

关于遗传因素如何使政策造成不平等，我们以越战征兵和《退伍军人权利法案》为例。我们讨论了如何用20世纪60年代后期"抽签征兵"的自然实验来研究参与越战的影响，因为征兵号码是真正随机分配的，就像医学试验中的药物组和安慰剂组一样。我们说明了如何利用吸烟倾向基因型的差异，来阐明应征入伍对终身吸烟行为，还有之后患肺癌的不同影响。抽签征兵将士兵随机地置于高压力、多香烟的环境中，不仅造成了老兵和其他人在健康上的不平等，而且造成了老兵群体内部本来不会出现的不平等。也就是说，在接触不到烟草的情况中，吸烟基因型并不重要，因为根本没有人吸烟。但是通过随机地让人接触到烟草，基因型导致的不平等就会出现。当然，不管我们是否去研究，基因差异都会对接触烟草和战争压力的人造成不同的影响。[21] 接下来的问题是，在了解了压力和基因型之间的基因环境相互作用后，美国政府是否应当制定个体化政策（在这种情况下，这也许意味着将征兵工作的重点放在特定的基因型上）？

　　能够造成遗传不平等的，并不只是这样被动地处于某种境遇下。想要为大家提供帮助的积极政策也可能产生基于基因型的不平等，被视为 20 世纪后半叶最伟大政策之一的《退伍军人权利法案》就是一例。它和佩尔助学金项目以及其他政策共同让许多美国人圆了大学梦，如果没有这些政策的话，他们本来不可能接受高等教育，也不会获得日后的职业机遇。经济学家耶瑞·布尔曼（Jere Behrman）及其同事的研究表明，《退伍军人权利法案》事实上降低了家庭（即阶级）背景对教育程度的影响。[22] 所以，由于《退伍军人权利法案》的颁行，越战老兵的平均教育程度高于其他人。当然，由于许多无力承担大学费用的年轻男女参军入伍（部分是因为《退伍军人权利法案》），该政策缩小了大学生的阶级差距。然而，我们也发现，从《退伍军人权利法案》中获益最多的群体，是（从基因型上看）最倾向于继续攻读的退伍军人；其他人则不太可能利用这个机会。因此，尽管《退伍军人权利法案》为本来没有机会读大学的退伍军人提供了机会，却也可能在该群体内造成了不平等。[23] 和吸烟的例子一样，无论我们是否去检测，这些不平等都会出现。检测个体基因型，观察基因型与政策的相互作用只是揭示了原本未被发现的分层方式。但是，基因分型也带来了一个问题：我们是否应该让大学入学政策向教育多基因分数高，但经济上有困难的群体倾斜？

　　只要机会是可自愿获取而非"强制要求"的，这种棱镜效应就会出现，即受益者总是那些由于遗传（或社会）因素而最有能力利用政府（或其他机构）提供的机会的人。减少了一方面的分层现象，另一方面的分层反而会随之增大。我们可以将它与强制每个人上学，而不是仅仅让每个人都有机会上学的政策对比来看。后者听起来有点严苛，但正是因为长期推行义务教育，美国大多数州的平均受教育年限才从 150 年前的几乎为 0 增加到现在的 10~11 年（取决于学生的生日）。

　　我曾多次提到，无论我们是否检测个体基因型，对普遍（或有针对性的）政策的遗传差异化反映都会存在。但是，有意识地使用多基因分数（如越南研究中的教育成绩）将人们分别置于不同环境中就不一样了。首先，除了道德问题之外，我们并不了解这些分数内部的因果关系，也不知道教育多基因分数较高就会导致学习成绩好，或者更准确地说，我们不知道这些分数如何与环境等各方面相互影响。事实上，多基因分数的一个特征在这里至关重要。由于分数计算时使用的数据集混合了来自世界各地的人群，[24] 他们面临的环境具有巨大差异，因而，这些分数所表达的信息可能只是在不同环境下"最稳定的"遗传信号。在制定这些分数时，我们主要描述的是在西方工业化世界的各种环境下都起作用的遗传变异，而不是对环境差异最为敏感的基因。这就意味着，基于多基因分数将人们分到不同环境中可能是误用。

换言之，正如第七章所提到的那样，研究者正在努力开发新的多基因分数，它们预测的不是表型的平均水平（如身高或教育水平），而是要将结果内部的差异联系起来。它们就是所谓的"可塑性"分数，能够发现对环境影响响应较强或较弱的个体。例如，在 2012 年，《自然》杂志中的一篇论文就用 vGWAS 方法识别了与身高和 BMI 变异相关的位点。[25]

敏感遗传信息的公开性

一旦我们全都满意地找到 DNA 最合适的伴侣，生出了素质最高的超级宝宝，结果突然黑客入侵了 23andme，窃取了我们的遗传数据，那怎么办？我们需要做好准备面对一种情况：我们"公开地"拥有了每一个人的遗传信息。我们的住址、病史、事业成就、家庭照片等原本私密的信息在网上越来越容易获取。

雇主和大学在考虑候选人时会浏览 Facebook 和 Twitter（和潜在配偶一样）。大规模的黑客攻击可能会一次性泄露上千万人的私人信息，而你的遗传资料很可能就在其中。事实上，一组研究人员最近成功利用参与实验的匿名个体发布的遗传信息，通过 Google 搜索和一个家谱网站查明了他们的身份。[26] 更令人不安的是，研究人员还能够识别参与者的其他家庭成员，即使他们没有参与研究。遗传信息越来越多地被用于追踪失散已久的亲属，特别是在寻找亲生父母的领养儿童。精子供体也上演着类似的寻亲故事。对个人、公司和国家的遗传信息的各种用途，如果政府有发言权的话，它又该说些什么呢？

立法机关最近才开始制定反对遗传歧视的法律措施——但这些法律主要关注的是保险公司和雇主。这种做法可能产生更广泛的遗传歧视，以及随后的遗传分层又如何处置？具有"优秀"基因的人可能开始大肆宣扬，而不宣扬多基因分数的人就会被怀疑是因为分数低。这些分数是否就像 ACT 或 SAT 分数一样，虽然可以探知，但是出于礼节不应该讨论呢？

我们现在已经能感受到未来基因分型普及化时的社会后果了。例如，在许多司法管辖区，嫌疑人被执法人员拘留时都会进行 DNA 采样，接下来可以与其他罪犯的 DNA 数据进行比对。媒体上有不少关于无辜者在 DNA 帮助下平反昭雪的故事——通常在数年后。无辜者拯救项目（The Innocencce Project）于 1992 年在卡多佐法学院启动，率先发起了一项运动，基于往往被忽视的样本对草率的判决提起上诉。该项目的成功以及众多冤狱故事似乎表明，自由意志主义者应该欢迎这个法医学的新时代。

对于控方而言，当在犯罪现场或强奸衣物中可以获得 DNA 时，DNA 不啻是一种福音（除辛普森案外）。例如，现在可以通过血液或精液在嫌疑人和犯罪现场之间实现精确匹配。于是，将 DNA 应用于法庭似乎有益无害，减少了原本有缺陷的系统（依赖会出错的证词和其他较不"科学"的方法来确认罪犯身份）中的错误。[27]

但是像大多数技术一样，法医遗传学也有增加现有不平等现象的趋势。如果你因为之前犯过罪，而且你记录在案的体液与新犯罪现场发现的体液相符，这当然对你很不幸，但我们很难说它存在内在的、系统性的不公平。先前犯过罪的人比不在 DNA 记录系统中的人更容易被抓住。然而，如果你的兄弟姐妹或母亲已被执法人员做过基因分型，那么即使你之前完全没犯过罪，你也更可能由于遗传信息而遭到逮捕。换言之，由于你的 DNA 指纹，你会被认定为与兄弟姐妹最接近的亲属。有了这些信息，再加上刑侦工作，这就相当于你本人也记录在数据集中了。DNA 指纹现在甚至可以识别表亲或孙辈，虽然准确性要低一些。所以，如果你的亲属的信息被记录在案的可能性较大，你也因此更有可能被锁定——即使你完全没有前科。当然，在这种情况下，不公平的地方不在于你可以通过 DNA 被追踪到，而在于杀了人，但是由于身份优越而没有亲属的 DNA 记录在案的人会逍遥法外。再加上被认为存在于刑事司法系统中的阶级或种族分层现象，DNA 可能会掀起一场放大现有不平等的大风暴。

越匹配，越幸福

尽管你的遗传信息被公开发布在互联网上（或在犯罪数据库中）很可怕，但公开敏感的遗传信息还是与同样敏感的财务信息有一个区别：你可以改银行卡号，却改不了基因。

真的改不了吗？

也许不久我们就能修改自己的遗传密码了。CRISPR / Cas9 系统（CRISPR 意为规律成簇的间隔短回文重复；Cas9 是 "CRISPR 关联蛋白 9" 的缩写）的新技术正带领我们走向编辑基因的美丽新世界。简而言之，该技术会预先将病毒 DNA 片段加入细菌基因组，从而实现编辑基因组特定位点的功能。这些 Cas 基因编码对应于一类酶（Cas9 内切酶），它们可以切掉某位点上 DNA 的一条或两条链，将这一小段（希望去除或替换的）DNA 切除。接着，随着 DNA 链自行愈合，供体 DNA（由科学家提供）就会被插入。CRISPR 技术在 2012 年首次应用，已被用于酵母、苍蝇，还有人类（迄今为止还是用于无法存活的胚胎形式）。[28] 你对父母传给你的 APOE4 变体不满意吗？改了它！

显然，这是一种爆炸性的技术，它与破解人类遗传密码序列不仅是互补的，而且有着同等重要的意义。现在，由于科学发展远远超过了对社会和道德意义的思考，很多人正在努力阻止将 CRISPR 应用到人类身上。[29] 不幸的是，只有经过所有国家同意，这种禁止研究人类的努力才会生效。

2015 年 4 月，多名中国科学家发表了研究结果，描述他们试图修改无法存活的人类胚胎，以纠正 DNA 中一个经常造成死亡的血液疾病（β 地中海贫血）突变（这些突变中较常见的一种出现的比例约为十万分之一）。[30] 虽然暂停执行令取得了部分效果，两家著名科学期刊（《自然》和《科学》）决定不发表这些结果，但它的主要目标，即暂时不将这些技术用于人类，却失败了。事实证明，中国的研究并未取得成功，因为科学家对 DNA 的编辑部位出了错，甚至可能根本没有编辑。实际上，85% 的尝试都没有成功。处理后的 4 个胚胎中既有编辑过的细胞，也有未编辑过的细胞（遗传嵌合体），因此不可存活。虽然CRISPR 还处于发展初期，但我们现在就需要制定好预案，为将来该技术的人体应用更成熟时做好准备。

基因编辑让我们有必要更深入地讨论同一性问题。一个人的基因组被编辑后，他还是同一个人吗？如果这个人有同卵双生子，基因组织被编辑之后两人是否就只是普通兄弟姐妹了？从生物学角度来看，某些基因编辑是否会改变亲属关系或状态？例如，对基因组进行编辑后，传统的父系 DNA 亲子鉴定测试将无法识别该关系。事实上，母系 DNA 亲子鉴定测试也可能失败。如果你的父母在特定的位点都有一个 T，而你将该位点的等位基因改成了 A，那么你的基因组就会部分存在于家庭树之外了。[31] 随着技术的发展，单个基因组可以进行的编辑会越来越多，此时生物学和社会性亲属关系就会越来越发生分离。事实上，一些基因组编辑可以在遗传上将一个人从一个家庭树移到另一个家庭树。除了这些给家庭关系带来的微观困扰外，它还可能带来宏观层面的混乱。有证据表明，蓝眼睛是由一个SNP 决定的。[32] 当一个亚裔美国人决定改变这个基因时，我们对美国种族和民族的分类标准又会如何做出应对呢？双亲皆为非裔美国人，但眼睛是蓝色的人是否会被认为是混血？我只是随便举了个例子，但它足以表明当前种族 / 族裔分类方式的愚蠢，同时指出了一条将它推翻的路径——打破表型、祖先和种族之间存在联系的传统观念。

更复杂的问题还有待解决。除了是你生命的蓝图外，你的基因组还是一份历史文档。它提供了关于你祖先是谁的信息，你与全球每个人的关系，而且提示了你的家族来到这里经过了哪些地方。编辑基因组会改变这个历史，使遗传历史学失去意义。这样，至少在理论上，编辑基因组代表着重新开始的可能性。

当我们把想象力从几年投射到几世纪以后时，要考虑的另一个方面就是，编辑基因会如何影响整个人类物种。我们可以预期，许多健康问题会很快消失，包括由单基因引起的疾病和遗传结构更复杂的疾病。出生缺陷可能消失，许多癌症、脑部疾病（如阿尔茨海默病）和其他破坏性疾病也可能消失。但并不是所有情况都很容易解决。有些可能太复杂，即使技术进步后也无法通过编辑基因攻克；还有一些即使在技术上可能，但也不一定要去消灭，比如，阿斯伯格综合征。阿斯伯格综合征患者经常有社会生活缺陷（在其他人看来），但也有很了不起的能力。决定消除这种情况的社会成本是多少？[33] 由于 CRISPR 编辑了种系（不仅是本人，也包括后代），所以可以想象的是，社会可以在一代人内消除亨廷顿病和阿斯伯格综合征。如果我们相信兰花—蒲公英理论（在第七章中讨论过），那么我们就知道，虽然"兰花型"在个人层面是有价值的，但在物种层面上有着潜在的危险。回想一下，"蒲公英型"虽然具有低于最佳水平的适应度，但有助于物种对抗环境变化，因为那时可能全部"兰花型"都会死亡。CRISPR 技术危及了这种共生性——现在，"蒲公英型"也可以成"兰花型"了。在个人层面上，这种转换是有道理的；然而，大规模改造将使整个物种处于危险之中。"蒲公英型"的减少会降低遗传多样性，从而让我们失去抵御风险的能力。除了这些令人担忧的长期影响外，我们还应该考虑 CRISPR 技术近期可能产生的影响。

当然，与 DNA 指纹图谱、产前遗传选择，甚至是 DNA 约会应用程序一样，首先利用这一新技术的很可能是资源充足的人。这预示了一个"自然"与"政治"（即社会）不平等的分离即将崩溃的世界。除了尽量把先天、后天影响分开的行为遗传学家之外，其他人也试图在自然和社会之间做出区分，这至少要追溯到卢梭的《论人类不平等的起源》（ *A Dissertation on the Origin and Foundation of the Inequality of Mankind* ）：

"我认为人类中有两种不平等：一种，我称为自然或身体的，因为它是由自然建立的，包括年龄、健康、身体力量以及心灵或灵魂的品质差异；另一种，也许可以称为道德或政治不平等，因为它取决于一种特殊的不平等现象，并且是经过人类的同意或至少得到授权而建立的。后者包括一些人享有的优于他人的各种特权，例如，更富有、更尊贵、更强大，甚至处于唯其命是从的地位特权。"[34]

当然，富有的家庭已经可以通过激光眼科手术矫正儿童的近视，为孩子提供更健康的食物和更安全的环境，等等。如果父亲增强了自己的视力，学习外语，或是服用维生素补充剂，他也许可以通过社会地位来改变原有的自然属性；然而，他并不一定能将这些优势传给他的后代（除非通过营造更健康的家庭环境和文化）。为了把优势传到下一代，父亲需要跟孩子说外语，让他吃维生素，或者在他足够大时付钱做眼科手术。但是，种系遗传与其有着本质的区别。在编辑基因（甚至胚胎的遗传选择）的情况下，父亲可以将他所拥有的任何形式的经济、人力或社会资本转化为自然资本，而且不仅是给他的孩子，也会传给他孩子的孩子。社会和自然不平等之间的堤坝将被完全破坏。[35] 人们还在猜测随之而来的洪水会冲垮什么，但它即将到来。

THE GENOME
F A C T O R

后 记

遗传统治的崛起——2117[1]

一对大龄父母在医疗机构的某间办公室中，屋子里摆满了不同发育阶段的胚胎模型，墙上也挂着社会分层关系的图解。但它却不是妇产科医生或者儿科医生的办公室，而是属于一位生育遗传分析师的。遗传分析是于20世纪50年代末出现的一种新兴医疗专科，凡是高端的生育诊所都至少有1名相关人士坐诊。在最新一轮体外受精中，医生已经获得了32个有活力的胚胎，父母要从中选一个出来。怀着焦急的心情，他们仔细阅览了诊所对于每个胚胎各项指标的评测结果。这些胚胎中半数都有心血管疾病或是精神分裂症高发的可能，所以很容易就把它们排除了。这样还剩下16个胚胎可供选择，其中有10个是女孩。由于这是二胎，所以这对夫妇想生一个男孩来跟他们2岁的女儿瑞塔做伴。在剩下的男性胚胎中，医生认为其中一个的寿命会显著地短于其父母和姐姐，同时还有一个胚胎有超过1/4的可能患有不孕不育症。考虑到这将是他们的最后一个孩子，他们希望尽可能抱上孙子，不愿承担这份风险。[2]

现在还剩下4个可以选择的胚胎。这几个胚胎的患病概率、身高与BMI的评测结果几乎一致，区别在于大脑发育情况不同。其中预期智力最高的一个可能达到150左右，最差的一个则"仅有"130 左右。若是在数十年之前，130 左右的智商足以保证他在任何行业游刃有余。可到了如今的自主选择胚胎时代，智商 130 只不过略高于平均水平而已。早在 20 世纪 70 年代中期，只有智商达到 140 以上的孩子才有可能成为高智能的领导者。与 21 世纪初的"从娃娃抓起"相比，培养孩子的美貌、运动和表演能力可是要"从胚胎抓起"了。

鼓励自主选择、自我指导的优生学，也就是前文提到的生育遗传学，随着时间的推移不断进步，但依然免不了权衡一番。例如，假如你想要尽可能提高孩子的智力，那么得到高智商的同时，他／她罹患疾病的风险也会增加。或者从社会性状的角度权衡，高风险、高回报的观点同样适用于生育遗传学。智商可能对人生成败产生至关重要的影响，但是为了获得这些高认知水平的遗传性状，你可能就要付出其他方面的代价，比如情绪不稳定或者缺乏同情心。

在这种背景下，智商最高的胚胎同样也更容易患上高度近视乃至无法逆转的失明，这可是父母最不愿意看到的。自 1988 年《人类遗传学》开始刊登相关文章以来，人们已经逐渐认识到了智力与视力之间这种顾此失彼的关系，至少可以说是有根据的假设。但是这似乎无法阻止过去数十年人们对于智力最大化的疯狂追求。[3] 在控制大脑与眼睛的基因作用下，智商会与其他性状产生关联，从而导致高智商畸形儿的出现。然而，即便如此依然无法抑制追求高智商的热潮[4]（当然，也有人说既然晶状体还在，戴不戴眼镜与智商有所联系这一说法就只是个笑话）。

　　生殖遗传学早期的拥趸并未考虑到基因多效性这一基础性的力量，也就是说，同一个基因会对多种表型产生影响，而不只是一种。一个人在身高方面的遗传潜力越高，同样也意味着他罹患心血管疾病的可能性越大。罹患癌症的风险与得阿尔茨海默病的风险成反比，这种现象有两大原因：第一，你若是被其中一种病困扰，另一种就不会再来折磨你（即一个人不可能被不同疾病杀死两遍）；第二，一个人若是在细胞再生（如再生神经元）方面有很强的能力，那他的细胞也更容易分裂过快，乃至失去控制（也就是癌症），反之亦然。[5] 在对诗人与画家等艺术家进行研究后，我们也发现其基因组中创造力分数与抑郁症分数密切相关。

　　但是要说不同性状间预测分数的联系，恐怕没有哪一组会比智商与阿斯伯格综合征的联系更加紧密了。即便在未来，恐怕也很难发现联系如此紧密的两个性状了。智商超过 130 之后，每提高 10 点，患上该病的概率就要上升 1 倍。随着基于基因分型的遗传力预测越发可靠，环境因素对于性状的影响越来越小。比如，到 2017 年，人们认为青少年时期影响智商的因素中，遗传影响平均为 2/3，环境影响平均为 1/3 [此数据来自心理学家理查德·普洛明（Richard Plomin）等的研究成果]。[6] 但我们对于遗传因素的估测越来越能自圆其说，于是遗传因素越发受到重视。也就是说，只有在基因检测中被认为智商较高的孩子才能读最好的学校，相比之下，他们的成绩反倒是次要的了。有人认为，幼年时通过测试获得的智商值容易产生重大偏差，所以相比之下，还是基因更适合作为评判孩子成年后智商的依据。这样一来，环境因素造成的影响就渐渐被视为产前基因检测的功劳了。比如，父母早早让孩子识字属于环境影响，这其实是很重要的。但因为进行过产前的基因检测，大家就会觉得这不是环境的积极影响，而是在知晓基因情况后父母采取了正确的措施，从而归功于产前基因检测。这样一来，在人们眼中，遗传力对智商、注意力不足多动症等最重要的社会性状的影响几乎达到了 100%（有趣的是，低智商也是自闭症障碍和注意力不足多动症的危险因素）。

这种产前检测的形式是从何时开始兴起的呢？这要追溯到 2013 年《科学》杂志上发表的一篇讲述用多基因分数估测教育水平的论文。[7] 虽然这篇文章发表在了如此重要的刊物上，但最初并未引起太多人的关注。作者对此感觉很满意，他很希望能避开媒体关注，专心做研究。他的 DNA 分数与教育年限和认知能力（智商的委婉说法）是存在相关性的（虽然只是弱相关）。从科学角度上说，这篇论文里没有什么惊天动地的发现，毕竟科学家已经对身高与 BMI、出生体重、肥胖症、心血管病、精神分裂症、阿尔茨海默病等众多争议较少的性状构建过多基因分数了。再者说，构建基因分数带来的直接影响之所以被人们忽视，实际上是因为我们最初只能预测教育年限或智商方面大约 3% 的变异。与人们认为源自基因的智商钟形曲线相比，这 3% 还不足总差异的 1/20。

在 21 世纪前 20 年，低下的估测能力并没有阻碍生育科医生继续解冻检验胚胎，反而激励着人们去探索那些"缺失"的遗传力。科学家希望找出教育方面中缺失的，如暗物质般隐而不显的那部分遗传效应（也就是尚未发现的智商遗传因素，约占 37%）身处何方。"拉马克获得性遗传"等理论曾被视为能够解释遗传力缺失的黑马。但随着研究样本的扩大与各种检测手段的进步，这些理论迅速失去了影响力，那些所谓的遗传"暗物质"也在科学家的分析下逐渐消失了。

起初，临床医生和广大公众并不在意。他们当时被新闻报道中即将获得诺贝尔奖的 CRISPR/Cas9 技术深深吸引了。在 21 世纪，基因编辑系统对人类的疾病和生活质量有很大影响：它不仅有效降低了单基因遗传病在人群中的发病率，同时让癌症成为一种可以通过改变基因，切除紊乱原癌基因（oncogene）治愈的慢性病（虽然痛苦还是难免的）。另外，在生活方面，政府通过了转基因作物的相关法案，于是基因编辑技术提高了多种主要作物的产量和营养价值。

可一旦父母开始"强化"其后代，通过基因编辑技术来改造精子和卵细胞，这项技术就引发了政治矛盾。起初生殖遗传学家宣称他们的改造是无害的，比如，将瞳色由棕变蓝、把有耳垂改为无耳垂、将发色由深变浅等。但实际上，改造必须受到限制，即只能改变单个基因或者少量基因。这是因为从身高到代谢，人类的大多数性状都是受众多基因控制的，源自基因组中上千个基因的微小效应之和，这些基因可能会分布于人类的全部 23 对染色体上。

当技术人员能够从早期胚胎中扩增出足量的 DNA 进行全基因组测序之后，局面便迎来了重大突破。人们不再处于仅能检测出染色体数增加或者减少这种严重损伤的初级阶段，而是达到了能够逐个检测碱基对的程度。2022 年胚胎的遗传序列被破译之后，通过数据表格来确定胚胎未来的表型就不再是什么大问题了。

这种做法产生的影响迅速波及社会经济的各个阶层。雇员要求将测序费用涵盖在医保内，最终相关法律强制要求了这一点。起初，改革对降低肥胖症和抑郁症（医保也涉及这两方面）的发病率起了积极作用，但后来这种做法影响到了智商甚至情绪控制这些与健康无关，医保也不负担的表型上。

世界上最大的遗传数据库 23andme 与 InterActiveCorp（Tinder 与 OkCupid 的所有者）合并，后来又与 Facebook 账号实现绑定。这就意味着，人们不仅会根据优劣选择胚胎，未来的伴侣也可能会由基因型数据所决定。选择自己不吸烟的人，为何不选那些能把不吸烟的习惯遗传给后代的人做配偶呢？

当然，正如某些人坚持不注册 Facebook 账号一样，也有一部分自然主义者（或者叫作社会异类）不愿根据基因分型择偶，而是"盲目"选择对象，这一派也在日益壮大。这些"基因反对派"并不知道，他们的 DNA 也在暗中被生殖遗传学家用来检验统计学模型，完善多基因分数。科研需要大量模拟自然繁殖情况的变异样本。随着越来越多父母利用生殖遗传学对后代进行改造，一些基因在人群中的数量减少了，另一些基因则增多了。这样一来，在人为选择下繁殖出来的人口中，潜在地需要进行跨基因相互作用检验的变异也就很少了。更重要的一点是，既然大部分人如今都通过基因分数给孩子分类，并对其进行相应的投入，这些基因分数在人群中的效应就是自我实现、自我循环，很难提高这些分数的解释力。要想通过提高基因分型准确性来提高效率，我们需要某种人们依然根据自己确定的，与基因型无关的标准来择偶的环境。

社会很快就屈从于自我进化的新现实。不仅学校的入学考试要看基因型，整个教育系统都会基于基因性状的组合而分割为多个不同部门：有面向体育天赋出众者制定的培养方案，有面向普通人的，也有面向运动能力出众但患有自闭症的人的。有的岗位是为注意力缺乏多动症患者量身定制的，也有些岗位拒绝他们上岗。所有这一切都打着经济效益最大化的旗号，不过智商永远是最重要的一项。

家庭的凝聚力会逐渐因此下降，最后甚至不过是"同居单位"罢了。有人认为，父母对于后代基因型的控制可能会带来"专业发展"家庭，比如，专注于视觉思维或语言能力的家庭，并在家庭中培养这一方面的人才。然而，实际情况是兄弟姐妹间的差距越来越大，因为父母只能在一个小样本中选择最优的胚胎，而不能有意识地朝着某一个方向去创造胚胎。

大多数社会遗传学顾问建议，如果想生二胎的话，最好尽量让他或她与头胎相似，这样就能够避免两个孩子基因型差异太大的问题了。专家宣称，在父母有意无意地对孩子进行区别对待，激发他们最大潜力的过程中，孩子之间的遗传差异会被显著放大。于是，同一家庭中不同孩子间的微小智力或运动天赋差异（当我们比较两名基因分数相同，但是来自不同背景的孩子时，这点差异可能会被环境差异所混淆）就会产生很大的影响。与许多社会机制一样，它也成为自我实现的预言，并引发了一个讽刺的结果：家庭之间的差异并没有减小，家庭内部的差异反而变大了。

早在 21 世纪初，科学家就已经能预测家庭的动态机制了。其中的一部分研究指出，相较家庭之间，多基因分数对认知能力的影响在家庭内部更强一些。遗传分数在预测兄弟姐妹间的差异时表现得更为出色，若是预测随机个体间的差异便稍逊一筹。以教育情况为例，就平均情况而言，一个人与兄弟姐妹的分数如果有一个标准差的优势，那么他或她可能就会比其他人平均多接受半年的教育。但是，如果是两个陌生人之间，这个数字就要缩小到 1/3 年了。

社会进程的巨大变化不只体现在家庭中。近年来，高度专业化的寄宿制学校得到了长足发展，寄宿学生的年龄也越来越小。考虑到自己的遗传分数会影响到孩子，从而产生未知的影响，越来越多的父母选择送孩子进入培养机构，以便根据基因型为孩子提供更适合的教育环境。这种形势是受遗传学影响而形成的。人们越来越重视如何为孩子营造一个适合的环境，这也是 21 世纪初旧金山、曼哈顿等地私立幼儿园遍地开花的原因。研究表明，除了父母或孩子自己的基因型外，整体的基因环境也有很大的影响。基因型会如何影响我们的行为，其实也取决于身边人的基因型。

与长得较高的罂粟或是色彩更加亮丽的野花更易得到授粉不同，"与众不同更有利于繁殖"这一规律并不适用于这个时代的人。研究揭示了基因型的同伴效应，也就是说，和那些基因型与你相同的人生活在一起是更有利的。在生活的各个方面你都能看到这种"物以类聚，人以群分"的现象，不论是工作、学习还是婚姻。2000 年，医疗是同行结婚比例最高的一个行业，有 30% 的护士选择的伴侣也是护士。

这种"人以群分"的现象不应该持续下去。进化生物学家告诉我们，有性生殖的意义就在于保持种群中的差异性。相比无性生殖的物种，有性生殖的物种繁衍后代时只把自己的一半基因传递下去，这也使它们更容易产生遗传漂变，或受到环境影响（如快速进化的寄生虫）。减数分裂产生的精子和卵细胞会进行重组，在这一过程中存活下来的后代身上会集中优势基因，同时有害基因也随之剔除。这就是有性生殖为何会促进自然选择。当然，这也是生殖遗传学快速实现的基础。

让我们回到最初提到的那个诊所，社会遗传学顾问建议这对大龄夫妇选择与大女儿瑞塔最相似，而不是最容易取得成功的胚胎。如果这个孩子与姐姐的免疫特征比较接近，那么将来输血和器官移植就会比较方便，不必担心引起排斥反应。可惜的是，这对父母终究没有听取医生的建议，还是选择了智商150 的胚胎。

THE GENOME
FACTOR

附 录

附录 1

什么是分子遗传学？

在分子生物学中有一条核心的法则：DNA—RNA—蛋白质。DNA 为每一个细胞提供了设计蓝图。除了个别情况，比如，全新的突变（有时会引发癌症）或镶嵌现象（mosaicism，单一受精卵发育来的个体的细胞有着不同的遗传组成，如分别来自父亲和母亲）以外，一个个体体内所有细胞的 DNA 都是一样的。人类基因组（DNA 就在这里）位于每个细胞的细胞核（nucleus）中（人类成熟红细胞等无核细胞例外）。人类基因组是由储存着 23 对染色体的细胞核与身为能源工厂的线粒体中的 DNA 共同构成的。线粒体 DNA（mtDNA）仅来自母方，这是因为受精卵中的线粒体均来自卵细胞。然而，这一说法也存在一些争议，有人认为进入卵细胞的精子也可能携带部分线粒体，这些线粒体存活于受精卵中，然后会传递给下一代。核 DNA 来自父母双方。父方与母方各提供每对常染色体（autosomal chromosomes）中的一条；性染色体则由母方提供一条 X 染色体（代表女性），父方提供一条 X 或 Y 染色体（分别令胎儿性别为女或男）。因此，分析 mtDNA 能让我们了解母系的基因组，而分析 Y 染色体则能揭示父系的特征。

总而言之，人体内 46 条染色体连接起来长度达 6 英尺，内含 30 亿个碱基对。碱基共有 4 种类型：腺嘌呤（adenine，A）、鸟嘌呤（guanine，G）、胸腺嘧啶（thymine，T）与胞嘧啶（cytosine，C）。这 4 种碱基两两结合（A 与 T 相连，G 与 C 相连），从而形成了结合在一起的碱基双螺旋。在众多的碱基对中间，大约每 1000 个碱基对中就会发生 1 次变异（有的估计会达 4 次之多）。这样一来，整个基因组中会有 300 万个碱基对发生变异。正因如此，我们才会说"从遗传学角度看，人类的相似程度达到 99.9%"。如果再考虑拷贝数变异（Copy Number Variants，CNV）的话，相似度就是 99.5%。还有一些其他形式的变异，比如，染色体数目增加或减少这样的结构性变异。这些相似度数字可能有一定的误导性，因为微小的基因差别也会带来巨大的表型差异。

在编码信使 RNA（mRNA，负责将蛋白质模板输送到核糖体，也就是蛋白质合成的地方）的区域内，参与蛋白质合成的氨基酸是由三联体密码子（condon）确定的。上百个氨基酸像珠子一样串起来就构成了蛋白质。此外，同样有表示"起始"与"终止"的密码子存在。假如密码子的第三位碱基发生变化（如 CTA 变为 CTG），一般不会带来变化，因为它编码的氨基酸是一样的，因而也不会改变蛋白质的构成。虽然合成效率会受影响，但若是三联体密码子的前两位发生变化，编码的氨基酸就很可能发生结构性变化，比如，氨基酸替换，即错义突变（missense mutation）或者转录终止，即无义突变（nonsense mutation）。

基因通常是指编码蛋白质的 DNA，其中不只包括转录区域，还包括启动子（promoter）、增强子（enhancer）等调控区域。所谓启动子，就是在编码区域前面，转录复合体（transcriptome）与之结合后，蛋白质合成启动；增强子起调控作用，大部分位于第一个内含子中，但也有的与编码区域距离数千个碱基对。在 mRNA 被转录之后，它将会在生化作用下剪除内含子，拼接外显子（exon）。外显子最后会被翻译为蛋白质。在转录完成后，3'UTR（非转录区域，Untranslated Region）会发挥进一步的调控作用，影响 mRAN 的翻译进程，甚至控制 mRNA 的目的地。3'UTR 区域位于编码最后一个氨基酸的密码子之后。

在人类基因组中基因只有 2 万个左右，其中每个基因平均负责合成 3 种蛋白质（通过选择性地剪切或修剪内含子）。这个数字比绝大多数遗传学家预言的要少得多。例如，连老鼠这种曾被认为比人类更简单的生物体基因都有 4.6 万个左右。这着实令人费解。于是，基因调控的重要性就体现了出来，因此这个发现也更加值得一提。换言之，每个细胞的遗传资料都是相同的，但其最终分化为神经细胞、肝细胞还是上皮细胞是由基因在调控下的选择性表达导致的。同样，人类之间的差异在很大程度上并非只由蛋白质结构差异决定，还要受发育关键点上的基因表达调控。与此同时，曾经被科学家称为"垃圾基因"的部分也被重新认识，人们意识到基因组中的非编码基因实际上对于人类的正常生理活动很重要。比如，有一种叫作小 RNA（micro-RNA，miRNA）的非编码核酸，它们一般接在

RNA 的 3' UTR 区域上，对于翻译的调控起到至关重要的作用。基因组的其他一些区域不负责合成完整的蛋白质，而是较为短小的多肽链。这些多肽链能够形成激素或是神经递质，内啡肽（endorphins）就是一个例子。

基因表达的变化受到多种因素调控，其中的一些被统称为表观遗传学（epigenetics）。在社会科学领域，表观遗传学逐渐成为一大热点。这可能是由于表观遗传学颠覆了传统遗传学的因果关系，不再是从基因型指向表型，而是从表型指向基因型。这种因果关系体现了环境对于基因的重要影响，比较符合社会学家的一贯思维方式。传统遗传学对于行为的分析往往是将精力集中于影响生命活动的核酸上，而社会表观遗传学关注的则是环境对于基因表达的影响，比如，组蛋白（histone）的乙酰化（即在 DNA 缠绕的组蛋白上引入乙酰基）以及 DNA 的甲基化（即向 G、C 碱基所在的序列上引入甲基）。这些变化可能会在特定的时间在特定机体内起作用。实际上，对环境因素敏感的表观遗传学标志或许能够代代相传，这一观点令有些学者兴奋不已。若是如此，很多遗传特性的根源或许都与环境有关。贫富差异、监禁刑罚、奴役、家境、爱好都可能被基因组记录下来。然而值得注意的是，尽管代际联系会通过 DNA 甲基标记等反映出来，但这并不意味着就会排除其他备选机制。与此同时，动物实验也给出了受环境影响的表观遗传学标志会被后代继承这一基础理论的实证证据。目前证明表观遗传"技艺"的阈值被设定得很高，这是合理的，因为目前的公认看法是，绝大多数（甚至可能是全部）表观遗传标记都会在减数分裂中被消除，以便能够在胚胎发育过程中成为各类细胞的全能干细胞（而表观遗传标记会倾向于限制发育的方向）。同时，除表观遗传标记外，还有许多其他途径可将环境影响传递给后代。不管隔代表观遗传学最终是否会发展为一场革命，颠覆人们对遗传与环境的既有观念，但在未来的 10 年或 20 年中，它都很有可能成为热门研究的话题。至少分子生物学家已经对核心法则进行了补充，增加了许多新的因果关系链以及 DNA、RNA 和蛋白质间的通路。如果社会科学研究者希望全面认识人类行为的话，那么忽视这场表观遗传学革命必将是一大损失。

附录 2

降低遗传力估算值的另一种尝试：
采用全基因组复杂性状分析与主成分分析方法

在 GCTA 或 GREML（全基因组复杂性状分析）中，[1] 为了确保遗传力分析是在没有血缘关系的个体间进行的，科学家排除了两类人：如果两个人有明显的血缘关系，他们会被排除；而如果两个人的前几位主成分高度相似，他们也会被排除。这样的话，任何体现在测试数据中的相似性都是随机的。由此，我们就能确认环境差异并不会对观察到的遗传差异造成影响。值得一提的是，由基因差异引发环境差异，术语叫作"内表型"（endophenotype），只是基因借以发挥作用的多种方式之一。

但是，会不会依然存在某些造成混淆的环境差异呢？我们观察了一些个体无法改变的环境变量，比如，是在城市还是乡村，或是父母的教育水平。然而结论是这些因素本身就是可遗传的。有些人说自己喜欢住在乡村可能就是因为遗传。另外，由于子女和父母各拥有一半相同的基因组，我们或许仅仅是在父母的居住偏好中寻找遗传上的影响。但是这种影响很弱，因为在传代的过程中遗传信号会被稀释。但是，因为我们想要研究的是兄弟姐妹之间的差异，所以应该再稀释一次：在假设随机交配的情况下，实际值只有（通过测量父母基因组得到的）

预测值的 1/4 左右。[2] 事实上，在城市 / 乡村的选择上，我们发现了 30% 的遗传力。如果提取的主成分数量从 5 个增加到 25 个，这一概率会降低至 15%。从 15% 的下限可以推导出，对父亲来说，这一性状的遗传力高达 60% 以上。这个数字是令人难以信服的（60% 的比率已经接近一些生理性状了，如身高或者体重，这些性状的遗传力在 80% 左右）。对母亲教育程度的研究得到了相似而且同样不可信的结果。因此，我们认为，或许是 GCTA 这一方法本身有问题。也许环境潜藏在遗传信息中，正如我们在双生子模型中分析的一样。

《自然－遗传学》副刊的一篇研究证实了这一推测。该文以精神分裂症为指标。[3] 在此之前，他们还做过一次稳健性检验，但这一次他们做得更精明：每次只看一条染色体。如果影响实验结论的只有基因重组而非环境，那么两个人在某一条染色体上的遗传相关性应该和另一条染色体上的相关性无关。比如，在 4 号染色体上的相关性应该和他们两人在 12 号染色体上的相关性毫无关系。这是因为我们基因组中的 23 张牌并不是一整副，而是有 23 套独立的牌组，基因组是它们的累加。所以，某一条染色体的重组情况是与其他染色体独立的，除非存在群体分层或祖先相同等情况使某人群内部的相似度较高。换句话说，如果遗传相关性在一定程度上受（祖先导致的）人群结构影响，我们应该能从染色体之间的关联中看出来。具体地讲，在 8 号染色体上更相近的两个人在 4 号染色体上也会显示出更多的相似性，其他染色体亦然。除此之外，没有其他方法能解释这种跨染色体的相关性。让我们再用洗牌举例：上面提到的相似性并不是因为洗牌时的运气，而是因为不同的牌出现在牌堆的概率不同。

　　该文的作者在补充材料中给出了上述测试的结果。有一些染色体确实和其他染色体相关联，尽管理论上并非如此。当然，这也可能只是随机误差。作者并没有进行统计上的计算，来证明观察到的现象是否代表着染色体相关性的整体移动。

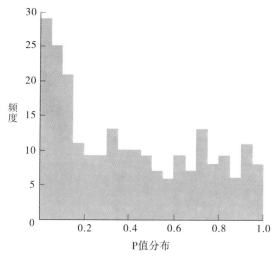

图 A2.1　个体间的染色体相关度

　　注：如果真的只是由于染色体随机重组导致一些个体之间有更高的遗传相关性，那么染色体之间应该不存在相关性，因为它们都是各自分离的。然而，观测到的结果是个体间的染色体相关度在概率分布图中向左偏移，这表明染色体倾向于依相关度聚集。这一发现暗示人群结构（即族裔）是整体相关性分布的部分驱动因素，进而表明环境差异可能干扰遗传力估算。

　　图 A2.1 是一个简单的条形图，表明相关性很高。如果这真的是由随机误差导致的,那么应该只有10%左右的点落在$p < 0.1$的地方。相反,我们看到右侧的点显然更多。统计学计算表明,随机分布呈现出这种形状的概率不到千万分之一。所以作者的核心假设,即遗传相似性是由随机重组而非群体层面的差异导致的,成立的可能性只有千万分之一。[4]

为了避免在双生子分析中造成失败,我们重新计算了一大批性状的遗传力,从身高(它大概是可能混淆估算值的变量中受环境差异影响最小的一个了)到教育(它受环境因素的影响可能是最大的),等等,以此来解释城市/乡村选择所体现的环境差异。我们算出的遗传力基本不变,但这也许是因为我们选错了环境指标,于是我们把能想到的都加进去了,结果并没有发生太大的变化。遗传学家又赢了,虽然对手是他们自己。

附录 3

一种尚未实践的思路：
主成分分析与家庭样本结合

我们试图努力验证由估算所得的社会性状遗传力是否过高，但遗传学革命带来了一项关于兄弟姐妹间的研究，这项研究给了我们一个沉重的打击。正如我们之前所言，排除选型婚配的情况，兄弟姐妹之间的基因相似程度平均是 50%。但这只是一个平均值，事实上可能存在较大波动性。如果你觉得有些兄弟长得比其他兄弟更像，那么你的感觉可能是对的。由于父母双方的基因重组，基因相似性在不同子女间可能确实不同。[1] 结合前文提及的 GCTA 分析，我们就可以把遗传相似性与表型相似性结合起来，共同估算遗传力。

然而我们知道，如果你的父母是选型婚配的，彼此基因相似性较高，那么相较非选型婚配的父母所生的后代而言，你的每对基因之间会更相似（Identity By State，IBS）。如果我们研究兄弟姐妹间的遗传案例，那么影响因素就不只是随机因素，还包括选型婚配。因此，这种家庭内的遗传案例无法模拟理想实验。在这种情况下，我们无法判断影响子代间相似性的究竟是环境因素还是遗传因素，这对希望得出纯粹遗传结果的我们无疑是一个重大打击。

　　如果考虑有 3 个以上孩子的家庭情况，我们可以分析同一家庭中不同孩子之间的遗传与表型差异，即将子代 A 与 B，B 与 C 分别比较。这样的话，我们就能排除父母婚配层面带来的影响，了解单纯由偶然因素导致的 IBS 程度。与所有统计模型一样，这种方法也需要进行一系列假设，其中之一就是，我们对大家庭的遗传力估算同样适用于小家庭（子女数量不足 3 人）。同时还必须假设，兄弟姐妹间的表型差异与不同家庭成员的差异是一致的。在 GCTA 检测下，同一家庭内不同子女间表型的差异度未必等同于两个随机个体间的，也未必与不同家庭的兄弟姐妹之间的差异相等（这可能是因为共同的家庭环境缩小了他们之间的差异）。只要表型的分布差异与同一家庭中子女的基因型差异一致（而且我们假设在整个分布中，遗传相似性的效果呈线性），那么我们就可以用更多家庭内部的表型、遗传差异实例去估算较大范围内的遗传力。此外还需假设家庭内遗传差异的效应可以推广到家庭间，也就是说社会总体情况与之一致，遗传效应不会因为特定家庭而被强化或弱化。然而，这一假设反过来又会受到家庭内部的微小差异及其放大化的挑战。事实上我们发现，在教育方面，遗传差异的影响在同一家庭中更为明显。我们在第三章中对此问题进行过详细的讨论。

　　很少有数据集能满足这样的条件：有足够多的较大家庭样本数量，而且家庭中至少有 3 个子女进行过基因分型。只要想想弗雷明翰心脏研究就够了。这个数据集没有足够的家庭数据，因而无法建立模型去估算数据（我们曾经尝试过）。不过也可能存在其他的方法，能够在实验中模拟出随机基因分型的效果。一种是对父母双方每个位点的基因型进行检测，然后对后代每个位点的基因型进行预测，并计算其与预算平均基因型的偏离程度。从本质上说，这种方法进行的检测是随机的，不受环境与基因分型的影响。换句话说，假如在某个位点上你父母的基因型均为 GG，那么你的基因型预算结果也必将是 GG。这种情况对我们没什么意义。但是，如果在某个位点上你父母的基因型都是 GC，这样你最有可能出现的结果也会是 GC，可实际上你的基因型是纯合子（如 CC），这时你的基因型就会被记录为 +1【C】或 –1【G】（依据参照标准而定）。我们可以利用这些"残余"的基因型来计算各家庭间兄弟姐妹的 IBS，并分析实际情况与表型预测结果的契合程度。我们也可以对无关个体进行 GCTA 分析。这种方法的根据在于：通过分解出双亲基因型，并只考虑最后的减数分裂（meiotic division）导致的变异，这样就可以消除环境因素与基因分型带来的影响。

这方法听起来确实不错，只是包括父母双方与 1 名子女（俗称"三重奏"）的数据集并不容易得到，具有各民族代表性的数据就更是难上加难了。因此我们可以使用另一种方法来利用重组与隔离的随机性，并用测定血统身份（Identity By Descent，IBD）来取代 IBS。IBD 不仅意味着两个人在给定位点上有相同的等位基因（G、C、A、T），同时还意味着他们拥有由同一基因复制，并代代相传而来的基因拷贝。因此如果母亲的基因型是 GC，父亲是 AT，两个孩子都是 CT，我们就可以记这一位点的 IBD 值为 2。这是因为两个孩子的 C 碱基必定都来自母方的同一基因，而 T 碱基则必定都来自父方的同一基因。但另一种情况下，父母基因型分别为 CC 与 TT，孩子们则均是 CT（这种情况是可能发生的），其 IBD 值就只有 1。但我们无法断定两个孩子的 C 是否来自同一个 C 的拷贝，也就是说，不知道这个 C 是否由祖父母中的同一人提供。由于这种不确定性，我们只能记 C 这一碱基的 IBD 值为 0.5，而 T 也是同样的道理，所以最后 IBD 值之和为 1。当我们对整个基因组进行这种处理时就能算出总的 IBD 百分比。如果得到父母双方的基因型信息，我们就能更加确定 IBD 的分配。实际上我们对一个家族谱系的信息掌握得越详细，我们就越容易推断基因的 IBD。但当我们不确定时，我们仍然可以基于人群之中的等位基因频率来进行概率分配。虽然测量不准确会导致更多错误，但这一方法还能生成一个随机分布，这个随机分布不受选型婚配与人群分化的影响。即便同父同母，你与某个兄弟姐妹之间的相似度也可能只达到 50% 以上，而与其他兄弟姐妹间的 IBD 值则可能为 40% 或 60%。现在有了一个简便的方法，既能测量遗传相似度中随机分布的部分，又能了解如何较准确地预测兄弟姐妹间的表型相似度。最终结论是，模拟双生子情形的遗传力估算（约 0.8）比 GCTA 分析更加有效。有研究曾借"通过澳大利亚的双生子研究身高问题"的事例来检验这种方法（选择身高作为研究对象，是因为这一性状易于检测，并且与遗传因素的关联度较高）。我们对社会经济情况做过同样的处理，其中相关数据来自一份瑞典的双生子样本（选择瑞典样本是因为美国没有足够的案例）。结果是我们又一次失败了：测得的教育相关遗传力为25%，低于双生子模式下的估算，高于 GCTA 分析的结果。最终，我们依然无法破解谜团。

附录4

表观遗传学及其在遗传力缺失中的潜在作用

一个试图解释遗传力缺失的理论认为，表观遗传标记同样可以遗传，并且能够解释一些结果中的差异。DNA 在储存状态时圈绕在组蛋白上，与之形成染色质或异染色质，而表观遗传标记则是连接在 DNA 和组蛋白上的化学分子。这些标记是基因表达调节的几种机制之一，也就是说，这些标记会影响 RNA 从 DNA 中转录出来的时机与位点，从而影响基因产物（通常是蛋白质）的表达。在 DNA 序列中，紧跟着鸟嘌呤（G）的胞嘧啶（C）上可以连接一个甲基（-CH$_3$）。这样的 CpG 位点（p 代表 DNA 主链中碱基之间的磷酸酯）就会不成比例地存在于基因的调控区域：在编码区和内含子序列之前的启动子区（编码区是被复制的部分，而内含子是在 RNA 转录后的加工阶段被切除的编码区内部分）。[1] 当甲基连接到 CpG 序列中的 C 时，它一般会降低相关基因被转录的可能性（甲基抑制或关闭了这个基因的功能）。如果我们创建一个 CpG 岛（CpG island）——一个由众多"胞嘧啶—鸟嘌呤"对组成的序列——就可以获得一个调控热点（regulatory hotspot）。甲基化是一种相当稳定的标记方式，并且有助于防止发生胞嘧啶的脱氨基。胞嘧啶脱氨基后会转变为尿嘧啶（U），进而使细胞内分子机制的运作发生问题。我们可以将甲基想象成一个插在胞嘧啶上的减速带，这样转录机制就很难沿着 DNA 链发挥作用。因此，高度甲基化的基因倾向于保持沉默状态。

这种在不同时间与不同地点对基因进行开启和关闭的功能对于机体发育是至关重要的，因为不论是神经元、骨细胞还是肝脏细胞，机体内的每个细胞都拥有同一套 DNA 序列。因此，甲基化和组蛋白乙酰化等表观遗传标记等因素（如转录因素的浓度梯度和某些关键的基因激活蛋白的空间浓度差异）参与了组织的分化，让一些细胞成为指甲，而另一些成为神经元。虽然甲基化程度在生物体的生长与衰老过程中趋于增加（一些研究者以此构建表观遗传时钟，以确定某一组织或人的"真实"年龄，而不是根据流逝的时间来定义），但是它也受到环境变化的影响（见图 A4.1）。[2]

现有研究已经充分证明，当怀孕的小鼠非常紧张时，其后代的糖皮质激素受体基因的启动子区域甲基化程度更高。由于下丘脑中的糖皮质激素受体相当于皮质醇（机体主要的应激激素）释放的开关，当小鼠幼崽出生时，它们倾向于拥有更高的压力应激反应，因为它们的开关较少。换句话说，它们一直处于高度警觉的状态。母鼠利用生化信息告诉后代，它们很可能出生在一个充满压力的世界中，因此为了生存下去，应当维持更高的唤醒状态，然而保持这一状态会带来长期的代价。虽然甲基化比较稳定，但它并不是永久不变的，其更像是一个突变。所以当这些幼崽被一只非常镇静的母鼠收养，并被母鼠精心照料、梳理舔舐毛发后，这些甲基标记将被擦除，之后皮质醇水平下降，幼鼠也会变得平静。甲基化并不是一个短期的快速反应，而是中长期的反应。一次被老板训斥的压力并不一定就会使我们的糖皮质受体基因甲基化，但是长期和尖酸刻薄的同事相处可能会导致我们的表观基因组发生变化。

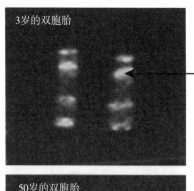

白色表示双胞胎在相同位置拥有表观遗传标记

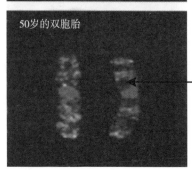

灰色表示双胞胎在不同位置拥有表观遗传标记

图 A4.1 不同年龄的双胞胎的表观遗传标记

资料来源：M.F.Fraga et al. Epigenetic differences arise during the lifetime of monozygotic twins. Proceedings of the National Academy of Sciences 102, no.30(2005): 10604-10609.Copyright (2005) National Academy of Sciences, U.S.A.http://learn. genetics.utah.edu/content/epigenetics/twins/

注：每组双胞胎的第三对染色体都进行了数字叠加。50 岁的双胞胎相比 3 岁时拥有更多不同位置的表观遗传标记。

这种表观遗传学的机制之所以能解释遗传力缺失的问题，是因为一些人认为表观遗传标记可以跨代遗传。如果真的是这样，那么大量遗传力缺失的情况就无须大惊小怪了，因为我们通常不会去检测表观遗传标记，在检测遗传突变时通常也不去关注它们是否开启。如果这种大尺度的、由环境诱导的表观遗传真的就是问题所在，那么分子生物学将迎来一场巨大革命，拉马克的学说也将卷土重来。

拉马克认为，后天环境对生物体发展的影响可以传递到下一代，而表观遗传学有可能振兴这种观点。表观遗传的甲基化标记确实能在有丝分裂（体细胞复制遗传物质并平均分配到两个子细胞中）的过程中保存并遗传下来。然而，在产生生殖细胞的减数分裂过程中，DNA 上的表观遗传标记会被清除。这一过程是至关重要的，因为当卵细胞受精后，受精卵必须是全能干细胞，也就是说，新形成的细胞必须能够分化成为体内任何种类的细胞，因为它是体内骨细胞、白细胞以及其他所有细胞之母。因此，要想让表观遗传标记的跨代传递成为可能，对这些标记的清除必须是有选择性的，而且是不完全的；或者，这类标记存储的相关信息必须通过标记本身之外的一些机制传递下去——可以说，这需要一整套与遗传密码相平行的信息传递机制。目前，我们尚未发现这样一个戈德堡式宏大复杂的系统，但我们已经掌握了一些零碎的知识。

如此违反孟德尔遗传规律的现象被称为印记（imprinting），也叫作亲源效应（parent-of-origin effects）。人类中至少有 30 个基因显示出了印记的迹象，相关产物的表达仅由遗传自父母中特定一方的基因负责。因此，尽管你可能得到了某个基因的两份拷贝，但只有一份在你体内发挥作用。许多印记基因（imprinted genes）在子宫内表达，且在其中进行着一场父母之间有关进化利益的争斗。并不知道能否再次让现在这位母亲怀孕的父亲希望婴儿尽可能地茁壮成长，尽可能地利用母亲的长期生育资源（因为这位母亲的下一胎婴儿并不一定是他的）。与此同时，为胎儿投入了大量能量的母亲［俗话说得好："得一子，失一牙"（lose a tooth for every baby）］想要保留一些生殖资源，以防与这位父亲所生的小孩是个"废柴"。这场争斗主要发生在胎盘中，而胎盘的基因型是孩子的，而非母亲的。[3]

事实证明，基因组印记不会止步于子宫。[4]在某些脑区，父源基因的表达程度较高；而在其他一些脑区则正好反过来。[5]你的母亲和父亲正为控制你的头脑而争斗！印记要想发挥作用，必须要有某种机制能使后代的大脑记住哪些基因（或染色体）来自父亲或母亲。有趣的是，迄今为止还没有证据表明存在祖父母效应（grandparental effects）：你的母亲从你的外婆那里得到一份母源印记基因的拷贝，从你的外公那里得到一份父源印记基因的拷贝；但无论最终是哪一份拷贝传递给你，这份拷贝在你体内的开闭状态都与它在你祖父母体内的开闭状态无关。由此看来，印记的跨代火车只停靠两站。

如同印记一样，环境信息被写入表观基因组并跨越各代传播的能力是另一个数量级，更复杂。我们重新考虑一下糖皮质激素和压力应激的例子，因为相关亲本所经历的环境，后代的细胞必须知道要将糖皮质激素受体的基因甲基化，即使这不属于印记基因。幼崽的细胞还必须知道是要在下丘脑中这样做，因为甲基化具有细胞种类特异性以及位置和时间特异性。这样的记忆需要有比 DNA 本身更为复杂的代码。跨代记忆在一个多变的环境中可能非常有帮助，但从演化的角度来看，它的代价似乎非常大。更现实的情况是，一些关键基因可能受父母环境的影响。

至少有一项小鼠研究表明，环境信息可以通过表观遗传图谱进行跨代传递（仅仅发现父母和孩子之间表观基因组有相关性并不是充分的证据，因为他们共有的基因型以及共有的环境都会影响甲基化水平）。在该实验中，雄性小鼠会闻到一种特殊的气味，同时会遭到电击。结果是，当小鼠再次暴露于这种气味中时，它们会出现一种特定的僵立行为（freezing-up behavior）——正如巴甫洛夫的狗在听到意味着食物的铃声响起时那样。这种行为反应也与基因的某些甲基化现象相关，该基因在鼻组织中表达为特定气味分子的受体。

之后，完全处理组（full-treatment）的小鼠与正常的未经处理的雌性小鼠和暴露于特殊气味而不接受电击（因此没有显示相同的表观遗传谱）的另一组对照雌性小鼠交配。在小鼠后代的鼻子中，与父本小鼠相同组织位置的相关受体基因具有和父本小鼠相似的表观遗传谱。更关键的是，完全处理组小鼠的后代似乎对在它们的父辈中已经建立起条件反射的气味刺激表现出相同的反应（虽然程度较弱）。之所以对雄性小鼠进行实验处理而不是雌鼠，是因为雌鼠可以通过其他几种方式传输信息，如子宫中的环境或卵细胞中存留的 RNA。当然，一些父本 RNA 通过精子头部或尾部片段进入受精卵也是有可能的，但是如果存在这种情况的话，RNA 的量也是极其微少的。[6]

长期以来，社会科学家在传统达尔文遗传模型的影响下，局限于从基因 / 生物学到社会行为的单向研究模式，上述研究不啻有振聋发聩之效。如果研究人员的主张是正确的，这意味着社会环境因素依然发挥着重要的作用。我们也许可以看到，生活给先辈留下的疤痕出现在了他们的后代身上。社会学家已经逐渐开始接受表观遗传，因为对他们来说，社会因素为因，生物因素为果比反过来的情况要更舒服一些。

事实上，已有许多研究表明，祖父母所处的环境条件与孙辈的结果存在相关性；然而这些结论并不是通过实验得出的，一个更合理的解释是，祖父母时代的社会结果影响了父母辈的环境，借此影响了其孙辈的表型。换句话说，在这种情况下，更大可能是社会文化和经济状况的"遗传"起到了作用。至于小鼠嗅觉研究，目前尚未得到同样结果的重复研究，因此许多学者对此结果持怀疑态度。然而，目前已知有许多跨代传递信息的途径。表观遗传标记存在不完全擦除的现象（这被认为是印记发生的机理），原有标记也能被重建。母亲还将大量分子遗留在卵细胞中，从以紧密包装的 p 体（p-bodies）形式存在的 RNA，到称为 piRNA 的一类小型 RNA，到脂肪酸，再到导致疯牛病的朊病毒。这些分子可以帮助指导表观遗传标记的擦除与重建，或者直接影响后代表型。当然，通过营养和激素水平（其中一些可能与压力应激有关），母亲与她们在子宫中孕育的后代不断地进行沟通，告诉他们即将来到的是怎样的环境。即便是父亲贡献的信息也不只是核 DNA 序列，因为目前我们已经知道，精子的部分尾部也融入了受精卵，其中包含父亲的线粒体和若干与精子相关的蛋白等物质。

上述途径都属于重叠性代际效应（intergenerational effects），而不是非重叠性代际效应（transgenerational effects）。两者的区别是，前者是通过重叠世代之间的活跃化学交流直接介导的效应，而后者跨越多个非重叠世代，且并非通过化学或文化的交流重建。就母方而言，由于她女儿的卵细胞早在她本人还在子宫中时就已经形成，所以我们需要将目标瞄向曾孙辈，以确保我们观察到真正的非重叠性代际效应。就父方而言，我们需要观察的是孙辈的情况。

许多植物研究已经发现了环境诱导效应能持续多代的证据。[7]如果我们打算寻找代际效应，应该把目标投向植物界，因为植物通常是在一个地方固定生长的，并且多种植物的种子只能散布在有限的范围内。这就意味着，相比经常迁徙到远方的动物来说，植物提供给后代的环境信息可能会非常有用。但即便如此，争议依然存在，研究的可重复性也并不乐观。要想了解个中缘由，不妨来看一篇优秀的基于人类的研究。

在瑞典的厄福卡里克斯，一项研究涉及了 303 个人及其后代，他们分别出生于 1890 年、1905 年和 1920 年，（根据书面记录）出生时的营养状况各不相同，而且本人有各种嗜好（如吸烟）。研究者追踪他们的信息直到 1995 年。一般来说，声称（外）祖父母环境条件具有代际效应的人类研究不可能排除文化传递（cultural transmission）因素。例如，在 1944 年荷兰冬季大饥荒（Hunger Winter）期间，纳粹占领导致食物匮乏，在此期间出生的婴儿的孙辈晚年罹患心血管疾病的概率较大。然而，这可能是由于他们的饮食偏好影响到孙辈造成的。例如，他们更喜欢高饱和脂肪酸的食物，以"补偿"子宫里少了的油水，之后这种偏好会传递给孩子。让厄福卡里克斯的研究显得更有说服力的是，虽然完全是在父系家族中测量的，但在孙辈中的传递还是呈现出了性别差异。[8]

换句话说，祖母的状况会影响孙女而不影响孙子，祖父的状况则只会影响到孙子。作者认为：因为所有影响都是经过同一条渠道，也就是父亲传递的，所以这个结果不是文化传承方面所带来的差异。当然，这种想法有赖于对一种对文化传递机制的简单化理解。如果像在许多文化中那样，父母工作，把孩子交给（外）祖父母抚养，而且抚养方式男女有别，那又会怎么样呢？或者，父亲由于自身的状况而区别对待儿子和女儿呢？家庭不是简单的复印机，而是像鲁贝戈德堡机器装置那样复杂精妙。

即使我们神奇地将文化差异抹除，仍然存在其他机制妨碍我们将表观遗传学传递路径分离出来。例如，我们知道表观基因组主要由基因组决定，还知道任一精子与卵细胞结合并成功生长发育为婴儿的概率并不完全是随机的，更不用说一个人能存活到性成熟并拥有孙辈后代的概率了。例如，我们很早就明白，子宫经受压力会增加胎儿自然流产的速度，并且男性胎儿对战争或自然灾害等高压力更为敏感。在这种情况下，初生儿的性别中女性偏多。[9] 另外也有人认为，在特定的状况下，一些更加稳定的基因型更可能幸存下来。因此，任何多代效应（multigenerational effect）都有可能是由于精子竞争和选择性生存造成的，在植物界和动物界也是如此。

因此，即使我们可以人为操纵环境并控制后代的婚配对象，但仍然不能保证没有更精细的方式对基因型进行选择。这不仅适用于人类，也适用于实验室动物和植物。我们真正需要的是一组双生子或克隆个体，以确保基因型完全一致。回交的同基因型品系实验生物可以接近这种理想状况，但在人类中几乎不可能做到，除非有一个疯狂科学家抓了很多对双生子，然后连续多代操纵他们的环境和交配对象。因此，我们可能需要很长时间才能知道祖先所经历的环境创伤是否已写入我们的表观基因组中。继续关注代际效应这个话题吧。

与此同时，即使确实存在这样的拉马克式遗传，它也不太可能解释遗传力缺失。回想一下，大多数遗传性估计源自双生子模型或 GCTA 模型。同卵和异卵双生子的子宫环境是一样的，与母亲交流的方式也相同（尽管异卵双生子有不同的胎盘，而且同卵双生子也未必共享胎盘）。如果母亲经历了压力事件，无论孩子是在子宫内还是更早的时候，我们应该能看到那些影响同样传递给了孩子的同卵双生子姐妹和异卵双生子姐妹（兄弟）。因此经受压力事件的影响无法解释同卵双生子相似性高于异卵双生子，而这正是遗传力估算的基础。同样地，如果在 GCTA 模型中代际表观遗传效应（transgenerational epigenetic effect）能够被视为遗传力，它需要在许多次（＞8）减数分裂中持续存在，这样才能保证在这种分析方法中"无关个体"（unrelated individuals）间的相关性足够低。即便是在植物中，最持久的效应最多也只持续 4 代 ~ 5 代。

　　由于在领养研究中，遗传力是利用生物上的亲子关联进行估算的，所以表观遗传学可能会导致估计值被夸大。但是，在这些研究中，表观遗传学是最不算问题的一个问题了：产前条件更有可能会被当作遗传因素来解释那些关联。此外，如果表观等位基因（epialleles）与基因组的 IBD 区块是分离的，那么附录 3 中讨论的同胞 IBD 方法也可用来研究表观遗传学——至少在理论上这是有可能的。当然，值得注意的是由于所有这些方法得到的遗传力估算值都差不太多（用 GCTA 方法得出的结果往往较低），我们应当得出结论，表观遗传学不太可能缩小测量到的遗传效应和总体加性遗传力之间的差距。

附录5

环境因素对种族间不平等的影响

有无数种方法可以帮助我们透视当代美国社会的种族不平等现状。我们已经看到，仅仅是明确种族分类本身就是一件极其复杂而艰难的工作。即便如此，我们还是应该来回顾一些统计数据。通过比较非西班牙裔白人和黑人的地位，我们可以看出些许端倪。需要说明的是，统计数据来自受试者在调查问卷中填写的种族。[1]

我们从对比中发现：黑人拿到本科文凭的概率只有白人的一半。和这一教育差异密切相关的是，黑人的失业率是白人的2倍，即便是有工作的黑人，他们从事专业性工作或是管理工作的机会也只有白人的一半。平均来讲，黑人的薪水只有白人的七成。更夸张的是，非裔黑人的资产不到白人的1/10（如果我们比较收入相似的人群，这一差距会缩小，但不会消除）。除了这些经济上的差异之外，其他方面也存在较大的差异，比如，家庭结构、健康状况和教育程度等。[2]

关于我们发现的大规模种族间差异，可以用几种能自圆其说的理论来解释。过去种族压迫的阴影可能还未完全消散，无论是文化上还是经济上。有研究表明，如果白人和黑人孩子来自背景相同的家庭，父母的教育程度和财富状况基本一致，那么两个孩子在学校和工作岗位中的表现情况几乎相同。[3] 在这种情况下，种族差异的缩小应该只是时间问题——可能要经历许多代人。但问题在于，现实中的差距并没有在缩小。我们先来看教育。学校里的黑人女孩还能偶尔超越一下她们的白人同学，但黑人男孩子却一直停滞不前。资产的差距则更加夸张，黑人和白人间的财富差距已经到了前所未有的程度。这些又该怎么解释呢？

保守派解释说，自我轻视的文化解释了为什么美国黑人——以及其他被迫来到这片土地的人——和多数人相比有较大的差距。这一理论认为，主流价值观中成功的意思是"像白人一样"。黑人轻视教育，因为这意味着向压迫者妥协，于是渐渐形成了一种"自暴自弃"的文化。这一理论最早由人类学家约翰·奥布（John Ogbu）提出，它的优点在于同时解释了主动移民者的成功和被迫移民者的失败。[4] 那些自愿来到这一大洲的人会主动了解、适应当地的习俗，而那些家园被占领或是被锁链绑架来的人却充满敌意。这一理论可以解释第一代非裔的成功，也可以解释后面几代的衰落。这一理论有几种变体，比如，把贫困与否视为关键因素，而非是否是移民。

自由派声称上面的理论是对受害者的苛责。相反，我们应该关注社会上的种族歧视。以找工作为例。对绝大多数公司来说，决定留用谁主要看的不是面试的表现。如社会学家马克·格兰诺维特（Mark Granovetter）在 1973 年指出的，我们大多数人是通过关系找到工作的。[5] 这里所说的关系并不是泛泛的关系，而是特指与我们具有弱连接的朋友——虽然认识，但不经常见面。他们能给予我们很多近亲和家人无法给予我们的信息，毕竟我们和家人知道的信息基本上是一样的。从面试官的角度来说，一个被员工推荐的新人比陌生人更有可能被雇用。首先，面试官可以在面试前从自己的员工那里得到很多被推荐人的信息。其次，推荐人是用自己的名誉做的担保。也就是说，如果被推荐人干得不好，推荐人也有责任，所以人们只会推荐自己认为足够优秀的朋友。最后，我们都喜欢和相近的人共事，最简单的方法就是从我们已有的社交网络中找寻。虽然上述理由都很有道理，但是它们最终促成了种族间的职业隔离，加剧了种族间的不平等。在某些行业中存在一些制度化的与肤色相关的招聘渠道，如公务员考试。所以黑人更容易进入某些岗位也就不难理解了。

此外，社会可能存在一种有目的的种族歧视，这种歧视会让少数人难以发现自己的潜力。一些研究表明，在当代社会中歧视是员工间行为差异的主要原因之一。研究者在背景信息相似的简历上随机写上非裔姓氏或白人姓氏，发现黑人收到的回复更少。[6]对面试过程的研究也得出了相似的结论。[7]如果一个孩子的名字像是非裔，他在学校里的待遇也会受到影响，即使与兄弟姐妹相比也是如此。[8]

这种有针对性的歧视可能是有意识的，也可能只是统计意义上的。也许这种歧视是人们的心理在作祟：企业雇主（或房产经纪人、教师）可能对黑人和其他少数族裔有一种无意识的反应，只是单纯不想与他们过多交流。科学家进行了一系列实验来研究无意识的倾向，即所谓的盲从。这些实验发现，不只是白人，黑人自己也存在一种内化的刻板印象。这种印象把黑人群体和害怕、厌恶等负面情绪联系起来。[9] 这样的潜意识是通过盲从实验得出的。在实验中，被试者要求对一系列词语和人脸做出按键反应，研究人员检测按键反应时间。当黑人的脸和积极的词汇放在一起时，被试者反应会慢，而黑人和消极词汇放在一起时则会变快；白人的脸则会有相反的反应。

很难证明究竟是何种非理性的情感驱动了我们实际的行为。这种负面印象有一个毁灭性的结果，即这种印象会逐渐变成现实。20 世纪 60 年代进行过一次经典的皮格马利翁实验（Pygmalion in the Classroom），[10] 充分解释了这方面的影响。在实验中，研究者告诉教师，班里一部分孩子在最新的智商测试中获得了更高的分数。1 年之后，他们发现这些"被选中的"孩子的认知能力提高幅度更大。事实上，所谓的智商测试是不存在的。仅仅是老师认为这些孩子更棒，导致孩子被区别对待，而这一区别造成了真实的差距。类似地，在克劳德·斯蒂勒（Claude Steele）和约书亚·阿伦森（Joshua Aronson）的实验中，他们在一群黑人学生考试前给了他们负面的暗示：告诉他们测试成绩存在种族差异。测试结果显示这些孩子比控制组的孩子分数更低。[11] 这些实验说明，我们非理性的印象是可以造成真实影响的。

现在公开宣扬种族歧视言论已经为社会所不容，调查发现，种族歧视的公开言论已经减少了 60%。但是社会学家仍然难以知道种族主义者到底是不是真的放弃了极端观点，还是他们只是学会了隐藏自己。[12] 这就是调查者所谓的"社会愿景偏倚"。不只是种族，性别、体重等性质也面临着同样的问题。

研究者采取了多种方法来区分政治正确和真正的种族和谐。一种方法是上文提过的暗示性实验；另一种方法是选举的结果。选举结果似乎要乐观一些。美国人选出了一位黑人总统，而且票数与民调很接近。政治学家第一次发现民调结果和实际选举结果大相径庭是在 1982 年，那一年洛杉矶的黑人市长汤姆·布拉德利（Tom Bradley）和乔治·多克梅吉安（George Deukmejian）竞争加州州长的位置，后者是个白人共和党员。[13] 直到选举日当天，民调一直显示布拉德利会稳赢，但选举结果恰恰相反。类似的事情在 1993 年重演，纽约市的黑人市长大卫·迪金斯（David Dinkins）输给了他的对手鲁迪·朱利安尼（Rudy Giuliani）。民调同样给出了错误的预计。

这又是社会愿景偏倚在作祟。当调查者询问市民的倾向时，他们说了一套，可在投票站他们做了另一套。这应该不是危险的种族主义者对调查员的欺骗，相反，这更像是一种无意识的过程。人们普遍认为支持黑人竞争者更加"友善"，但选举日真正支持他的人却没有那么多。也有可能是各种因素让民众在最后时刻改变了心意。

有趣的是，虽然国会和州立法机关内的少数族裔代表并没有激增，但布拉德利效应似乎在减弱（或者是像有的研究所指出的，这种效应只出现于几次大事件中[14]）。在黑人与其他族裔竞争时，选举前的民调正越来越准确。奥巴马的险胜与内特·席尔瓦（Nate Silver）的预测完全一致，俄克拉荷马州前州长德瓦尔·帕特里克（Deval Patrick）也是如此。同时，民主党的非裔候选人哈罗德·福特（Harold Ford）输了，输票比例几乎与民调相同。或许从 20 世纪 80 年代开始，更宽容的民族态度受到了政治正确的影响，但是大选季的选民都是很"诚实"的。当然，也有人毫无顾忌地表达争议性言论，如特朗普（Donald Trump）。

另一种形式的劳动力歧视或许也正在发生。这种歧视不是因为社会心理学，学者都将其称作统计歧视（statistical discrimination）。例如，雇主会假定一切都是平等的，非裔教育水平落后是因为学校分级和地区间差异。而更好的教育通常意味着更高的技能。这一类论据就是所谓的统计歧视，因为当事人没有出于个人倾向歧视黑人，相反是用自己的知识和经验得出了黑人不如白人的结论。[15]这是一种由来已久的种族歧视：现有的职业间的不平等被资本主义体系维持着，因为体系本身永远在追求效率，而这通常意味着企业将雇用更有可能成为优秀员工的人。从白人的角度来看，他们并没有搞什么阴谋诡计，但是也没有为改变现状做出努力。由于黑人父母在职场上不受喜爱，他们的子女也只能上比较差的学校。正如库尔特·冯内古特（Kurt Vonnegut）那句名言"就这样下去"（So it goes）。[16]

附录 6

基因型填补

《钟形曲线：美国社会中的智力与阶层结构》是在基因组革命前写的，所以当时根本不可能回答关于种族、智商、基因相互作用的研究所提出的问题。但现在我们也许能够回答了。如果我们把第二章中讨论的针对教育的多基因分数在分析中换成针对智商，结果会发生哪些变化？如果在这个维度上黑人（平均）得分低于白人，这是否能告诉我们，在教育和认知能力方面的种族差异确实存在遗传基础？

首先，目前这个分数能预测白人中教育或认知能力差异的6%。所以，对于智商这个据称遗传力高达40%的指标来说，这并不是一个好消息。智商遗传差异的另外34%可能遵循与我们所观察到的那6%截然不同的分布。欧裔和非裔有不同的连锁结构更增加了这种可能性。让我们回想一下，这个分数的数据横跨众多国家，无数研究，数十万人。但他们全都是白人。已被大型基因分型芯片公司（如 Illumina 或 Affymetrix）分型的遗传标记都是人类群体中最常见的变异（在给定位点通常只有两种标记，如 G 或 T，其中较不常见的等位基因出现的频率至少为 1%）。由于基因分型服务最常见的消费者是欧裔和其他白人（例如，23andme 的客户中约 77% 为欧裔，只有 5% 为非裔美国人[1]），其芯片在设计时就旨在检测欧裔人口中常见的遗传变异标记。因此，由于多基因分数是从白人样本得出的，所以在应用于非裔美国人时，它们只能检测出相对较少的常见变异。

但这只是问题的一部分。更大的问题是被分型的标记（也是多基因分数计算的基础）并不一定是 SNP，即能带来某些实际生理影响，并通过其他机制影响大脑发育或行为习惯的单核苷酸变异（如能提高身高，进而增强自信心的 SNP）。它们就像长途铁路沿线插的旗子，沿着染色体轨道相间分布，起标记区域的作用。人类基因组中有 30 亿个核苷酸，其中 1% 在今天的人类群体中表现出了已知的变异。这意味着有 3000 万种基于 SNP 的遗传差异来源。当然，其中大部分是无意义的。一般来说，基因分型芯片可以直接测量 100 万个标记（10 年前大约为 50 万个）。这意味着我们仅仅测量了人类遗传变异的 1/30。

由于千人基因组计划（以及更早的国际人类基因组单体型图计划，Hap-Map Project），我们对基因组的了解远远不止 100 万个已测等位基因。利用来自世界各地的人类样本，千人基因组计划对 2500 名个体进行了新一代的全基因组测序（千人基因组的名字来源于第一阶段测定者为 1092 人）。新一代测序包括扩增个体的 DNA，然后将其分解成许多随机小片段，并读取这些片段。为了获取个人基因组（全部 30 亿个碱基对）的完整"记录"需要约 28 次读取。不过，只是为了检测大多数变异（至少存在于 1% 的人口中）的话，通常读取 4 次就足够了。每人读取 4 次乘以 2500 人意味着该项目能够检测出发生于至少 1%

的人口中的变异。对于基因的编码区，他们进行了额外的读取以获得更多"深度"（即较稀少的变异）。而且，与对变异仅进行有限采样的商业芯片不同，千人基因组几乎涵盖了全部基因组。此外，它不仅适用于白人，也适用于从中国的汉族到塞拉利昂的曼德族再到越南的京族等人群。

研究者还通过元分析手段为基因分数测量做出自己的贡献，将自己测量的 SNP 添加到了千人基因组平台，以便所有人（无论使用哪种芯片）都能够接收更多的相关人群信息（至少在理论上如此，因为一些研究也许存在数据缺失，或者其他妨碍等位基因被填补的变异）。"填补"活动需要利用染色体轨道周围的 SNP，通过将它们和特定单倍型（同方向变动的 SNP 组合）进行匹配的方式来推测其周围发生的变异。想象一下，Illumina 芯片在 1 号染色体的 10 号位（从链的一端数起的第十个碱基对）测量 C 和 A 的变异。在 1000 号位，该芯片还测量了变异 T 和 A。填补平台（10 号位和 1000 号位之间的位置序列）也许还存在 6 个显示出显著变异的其他标记。

对于这段 DNA，我们的样本中的每个 1 号染色体有 4 种可能性——C 和 T，C 和 A，A 和 T 以及 A 和 A（前一位是 10 号位点的，后一位是 1000 号位点的）。如果我们发现 C 和 T 之间包着一个特殊的中间序列，它几乎存在于每一个千人基因组样本中，如 ATGGA，那么我们可以把那些变异填补进来，从而增加纳入分数计算中的等位基因数量。以上是一个过度简化的过程，因为填补不仅基于夹着某个特定序列的两个碱基，而且也不是每次都有如此确定的一个固定序列，但基本思想是一样的。填补的一个好处是，不同芯片可以获取大致相同位点的信息；另一个好处是我们得到了更多的信息。这样做的效果虽然不如去测量中间片段，但也有不少好处。事实上，对于欧裔人口，在重复样本（希望能预测其结果的样本）中，使用填补碱基在已测的碱基之上所增加的预测力非常小。

为什么走填补这条路会绕很大弯？答案是，填补是在种族群内部进行的。也就是说，这个分数（以及大多数针对其他结果的分数）是基于填补到欧洲 HapMap 或千人基因组样本的数据计算的。我们回想一下，非裔的单倍型结构与其他人十分不同。具体来说，撒哈拉以南人口的变异要多得多。这就意味着，即使已测的基因型在欧洲和非洲裔美国人群中恰好显示相同的双等位基因变异（即 C 和 T 分别为 10 号位和 1000 号位的锚定 SNP），它们中间夹着的变异序列在两类人群中也很可能截然不同。也就是说，非裔人口会有更多、更不同的单倍型，因此对美国黑人来说，填补会更加困难和不准确。

图 A6.1 表示了实际情形。我们从 23andme 读取了我们的原始数据，并选择了一个随机的 SNP——它恰好在 8 号染色体上，标签为 rs1380994。当我们使用来自千人基因组的欧裔人群（实际上是来自美国犹他州的北欧和西欧裔人组成的一个样本，种群代码为 CEU），在 8 号染色体上该 SNP 的区域的连锁结构中画出该 SNP 时，可以看到，给定的连锁（即排在一起的碱基）阈值 $R^2 = 0.3$，于是这个 SNP 就让我们能够观察到四个基

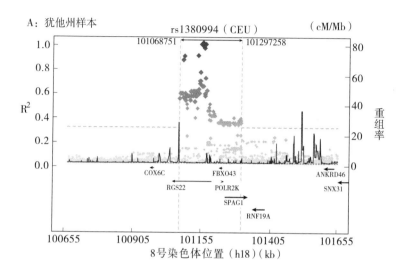

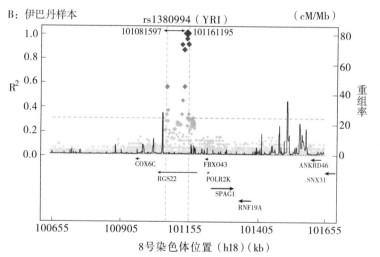

图 A6.1　从欧裔人口和尼日利亚人口中随机选取一个 SNP 的连锁结构

因，加上基因之间的序列。这意味着，如果 rs1380994 在我们的多基因分数中，它可能会检测到跨越四个不同蛋白编码区的遗传效应。对尼日利亚伊巴丹的约鲁巴人的千人基因组样本中的同一个 SNP（rs1380994）做同样处理后，我们发现 SNP 只代表了一个蛋白质编码基因。[2] 由于非裔样本中的变异较大，所以收到的效果较差。而且，这还只是非洲的一个城市的一个部落！与此同时，一般认为，美国人样本综合了大部分西欧族裔。想象一下，如果我们在西非同样地理跨度内的受访者中取样，这一个 SNP 能提供的观测范围就要小得多。关键在于，SNP 承载的含义因种族而异，因此并不具有真正的可比性。

　　无论我们是否真的使用填补数据，或者只使用已测的等位基因，填补的低精度都很重要。染色体轨道两侧的 SNP 可能碰巧插在对我们感兴趣的结果有意义的地方。也许 Affymetrix 测量的 SNP 之一恰好对应密码子的 3 个位置中的 1 位或 2 位，因此造成了蛋白质中间有一个氨基酸被置换。（在全身其他地方之中）那个蛋白恰好是大脑海马区的关键受体，在突触后神经元中会被神经递质触发，而氨基酸的改变影响了它结合神经递质的能力。这个影响将是巨大的。但绝大多数被测量的 SNP 并不属于这一类；相反，它们带来的遗传变异重要程度大小不一（主要取决于在基因组的调控机制中，在多个位点和各人体组织中开关基因表达的效应是强还是弱）。

　　由于非裔人口中遗传变异量较大，比起白人（或任何非撒哈拉以南的人），沿着染色体插的这些 SNP 的信息量要少得多。

它们标记的是有相关性的 SNP，但因果性就不太确定了。无论我们是否进行填补都是如此。而且，由于非洲民族遗传差异较大，测定人数较少，所以千人基因组计划对他们进行的填补效果不太好。结果是，在没有大样本和全面基因分型的条件下，即使我们用针对非裔群体的芯片对非洲人口进行专门的分析，并用非裔参考人群填补等位基因，预测能力也很可能较差。即使这不完全是真的（其中确实有可商榷之处），现状仍然是，我们使用的芯片是为欧裔设计的，分析也是为他们做的，那么如果我们将同样的分数用来分析非裔美国人，预测能力就大打折扣了。实际上，那些试图利用社会科学与遗传学联合协会的教育测量结果（甚至是关于身高等结果的多基因分数）的人也已经发现，它们对黑人的预测结果并不好。[3]这就像用天称量长或用尺子称重。每个共祖人群都需要不同的工具，甚至需要多种工具。

所有这些问题加在一起，意味着我们不能仅仅因为白人和黑人的教育多基因分数存在差异，就得出测试分数的差距存在遗传基础这样的结论。这就好比给一群孩子称体重，发现他们比另一群孩子轻，由此得出结论：第一群孩子比较矮；他们较轻的体重可能是也可能不是源于较矮的身高。也许有一天，当这些全国代表性样本中的每个人都有完整测序的基因组时，我们可以根据每个等位基因构建分数并实现可比性。目前，这是不可能的。然而即便可以实现，它也不能回答我们希望理解的根本性问题。

最终，我们将会拥有大量具有全国代表性的被深度测序的样本，以便我们生成多基因分数，而它预测智商和学业成果的程度也会接近其总可加性遗传基础（约40%）。我们甚至可能会发现不同种族群体的多基因分数的共同要素存在差异。但即便如此，我们还是无法理解其预测能力背后的内在或外在机制。这是固有的权衡。利用单一候选基因法，我们可以尝试研究源于变异的生物学和社会学途径。（我们可能仍然无法绘制出所有的途径，但是我们有可能把主要的途径弄清楚。）但候选基因法几乎无法解释我们观察到的表型变异。你基因组中一个字母的变化不可能显著改变你上大学的可能性。相比之下，多基因分数方法通过综合整个基因组的变异，牺牲了理解途径的任何希望。即使我们发现列表顶端的基因一般在大脑中表达，我们也不知道是否这就能解释为何它们可能与智商相关，而不是与智商有关的可能在身体其他部位发生的机制。再强调一遍，多效性是规律，而不是个例。即使这些基因在且只在大脑中表达，除了能让我们知道一个事实——它已经被种族化，因而表现出一种和我们称为社会的系统所不同的反应，我们并不能知道它们是否和（本身对认知没有影响的）说话语调、走路方式等相关。

　　这把我们置于何处？通过可靠的观察我们会发现，非裔美国人群体比白人拥有更多遗传变异，据此我们可能会凭经验预测：假设其他所有方面都是平等的（显然并非如此），在连续、高度多基因性状（如身高或智商）上，我们应该更多的观察黑人而非白人。想要给经常被媒体用来做文章的"平均差异"下任何结论是非常困难的。

在健康领域，我们能看到这些关于种族和基因变异性的初步观察已经产生一些真实可测的后果。如社会学家乔纳森·道（Jonathan Daw）所证明的，遗传多样性变得更高将导致严重后果，那就是美国黑人比美国白人更难找到匹配的器官。[4] 无论是陌生人还是兄弟姐妹，黑人群体内更高程度的遗传变异意味着，即使是亲兄弟或姐妹，与相同情况的一对有器官移植需求的白人相比，黑人更不可能配型成功。因此，诸如受到医院的歧视或缺乏黑人家庭捐献者（由于整合程度较低的家庭结构）这样简单的说辞可能并不能完全解释不同人种的肾移植等待时间的巨大差异。通过在肤色之外的观察并承认不同遗传历史的事实，即使在最堪忧的、历史争端最多的地区、种族之中，分子分析（当没有政治的斧子干预时）也可以增加我们对社会动态的理解。

THE GENOME

F A C T O R

致 谢

　　至少有两个关键因素为我们完成本书奠定了基础。第一个是由我们的朋友和合作者 Jason Boardman 指导的整合遗传与社会科学会议（IGSS）。我们早期的互动之一是我在第一届年度会议上解读了弗莱彻的文章，该会议现在已经在科罗拉多大学行为科学研究所举办了 7 年。这次会议形成了我们在本书中强调的大部分科学理论的中心思想，感谢 Jason Boardman、Jane Menken、Richard Jessor 和会议的工作人员，以及资助者美国人口学会、美国国家儿童健康与人类发展中心 (NICHD)、国际生物统计学会（IBS）以及科罗拉多州人口中心，感谢他们举办的如此振奋人心、引人入胜以及持之以恒的活动。第二个是哥伦比亚大学的罗伯特·伍德·约翰逊基金会健康与社会学者计划（Robert Wood Johnson Foundation Health & Society Scholars Program）。弗莱彻于 2010—2012 年投身于该计划，这使我们能够讨论一些为本书奠定基础的工作。弗莱彻还非常感谢 Peter Bearman、Bruce Link 和 Zoe Donaldson 在此期间提供建议、支持和参与以及建立起这一研究方向的耶鲁的前同事们，特别是 Paul Cleary、Joel Gelernter 和 Mark Schlesinger。我要感谢纽约大学生物系，让我能回校了解 siRNA、miRNA 和 piRNA 之间的区别。还要感谢纽约大学的行政部门接受如此不寻常的安排，特别感谢牧师 David McLaughlin。

一路走来，我们受益于大量同事和合作者的建议与支持。我们在这个研究领域的朋友和合作者包括但不限于（按字母顺序排列）：Daniel Belsky、Daniel Benjamin、Richard Benne、Richard Bonneau、Richard Cesarini、Justin Cook、Christopher Dawes、Ben Domingue、Kathleen Mullan Harris、Phillip Koellinger、Thomas Laidley、Steve Lehrer、Patrick Magnusson、Matthew McQueen、Michael Purugganan、Emily Rauscher、Niels Rietveld、Lauren Schmitz 和 Mark Siegal。他们大大提高了我们研究工作的效率，并为更广泛的领域探索做出了贡献。我们还感谢 Jason Boardman、Justin Cook、Mitchell Duneier、Angela Forgues、Joel Gelernter、Joel Han、Ryne Marksteiner、Ann Morning、Jessica Polos、Matthew Salganik 和 Maria Serakos 对本书各章的全面评论。在普林斯顿社会学系，Amanda Rowe 复制编辑了手稿的几个版本，每次都对它进行了改进。

过去几年来，我们受到了各种组织的慷慨资助。

我非常感谢 Russell Sage 基金会在对部分工作的研究资助［资助 # 83-15-29："生命进程中的基因—环境相互作用（GxE）与健康不平等性"］。我还要感谢 John Simon Guggenheim 基金会的个人研究基金（"寻找失去的遗传性"）。最后，我要感谢国家科学基金会以艾伦·沃特曼奖（SES-

0540543）的形式支持我的第二个博士研究。纽约大学和普林斯顿大学的内部研究支持也使得这一工作成为可能。对奥克兰大学，比勒费尔德大学，耶鲁大学生命进程与不平等中心以及科罗拉多大学博尔德分校行为科学研究所的访问都是我发展思路的有益机会。特别地，要感谢主办者 Richard Breen（牛津）、Peter Davis（奥克兰）、Martin Diewald（比勒费尔德）和 Jason Boardman（科罗拉多）。

弗莱彻非常感谢 Robert Wood Johnson 基金会的健康与社会学者计划和 William T. Grant 基金会的职业发展支持学者项目。他还特别感谢 Adam Gamoran、Richard Murname、David Deming、Joshua Brown、Patrick Sharkey 和 Jelena Obradovic 在学者研修会上的建议。弗莱彻还感谢威斯康星大学的 La Follette 公共事务学院、社会学系、人口与生态学中心、健康与老龄化人口学中心和贫困研究所的研究支持和慷慨的同事们。

我们也受益于普林斯顿大学出版社的众多善良人士，他们在每一步都大力帮助我们。Meagan Levinson 提供了卓越的指导，他的心思缜密和耐心倾听帮助我们步入正轨，他也是我们想象中的读者。Gail Schmitt 提供了优秀的编辑。Leslie Grundfest 和 Karen Carter 都是非常有效率的制作编辑。如果你正在阅读本书，很可能是由于 PUP 宣传部门的 Julia Haav 和 Caroline Priday 所做的努力。我特别要感谢几乎 20 年前就想出版我的作品的出版社主管 Peter Dougherty，当时我刚刚从研究生院毕业，而Dougherty 则是出版社的社会学编辑。最后，感谢全体工作人员，他们帮助解决了一切琐碎的问题。

最后，但并非最不重要的是，我们都要感谢充满爱的家人。我要对我的孩子 E 和 Yo 表示感谢，他们的差别教给了我遗传的力量，感谢他们在外出吃饭时做我的完美听众，听我解释想法；感谢我的父母 Steve 和 Ellen，他们给予我的远超过他们的 DNA；还要感谢我的伙伴 Tea Temim，总是挑战我的假设和数学。弗莱彻欠 Erika、Anna 和 Isaac 一笔无法计算的（但从未清算的）债务，因为他们给予了他鼓励，使他有时间专注于第一本书的项目；感谢 Phil、Paula、Jim、Cindy、Ann 和 Justin 对他要做的一切都积极参与、充满兴趣，以及无条件支持。

最后，感谢我们无数代先人留下了他们的基因和文化，虽然这种双重遗产使我们的统计模型变得更复杂。

THE GENOME
FACTOR

注 释

第一章 欢迎来到社会基因组革命的时代

1. 19 世纪的种族主义者试图利用达尔文的自然选择理论来解释族群间的生物学差异——现在所谓的种间差异。当达尔文提出这一理论时，他惊讶地发现和曾经的敌人站在了同一阵营：他们宣扬人类团结，同时又是宗教保守主义者。

2. 我们可以参考最近几十年来关于性取向的研究。总有好事者对"同性恋"基因研究欢欣鼓舞，他们的算盘是，如果找到了同性恋的遗传学基础，那么社会对 LGBT（LGBT 是女同性恋 Lesbians、男同性恋 Gays、双性恋者 Bisexuals 和跨性别者 Transgender 的首字母缩写。——译者注）的宽容度会有所增加。短期来看，LGBT 人群会受到更少的歧视，享受到更多应有的权利（诸如同性婚姻）；但是长期来看，同性恋者和异性恋者的收入差距也可能被认为是先天的，因而与政策无关。

尽管这个"同性恋基因"或许真的存在，当前的共识是环境因素在性取向中有重大影响，从而使这一问题更加复杂［R. C. Pillard and J. M. Bailey, "Human sexual orientation has a heritable component," *Human Biology*（1998）: 347–365. ］。另一个疑问是，从进化的角度来看，为什么"同性恋"基因能从历史的长河中幸存下来呢？一种观点认为"同性恋基因"事实上是在群体中有利的，因为同性恋者的姐妹会比其他人有更多的孩子。A. Camperio-Ciani, F. Corna, and C. Capiluppi, "Evidence for maternally inherited factors favouring male omosexuality and promoting female fecundity," *Proceedings of the Royal Society of London B: Biological Sciences*

271, No. 1554 (2004): 2217–2221。

3. R. Herrnstein and C. Murray, *The Bell Curve: Intelligence and Class Structure in American Life* (New York: Free Press, 1994).

4. 进一步说，如果人类中的各种结果都用遗传手段来解释的话，那么社会科学的地位又在哪里呢？换句话说，如果遗传学能解释任何问题，或者遗传学指出了新的种族和社会分类方式，那么我们还需要社会学家、经济学家和政治学家做什么呢？同时，基因数据正在进入社会科学家的视野，引发了新一轮的旧争论，比如，基因和智力、种族差异、风险预测、犯罪与司法、政治分化和个人隐私。这些社会过程的"自然化"引发的讨论和蕴含的意义尚没有定论，但从上面的例子中可以看出，它们有着深远的意义。

5. 一个早期的例子是对与年龄相关的黄斑变性基因的鉴定。黄斑变性每年会导致逾百万人失明，2005 年的这项研究对该病的治疗提供了重要帮助。(http://medicine.yale.edu/news/article.aspx?id=3486); R. J. Klein, C. Zeiss, E. Y. Chew, J.-Y. Tsai, R. S. Sackler, C. Haynes, A. K. Henning, et al., "Complement factor H polymorphism in age-related macular degeneration," Science 308, No. 5720 (2005): 385–389.

6. P. McGuffin, A. E. Farmer, I. I. Gottesman, R. M. Murray, and A. M. Reveley, "Twin concordance for operationally defined schizophrenia: Confirmation of familiality and heritability," *Archives of General Psychiatry* 41, No. 6 (1984): 541–545.

7. S. M. Purcell, N. R. Wray, J. L. Stone, P. M. Visscher, M. C. O'Donovan, P. F. Sullivan, P. Sklar, et al., "Common polygenic variation contributes to risk of schizophrenia and bipolar disorder," Nature 460, No. 7256 (2009): 748–752.

8. Q. Ashraf and O. Galor, "The 'Out of Africa' hypothesis, human genetic diversity, and comparative economic development," American Economic Review 103, No. 1 (2013): 1–46.

9. C. J. Cook, "The role of lactase persistence in precolonial development," *Journal of Economic Growth* 19, No. 4 (2014): 369–406.

10. L. M. Silver, "Reprogenetics: Third millennium speculation," *EMBO Reports* 1, No. 5 (2000):375–378.

第二章 遗传力的稳定性：基因与不平等

1. M. Diamond, "Sex, gender, and identity over the years: A changing perspective", *Child and Adolescent Psychiatric Clinics of North America* 13 (2004): 591–607.

2. A. R. Jensen, "Heritability of IQ," *Science* 194, No. 4260 (1976): 6。

3. P. Taubman, "The determinants of earnings: Genetics, family, and other environments:A study of white male twins," *American Economic Review* 66, No. 5 (1976): 858–870.

4. 5. A. S. Goldberger, "Heritability," *Economica* 46, No. 184 (1979): 327–347.

6.《广告狂人》里的唐·德雷柏与梅根虽然膝下无子，但依然选择跟她结婚，而非法耶·米勒博士。剧中的罗杰与简也是如此。

7. 我们可以说，今天这种监狱人满为患的状况完美地体现了这种政策冲动——不管这一状况是否正在发生改变。

8. 自从《金钱买不到的东西——论家庭收入与子女的人生机遇》出版之后，许多采用比观测数据更适当方法的研究表明，收入很重要，但是与我们平常认为的方式可能并不一样。一些研究采用了自然实验，如暴利。某些部落通过博彩或政策变化导致的收入"等级"牟取暴利。另外，一些进行中的研究正努力达到证据的黄金标准：随机对照试验。由格雷戈里·邓肯（Greg Duncan）负责的一组学者争取到了一笔资金，并确实地给予某些贫困家庭一笔数目可观的月津贴，并使用最新的大脑扫描和其他技术追踪家庭子女的生活。然而，结果还要很长时间才会出来。

9. 值得强调的是，社会科学证据显示，谈吐方式与收入息息相关。利用几十年前电话录音调查得到的声音样本，杰夫·格罗格（Jeff Grogger）表示，说话不像黑人的黑人男性的收入与白人男性几乎相同［ "Speech patterns and racial wage inequality," *Journal of Human Resources* 46, No. 1（2011）：1-25 ］。

10. https://www.arts.gov/news/2016/arts-and-cultural-production-contributed-7042-billion-us-economy-2013.

11. "差异倍增"这条捷径的基础是模型假设和异卵双生子基因相似率为 50%。模型首先假设，性状差异可以分成三种可加的元素 A、C 和 E。接着，我们发现同卵双生子（mz）的相似程度（r）与 A 和 C 相关（即 $r_{mz}=A+C$），异卵双生子（dz）的相似程度（r）与 ½A 和 C 相关（½ 是由于他们拥有 50% 的相似基因型），即 $r_{dz}=½A+C$。从这两个等式可得 A=2（$r_{mz}-r_{dz}$）。这就是 "差异倍增" 规则。通过调查数据，我们可以估算 r_{mz} 和 r_{dz}，这样计算 A 就更便捷了。

12. 在注释 11 中，我们已经计算出 A 和 r_{mz}。已知 $r_{mz}=A+C$，则 $C=r_{mz}-A$。因此，C 也很容易计算得到。

13. 对不熟悉 ACE 模型的人来说，共有和非共有环境可能难以分清。尽管双生子居住的房子看似是共有的（事实的确如此），但在某种程度上，住所的大小对双生子的影响是不同的。这种房子的不同影响就是非共有环境的一部分。在性状测量中的错误程度（如双生子对教育水平撒了谎）也被算入非共有环境中。除非双生子在某些家庭更有可能谎报教育水平，否则这种情况也可称为 "共有环境"。

14. R. Acuna-Hidalgo,T. Bo, M. P. Kwint, M. van de Vorst, M. Pinelli, J. A. Veltman, A.Hoischen, L.E.L.M. Vissers, and C. Gilissen, "Post-zygoticpoint mutations are an underrecognizedsource of de novo genomic variation,"

American Journal of Human Genetics 97, No. 1 (2015): 67–74.

15. 需要说明的是，在所含基因数量等方面，X 染色体比 Y 染色体大，而且线粒体 DNA 一般总是来自母方。另外，一些研究表明，线粒体实际上来自父方，父方的精子尾部（包含线粒体）会断裂并留在受精卵里［F. Ankel- Simons and J. M. Cummins, "Misconceptions about mitochondria and mammalian fertilization: Implications for theories on human evolution," *Proceedings of the National Academy of Sciences* 93, No. 24（1996）: 13859-13863］。但是，近期的进一步研究表明，全基因组测序意味着将把细胞的所有线粒体 DNA 也纳入测定范围［A. Pyle, G. Hudson, I. J. Wilson, J. Coxhead, T. Smertenko, M. Herbert, M. Santibanez- Koref, and P. F. Chinnery, "Extreme-depth re-sequencing of mitochondrial DNA finds no evidence of paternal transmission in humans," *PLoS Genetics* 11, No. 5（2015）: e1005040］。For a review and discussion, see V. Carelli, "Keeping in shape the dogma of mitochondrial DNA maternal inheritance", *PLoS Genetics* 11, No. 5 (2015): e1005179.

16. 如果近亲繁殖（乱伦）很普遍的话，那么遗传相关度可能呈平滑分布。尽管在巴基斯坦和阿拉伯联合酋长国等国家，堂 / 表亲联姻很普遍（超过一半），但亲兄弟姐妹婚配在大部分地方仍然是禁忌。

17. 证明缺乏外部有效性的方法之一，就是诉诸非线性遗传效应的可能性。

18. 19. I. Simonson and A. Sela, "On the heritability of consumer decision making: An exploratoryapproach for studying genetic effects on judgment and choice," *Journal of Consumer Research* 37, No. 6 (2011): 951–966.

20. A. R. Branigan, K. J. McCallum, and J. Freese, "Variation in the heritability of educationalattainment: An international meta-analysis," *Social Forces* 92, No. 1 (2013): 109–140.

21. J. M. Vink, G. Willemsen, and D. I. Boomsma, "Heritability of smoking initiation andnicotine dependence," *Behavior Genetics* 35, No. 4 (2005): 397–406.

22. At least one earlier attempt used blood typing, but given the small number of categories,it is more likely to lead to false positives for identical twins. L. Carter-SaltzmanandS. Scarr, "MZ or DZ? Only your blood grouping laboratory knows for sure," *Behavior Genetics* 7, No. 4 (1977): 273–280.

23. D. Conley, E. Rauscher, C. Dawes P. K. Magnusson, and L. M. Siegal, "Heritability and theequal environments assumption: Evidence from multiple samples of misclassified twins," *Behavior Genetics* 43, No. 5 (2013): 415–426.

24. 如果我们每个人在 6 号染色体都有 AA，那么，染色体的这个位点就对我们的计算没有贡献，因为它在人群中没有变化。但如果在另一个位点上，各种基因型分布得很均匀，比如，50% 的 CT，25% 的 CC 和 25% 的 TT，那么这个位点就会大大提高遗传相似性指数中的差异。

25. 我们排除了有着隐秘相关性的极端点。简单来说，这些人确实有联系，但他们自己可能都不知道。样本中的某些亲戚并不知道自己是亲戚（如第二代堂 / 表亲）。即使我们介绍双方互相认识，他们也不会说对方是自己的第二代堂 / 表亲；因此，他们就是"隐秘"相关的。

26. 多种因素共同导致了缺失的另一半。其中最重要的是，我们用来确定个体相关性的标记对实际结果有意义，可能只是"因果性"位点的代理变量罢了。

27. D. H. Hamer, "Beware the chopsticks gene," *Molecular Psychiatry* 5, No. 1 (2000): 11–13,http://www.nature.com/mp/journal/v5/n1/full/4000662a.html.

28. 定量遗传学家在检测和调整人群分层方面有了多种新方法，最常见的一种是识别标记的人口"结构"。这涉及统计学中建立"因素"的过程。有些等位基因要乘以乘数，有些则不能。研究者先指定一定数量的因素（即主成分），如 10 个。然后，算法会提取出能解释最多基因型差异的因素。主成分建立完毕后，算法会在保持主成分不变的情况下继续处理余下差异。算法运行的次数等于研究者指定的主成分的数量。这些因素往往反映的是潜在的亲属关系。在关于种族的第五章，有些因素很容易被识别出来。例如，在美国，只要两个因素就可以将两个自我识别的族群区分开。但就像分形一样，非随机交配模式——人群结构——似乎会出现在任何一个族群。即使在内部差异很小的民族之间，如荷兰人，两个主成分也能很容易将人群区分开来（第一主成分是南北差异，第二主成分是东西差异）[See A. Abdellaoui, J. J. Hottenga, P. de Knijff, M. G. Nivard, X. Xiao, P. Scheet, A. Brooks, et al., "Population structure, migration, and diversifying selection in the Netherlands," *European Journal of Human Genetics* 21, No. 11（2013）: 1277–1285]。

通常认为，分解出 4 个或以上主成分后，剩余的就是减数分裂期间的重组和分离（相当于洗牌和切牌）导致的随机差异了，这些差异在受孕时就已经确定了。因此，检测到的任何等位基因的效应都不会存在"筷子问题"，而是存在真正的因果关系。当然，主成分也可能将会随着数据内地理、种族等因素变化的等位基因效应糅合在一起。为可靠起见，我们需要确保排除了现在或过去的分隔性婚配行为（它会产生人群结构差异）的影响，正如"筷子问题"所揭示的，它可能实际上反映了环境或文化的差异。

我们在附录 2 讨论使用主成分分析减少传统遗传学手段的（第二次）失败尝试。如果你真的特别感兴趣（或者是受虐狂）的话，我们在附录 3 中还描述了一种研究方式（它依然没有解决遗传力缺失问题）。

29. D. Conley, M. L. Siegal, B. W. Domingue, K. M. Harris, M. B. McQueen, and J. D. Boardman, "Testing the key assumption of heritability estimates based on genome-widegeneticrelatedness," *Journal of Human*

Genetics 59, No. 6 (2014): 342–345.

30. 我们目前甚至都没提到领养研究方面的文献。它们得到的遗传力数据基本上与双生子研究一样。斯堪的纳维亚人和韩国人可谓是最好的研究素材。斯堪的纳维亚国家在"二战"后的人口数据库非常完善准确。每个人的出生、毕业、征兵、婚姻、监禁、住院、死亡都有一个全国通用的号码。社会民主党执政的北欧国家不仅将公民从摇篮照顾到坟墓，还会将公民从子宫跟踪到坟墓。大部分情况下，公民也认同这一点。于是科学家就能够观察出生即被领养的孩子，并同时与孩子的亲生父母和养父母联系。事实证明，出生前因素（遗传因素加产前条件，在调查中无法将这两者区分开）能够解释的差异量与双生子模型给出的结果大致相等。但一个挥之不去的问题是，被收养儿童的分布并不是完全随机的。换言之，如果收养机构有意或无意地在匹配上有倾向性，比如，把浅色头发的孩子配给浅色头发的父母，把面容憔悴的孩子配给面容憔悴的父母，或者采取了任何会让他们的遗传相似性高于随机选取者的不起眼的方式，那么整个收养研究的前提就不再成立了。

关于这一点，最令人信服的证据来自韩国的收养机构。韩国收养机构随机分配婴儿，即不考虑父母性状的排队名单。由于是随机分配的，所以可以减少对婴儿分配给与其亲生父母更接近（或更不接近）的收养家庭的担心。学者发现，韩国收养儿童所受的遗传和环境影响估算值与其他国家差别不大〔B. Sacerdote, "How large are the effects from changes in family environment? A study of Korean American adoptees," *Quarterly Journal of Economics* 122, No. 1（2007）: 119-157〕。他只能估算出生后环境的影响，因为他没有观察到韩国亲生父母看到养父母与收养的孩子有多么好的关系。然而，出生后环境效应的大小与瑞典和挪威的收养儿童相符，这表明出生前因素可能也是类似的。

收养研究与双生子研究一样存在外部效度的问题，即我们能否从收养儿童这个特例推广到其他人群。然而，众多差异巨大的方法得到了非常类似的结果，这一事实是让你感到安心还是紧张，就只取决于你在"先天后天之争"中的立场了。看看被收养孩子的未被收养的兄弟姐妹（在放弃抚养权的原生家庭和收养家庭中）能让我们更放心一点，因为他们的行为举止与没有子女被送出的家庭没什么差别，这表明他们并非"怪异"。社会科学家必须承认，当我们试图解释当代社会和经济结果中的人类差异时，不能忽视遗传学和生物学。问题是：接受遗传力的现实会有什么影响？

31. 这个概念被后人称为巴克假说，巴克本人称为"简约表型理论"。C. N. Hales and D.J.P. Barker, "Type 2（non- insulin- dependent）diabetes mellitus: The thrifty phenotype hypothesis," *Diabetologia* 35, No. 7（1992）: 595-601.

32. A. C. Heath, K. Berg, L. J. Eaves, M. H. Solaas, L. A. Corey, J. Sundet, P. Magnus, and W. E.Nance, "Education policy and the heritability of educational attainment," *Nature* 314 (1985): 734-736.

33. G. Guo and E. Stearns, "The social influences on the realization of genetic potential forintellectual development," *Social Forces* 80, No. 3 (2002): 881-910.

34. Or educational attainment or income for that matter; J. R. Behrman, M. R. Rosenzweig,and P. Taubman, "Endowments and the allocation of schooling in the family and in themarriage market: The twins experiment," *Journal of Political Economy* (1994): 1131-1174.

35. 保罗·塔博曼的回答［"On heritability," Economica 48, No. 192（1981）: 417– 420］。戈德伯格在其 1979 年一篇关于"遗传力"的论文（见注释 4）中提出了一个类似的观点，认为如果我们知道遗传因素对相关经济结果的差异有多大程度的影响，那么我们至少可以认识到公平与效率这两个目标之间的冲突程度。在做出这一论证时，塔博曼表达了与亚瑟·奥

肯 类 似 的 想 法［*Further Thoughts on Equality and Efficiency*, Brookings General Series Reprint 325（Washington, DC, Brookings Institution, 1977）］：在某些情况下，在机会高度不平等时，旨在推动平等的再分配措施也会提高效率。当然，在经济学史的某个给定时刻，带来更高效率（即更高的生产力）的技能（可遗传的或不可遗传的）可能也是更宏观的演化力量和环境事件的一部分。

36. 也就是说，假设各种族群体的基因分布方差相同，导致非裔美国人智商遗传力较低的是环境条件。事实上，我们知道，由于 6 万年前人类迁移出非洲造成的人口瓶颈，非洲人口内的整体遗传变异比其他地理群体多得多。这种差异加上大多数非裔美国人也拥有欧洲血统，都表明基因分布方差较小无法解释该群体的低遗传力估算值。然而，这样的可能依然存在，一些选择梯度导致智商相关基因的分布更窄。

另一种可能是，在黑人中间，未测量的智商预测基因存在较严重的选型配对现象，这会高估兄弟姐妹基因组的相似程度，从而导致遗传力估计值偏低。最后，在两个群体的家族内可能存在不同程度的遗传环境协方差。换言之，如果黑人所处的环境与亲缘关系远近关系不大，而在白人之间，遗传亲缘关系越近，所处环境就越接近，那么在这种情况下，问题就不是黑人的性状遗传力被低估了，而是白人的性状遗传力被高估了。后一种可能性使我们又回到了 "Guo and Stearns"（社会影响）的原始假设（虽然他们自己并未考虑该方面的差异）。环境—基因协方差较低的情况（比如，在同卵或异卵双生子之间）可能是环境压抑遗传差异表达的一种机制。然而，它对政策的意义与另一种可能性是截然不同的，即遗传力偏低是因为总体的共同环境影响。

第三章 既然遗传力这么高，为什么我们找不到？

1. 用引物结合到特定的 DNA 序列上以扩增相关基因，即利用一种叫作多聚酶链式反应（Polymerase Chain Reaction，PCR）的基因进行数千次扩增以便测量。

2. 该类基因的调控区已经与 GFP 融合。

3. "Why mouse matters," National Human Genome Research Institute, National Institutes of Health, Washington, DC, https://www.genome.gov/10001345.

4. A. J. Keeney and S. Hogg, "Behavioural consequences of repeated social defeat in the mouse: Preliminary evaluation of a potential animal model of depression," *Behavioural Pharmacology* 10, No. 8 (1999): 753-764.

5. 科学家进行过的强制小鼠游泳实验：V. Castagné, P. Moser, S. Roux, and R. D. Porsolt, "Rodent models of depression: Forced swim and tail suspension behavioral despair tests in rats and mice," *Current Protocols in Neuroscience* 55, No. 8 (2011): 11–18. Or see D. A. Slattery and J. F. Cryan, "Using the rat forced swim test to assess antidepressant-like activity in rodents," *Nature Protocols* 7, No. 6 (2012): 1009–1014. For effects in humans see A. L. Duckworth and M.E.P. Seligman, "Self-discipline outdoes 智商 in predicting academic performance of adolescents," *Psychological Science* 16, No. 12 (2005): 939-944。

6. 神经递质一旦被送回突触前神经元（presynaptic neuron），它们就会在 MAO-A 作用下被回收利用。单胺氧化酶抑制剂之前曾被用作抗抑郁药物。

7. "Rs909525," SNPedia, http://www.snpedia.com/index.php/Rs909525.

8. D. Conley and E. Rauscher, "Genetic interactions with prenatal social

environment effects on academic and behavioral outcomes," *Journal of Health and Social Behavior* 54, No. 1 (2013): 109-127; J. M. Fletcher and S. F. Lehrer, "Genetic lotteries within families," *Journal of Health Economics* 30, No. 4 (2011): 647-659.

9. 要注意的是，科研人员从动物实验中虽然得出了合理的理论，能够指导他们选择分析的位点，但他们并没有能够将人类行为与动物行为对应起来的完备理论。

10. 现在有许多人致力于消除出版偏倚。一方面，非同行评议的网络数据库之可用性被纳入考虑，如果使用的话科研人员便可以将没得出有效结果的无用数据及结果发表在网上。bioRxiv 数据库（http://biorxiv.org/about- biorxiv）就是一个例子。另一方面，科学家在进行科研分析之前可能需要在网上进行预注册，将他们的假设以及将要执行的测试登记在网上（这往往在申请科研经费之时有必要进行）。这样一来学者在进行研究之前就不得不认真考虑他们该如何去做科研，同时杜绝了"钓鱼"行为。在 S. Mathôt 的文章中可以看到对于预注册行为的总结（S. Mathôt, "The pros and cons of pre-registration in fundamental research," Cognitive Sciences and More,http://www.cogsci.nl/blog/miscellaneous/215-the-pros-and-cons-of-pre-registration-in-fundamental-research）。最后，也有人努力去重复实验来证明发现的真相，这种努力十分可敬。例如，"Estimating the reproducibility of psychological science," Reproducibility Project: Psychology, Open Science Framework, https://osf.io/ezcuj/wiki/home/。

11. 更普遍的是，科研与统计实验的预注册也存在着问题。有人担心预注册这一硬性要求可能会将许多创新性研究与奇思妙想和低质量的诱导性课题一同埋没。L. C. Coffman and M. Niederle, "Pre-analysis plans have limited upside, especially where replications are feasible," *Journal of Economic Perspectives* 29, No. 3 (2015): 81-97, http://pubs. aeaweb.org/doi/pdf

plus/10.1257/jep.29.3.81。

12. C. F. Chabris, B. M. Hebert, D. J. Benjamin, J. Beauchamp, D. Cesarini, M. van der Loos, M. Johannesson, et al., "Most reported genetic associations with general intelligence are probably false positives," *Psychological Science* 23, No. 11 (2012): 1314–1323.

13. 考虑这样一个有趣的观点：你若生在贫民窟，侵略性的基因会把你送进监狱；你若生在富人区，它则会让你走向成功。

14. 这张图的好处在于，它不仅把统计学意义上最显著的 SNP 显示了出来，而且将它们按顺序排列。因此，如果得到假阳性结果，它很可能显示为一个孤立的点，游离于临近区域之外。这是因为假阳性结果很可能只是由偶然因素所导致，或者干脆就是基因分型的误差。然而如果测得的结果是真实的，那么很可能在图上同一位置有许多点，呈现出有坡度的峰状。由于不同 SNP 与性状之间存在关联性，这些独立测试的结果就会以点的形式像这样分布。位于那些最重要的点附近的其他点也会强烈体现出其关联性，这就表明图上区域与性状变异有确切的关联。这是由于连锁不平衡现象，同一染色体上相邻的基因可以作为彼此的代理信号发挥作用，在附录 6 中有对这一现象更加详细的讨论。所以越接近关键点，信号就越强；反之亦然。在 19 号染色体的 SNP 处我们可以清晰地看到这一现象（图 3.2 右端）。

15. Y 轴显示的是 P 值的对数值（取负的以 10 为底的对数），也就是该结果可能来自随机抽样误差的概率。这样处理的目的是让较小的概率看起来"大一些"，整齐一些。图中虚线表示全基因组检测的 P 值阈值为 5×10^{-8}。

16. 如果所期望的表型或其他结果只出现在了一个样本中，研究人员往往会采取一种不可取的办法：将该样本随机分成两半，然后证明期望结果在两个样本中都成立。

17. 从观察样本中选择最佳 SNP 会导致"冠军魔咒"现象。这种现象会使重复实验样本的相关效应回归平均值。我们可以从这篇文章中找到例子：L. Xu, R. V. Craiu, and L. Sun, "Bayesian methods to overcome the winner's curse in genetic studies," *Annals of Applied Statistics* 5, No. 1 (2011): 201–231.

18. 虽然整体令人失望，但也有一个重要的例外——FTO 基因。众多研究已经可靠地表明，该基因的差异能够预测 BMI，以及多个对腰围有影响的中介行为。

19. T. A. Manolio, F. S. Collins, N. J. Cox, D. B. Goldstein, L. A. Hindorff, D. J. Hunter, M. I. McCarthy, et al., "Finding the missing heritability of complex diseases," *Nature* 461, No. 7265 (2009): 747—753.

20. B. Maher, "Personal genomes: The case of the missing heritability," *Nature News* 456, No. 7218 (2008): 18—21.

21. T. A. Manolio, et al., "Finding the missing heritability."

22. "Dominant and recessive characteristics".http://www .blinn.edu/socialscience/ldthomas/feldman/ handouts/0203hand.htm。例如，如果在某个位点上，杂合子 GA 与纯合子 GG 差别不大，但纯合子 AA 会带来显著差异，那么该位点就不符合加性遗传力模型。其他非线性效应下也是如此，比如，GG 和 AA 相同而与 GA 不同。如果人群中大部分性状都是这种非线性的情况，那么简单的加性模型就会忽略它们。应当提及的是，双生子等多种模型可以刻画非线性模式。

23. T. D. Howard, G. H. Koppelman, J. Xu, S. L. Zheng, D. S. Postma, D. A. Meyers, and E. R. Bleecker, "Gene-gene interaction in asthma: IL4RA and IL13 in a Dutch population with asthma," *American Journal of Human Genetics* 70, No. 1 (2002): 230—236.

24. 这类情况下，根据相关性估测的整体加性遗传力（比如，ACE 模式中的那样）会被基因间相互作用放大。有一些实例展示了这类情况：
O. Zuk, E. Hechter, S. R. Sunyaev, and E. S. Lander, "The mystery of missing heritability: Genetic interactions create phantom heritability," *Proceedings of the National Academy of Sciences* 109, No. 4 (2012): 1193–1198。

25. 也就是说，每个等位基因都在人群中按 50:50 分布，而且人们随机婚配。

26. 我们的确能够在基因组中积累中性（或者说意义不明、无义的）变异。当这些变异在后代中满足条件时，它们可能就会被"活化"，并因环境不同产生不同的影响。也有一些原本是中性或无义的变异达到阈值从而产生可观效应的情况。对于肥胖症、精神分裂症等慢性疾病而言有一种常见的理论：你的发病是因为环境变化恰好达到了让那些中性或无义变异发挥效果的程度，因此你可能会突然罹患某种"遗传病"。这可以解释怪异症状的突发问题，但无法解释亲兄弟在遗传力方面彼此接近的问题。这一问题最初在康拉德·哈尔·沃丁顿（Conrad Hal Waddington）的研究中被提及。他将发育中的果蝇暴露在某些环境下（例如，在关键发育时期提高温度），然后就发现其表型有所变化，比如，多长了一对翅膀之类的。他接下来把自身没有暴露于特殊环境，但是与暴露于特殊环境并表现出变化的果蝇同源的果蝇挑选了出来，加以培育。几代之后，这些果蝇的后代也出现了多翅性状，而且其间环境没有任何突发改变。这些果蝇从头到尾都没有被处理过，这种现象是由每一代的同源果蝇间接筛选导致的。换句话说，中性或潜在的遗传变异始终存在，只是受到了环境突然变化的抑制而未能表达［C. H. Waddington, "Canalization of development and the inheritance of acquired characters," *Nature* 150 (1942): 563–565, and "Genetic assimilation of an acquired character," *Evolution* 7 (1953): 118–126］。

27. 据推测，长颈鹿最初的体形与马相似，并不特别高，与它亲缘关系最近的物种霍加狓（okapi）也确实与马的体形类似。为了取食高处的树叶，一部分个体努力伸长脖子。久而久之，即便在休息中它们也会设法伸长颈部。当它们生育后代时，其子代的颈部可能就会变长。虽然子代颈部可能不及亲代穷其一生所达到的那样长，但与在低处取食植物的同辈相比，它们的颈部显然更长。随着一代又一代的个体对高处食物的追求，这样的变异渐渐积累，最终使它们的体形变成了如今长颈鹿的样子。

28. A. Okbay, J. P. Beauchamp, M. A. Fontana, J. J. Lee, T. H. Pers, C. A. Rietveld, P. Turley, et al., "Genome-wide association study identifies 74 loci associated with educational attainment," *Nature* 533, No. 7604 (2016): 539–542.

29. A. R. Wood, T. Esko, J. Yang, S. Vendantam, T. H. Pers, S. Gustafsson, A. Y. Chu, et al., "Defining the role of common variation in the genomic and biological architecture of adult human height," *Nature Genetics* 46 (2014): 1173–1186, http://www.nature.com/ng/journal/ v46/n11/full/ng.3097.html.

30. N. Chatterjee, B. Wheeler, J. Sampson, P. Hartge, S. J. Chanock, and J.-H. Park, "Projecting the performance of risk prediction based on polygenic analyses of genome-wide association studies," *Nature Genetics* 45, No. 4 (2013): 400-405; F. Dudbridge, "Power and predictive accuracy of polygenic risk scores," *PLoS Genetics* 9, No. 3 (2013): e1003348.

31. H. D. Daetwyler, B. Villanueva, and J. A. Woolliams, "Accuracy of predicting the genetic risk of disease using a genome-wide approach," *PLoS One* 3, No. 10 (2008): e3395.

32. 归集法是很有用的。归集法将被测 SNP 取样，将其与人类基因组密度工程（Human Genome Diversity Project）给出的基因组参考数据对比（此基因组经过完全测序，几乎每个碱基对都在人群中存在大量变异记录）。基于这些 SNP 在参考基因组中的概率数据，我们可以对实验未检测的 SNP 概率值进行分配。由于连锁不平衡，这种做法是可能的。LD 变种在染色体局部遗传，而给定 SNP 是某种变种的概率值，与周边者息息相关。参考基因组被测序的程度越高，SNP 芯片的分型就越密集。人群中由于瓶颈效应或漂变存在的变异越少，归集的准确性也就越高。在附录 6 中我们会讨论归集与种族问题是如何直接相关的。对于当前的研究目的，重要的是记住这一点：这一方法发展得越来越好，但归集并不等同于对每个人每个位点的基因进行测序。

33. Kaiser Permanente Research Program on Genes, Environment, and Health, Division of Research, Kaiser Permanente, https://www.dor.kaiser.org/external/DORExternal/rpgeh/index.aspx.

34. D. Conley, B. W. Domingue, D. Cesarini, C. Dawes, C. A. Rietveld, and J. D. Boardman, "Is the effect of parental education on offspring biased or moderated by genotype?" *Sociological Science* 2 (2015): 82—105.

第四章　美国社会中的基因分拣和变动

1.1959 年，社会学家西摩·利普赛特（Seymour Lipset）和莱因哈德·本迪克斯（Reinhard Bendix）指出："广泛的社会流动性一直与工业化相伴并且也是现代工业化社会的基本特征。在每个工业化国家，大部分人从事的职业与他们父母的大相径庭。"［S. M. Lipset and R. Bendix, *Social Mobility in Industrial Societies*（Berkeley: University of California Press, 1959），p. 11.］用西布莉（Sibley）的话（引自布劳与邓肯略有修改的引言）便是："一个人的自致地位（achieved status），也就是他在一些客观标准方面所取得的成就，比他的先赋地位（ascribed status），也就是他的家庭出身背景，更为重要。"［P. M. Blau and O. D. Duncan, *The American Occupational Structure*（New York: John Wiley, 1967），p. 430］也就是说，精英统治的崛起并不仅仅是社会科学家的一个笑话。

2. 他们没有引用杨，这显然是一个重大遗漏。

3. 许多评论家尤其是社会学家指出，他们当时的论证尽管有趣但存在缺陷［C. S. Fischer, M. Hout, M. Sanchez Jankowski, S. R. Lucas, A. Swidler, and K. Voss, *Inequality by Design*（Berkeley: University of California Press, 1996）］。例如，赫恩斯坦和默里被认为高估了基因对智商以及智商进一步对社会经济状况的影响。他们认为智商的效应就是遗传禀赋的效应，罔顾包括行为遗传学在内的大量文献。这些文献证明智商受到巨大的环境影响，甚至其遗传率取决于家庭的社会、经济地位。虽然批评众多，但值得指出的是，赫恩斯坦和默里的第二个更具争议的观点也并未大幅偏离许多社会学家持有的功能主义信条。例如，以下三条引语：

①假如没有任何因素会不当影响应聘者竞争职业的机会，那么不可避免地只有那些最能胜任每种类型活动的人才会被挑中。决定工作分配方式的唯一因素是能力的多样性……

②因此社会不平等是一种无意识的演变机制，社会通过这种机制确保最重要的职位由最有资格的人认真担任。

③没有人敢说职业应该依据认知能力将我们分类，也没有人强行推进这一过程。而它在暗中发展，由看不见的手引导着。

这些引语距今差不多正好 50 年了。第一条来自 Durkheim［1893; *in Emile Durkheim: Selected Writings*, ed. A. Giddens（Cambridge: Cambridge University Press, 1972），p. 181］；第二条来自 K. Davis 和 W. E. More，"Some principles of stratification," *American Sociological Review* 10, No. 2 (1945): 242–249；第三条来自《钟形曲线：美国社会中的智力与阶层结构》(Herrnstein and Murray, p. 52)。除了"认知能力"（cognitive abilities）一词在 19 世纪或 20 世纪中期没有得到广泛应用外，我们认为这些引用是相通的。

4. Herrnstein and Murray, *The Bell Curve*, 109–110.

5. 同 4，第 91–92 页。

6. 同 4，第 341 页。

7. B. W. Domingue, D. Conley, J. Fletcher, and J. D. Boardman, "Cohort effects in the genetic influence on smoking," *Behavior Genetics* 46, No. 1 (2016): 31–42.

8. 这一结论也通过多基因分数方法获得，之后我们将进行更详细的讨论。我们所发现的类似结果是建立在一个重要的早期文献上的，该文献以双生子为研究对象并按出生队列对遗传率做了一张图：J. D. Boardman, C. L. Blalock, and F. C. Pampel, "Trends in the genetic influences on smoking," *Journal of Health and Social Behavior* 51, No. 1 (2010): 108–123。

9. 想想在美国出生的移民家庭子女，当父母来自贫穷国家时，他们往往长得比年长的家庭成员要高。最明显的例子可以参考埃塞俄比亚犹太人的情况。他们从极端低卡路里的环境中被空运到遍布牛奶和蜂蜜的土地上（以色列）。在 1984 年摩西行动（Operation Moses）中从亚的斯亚贝巴（Addis Ababa）撤离时，那些在迁移期间还处于子宫内的人比那些已经出生的人高得多。V. Lavy, A. Schlosser, and9 A. Shany, "Out of Africa: Human capital consequences of in utero conditions" (working paper w21894, National Bureau of Economic Research, Cambridge, MA, 2016).

10. 对于像身高或 BMI 这类加性遗传的性状，如果我们依据出生队列对其进行划分，也能观察到相同的模式。尽管遗传力增加了，但我们并没有发现两段出生队列之间存在统计学上的显著差异。D. Conley, T. Laidley, D. W. Belsky, J. M. Fletcher, J. D. Boardman, and B. W. Domingue, "Assortative mating and differential fertility by phenotype and genotype across the 20th century," *Proceedings of the National Academy of Sciences* (2016): 201523592.

11. D. Conley, T. M. Laidley, J. D. Boardman, and B. W. Domingue, 2016. Changing Polygenic Penetrance on Phenotypes in the 20th Century Among

Adults in the US Population. *Scientific Reports*, 6。这项工作的一个潜在问题是死亡率偏差（mortality bias）。由于健康与养老研究（HRS）中的受访者必须存活到 2000 年后才能得到基因型信息样本，因此在我们的分析中，早期出生队列的个体寿命高于平均水平。如果教育基因型分值低（通过多基因分数测量）但同时教育水平高（或相反）的个体较早死亡，我们可能在老年人群中观察到基因型和教育水平之间更强的相关性，而这一现象就是由于不同群体的死亡率不同导致的。然而这种情况是极不可能的，因为大量的研究文献表明教育水平与寿命呈正相关［A. Lleras-Muney, "The relationship between education and adult mortality in the United States," *Review of Economic Studies* 72, No. 1（2005）: 189–221］。如果多基因分数对寿命具有类似的积极影响（独立于教育水平），那么具有低教育程度和低多基因分数的人将面临最高的死亡率。在这种情况下，选择性偏差将有助于减弱多基因分数和教育水平之间的关系。由于这种选择性偏差对较老的出生队列作用更大，这将导致我们低估遗传因素重要性下降的程度。用于生成多基因分数的方法也可能影响我们的判断结果。

　　平均而言，组成发现样本（discovery sample）（用于估计进行多基因分数计算的项目的权重）的出生队列的个体，比瑞典双生子注册局（Swedish Twin Registry）中登记的要更年轻些。发现样本中所有队列的平均出生年份为 1951 年，而我们的健康与养老研究中的样本平均出生年份为 1941 年。即使整体而言,遗传因素在不同时期的出生队列中重要性相似，但如果不同的遗传因素作用于不同的出生队列，那么用较年轻的出生队列构建的多基因分数在较老的出生队列中可能具有较差的预测能力。由于我们的多基因分数是从年轻的出生队列估算的，平均来说，这种偏差使它能更好地预测健康与养老中年轻群体的教育水平，因此，也不太可能驱动上述模式。

　　最后，作为再次确认，我们使用弗雷明翰心脏研究样本的第 2 代和第

3 代进行同样的数据分析，样本在测定基因型时的中值年龄为 39 岁；因此，死亡率偏差的影响应该不大。类似地，我们发现，在该样本中，出生队列和多基因分数的预测能力的相互作用没有显著变化。样本大小仅为 HRS 的 1/3，所以它也是效力不足的。

12. 全基因组复杂性状分析（GCTA heritability analysis）显示年轻和年长的出生队列之间没有变化，但也存在与身高和 BMI 分析一样的统计效力不足的问题。

13. A. R. Branigan, K. J. McCallum, and J. Freese, "Variation in the heritability of educational attainment: An international meta-analysis," *Social Forces* 92 (2013):109–140。他们对全球双生子研究的元分析证明，"对于 20 世纪后半叶出生的个体，更多的教育成就方面的方差可以用遗传变异来解释"。然而，他们是基于样本之间的差异（不同国家的样本）得出此结论，而不是基于给定人口和样本中的差异。此外，他们所观察到的方差划分中的差异可能是由于双生子自身性质在不断变化导致的（更多的双生子是由于父母首次生育年龄上升而出生的），而这也被证明会影响基于双生子的遗传力估算 [B. Devlin, M. Daniels, and K. Roeder., "The heritability of IQ," *Nature* 388, No. 6641 (1997):468–471]。

14. 为了确定教育水平的分布中教育的遗传效应在何处下降，我们建立了线性概率模型（linear probability models）并以此分析教育阶段过渡的位置 [R. D. Mare, "Social background and school continuation decisions," *Journal of the American Statistical Association* 75, No. 370（1980）: 295–305]。以下几种情况是我们所关注的，至少完成高中学业（≥ 12 年的教育）、至少上过大学（> 12 年的教育），完成大学学业或更多（≥ 16 年的教育），以及高于大学（> 16 年的教育）。对于每个教育阶段，我们聚焦于那些已经完成前一教育阶段的个体（例如，对于那些仅仅高中毕业的人群，我们关注的是其中还上过一些大学课程的人）。当我们检验教育多基因分数在各个过渡阶段的预测作用时（例如，主效应在出生队列的各个时期基本保持恒定），我们发现，在高中毕业到大学毕业的过渡阶段，多基因分数的预测能力是提高的。然而，在大学毕业到研究生的过渡阶段进行建模时我们发现，其预测能力再次下降。然后，我们检验了多基因分数和出生年份之间的相互作用，发现多基因分数的效应是在教育分布的低端（高中毕业）下降的。事实上，在最高的教育过渡阶段，也就是从大学毕业进入研究生阶段，遗传效应在较年轻的出生队列中不断增加。我们也使用了来自同一批数据的多基因分数检验了这些模型［C. A. Rietveld, S. E. Medland, J. Derringer, J. Yang, T. Esko, N. W. Martin, H.-J. Westra, et al., "GWAS of 126,559 individuals identifies genetic variants associated with educational attainment," *Science* 340, No. 6139（2013）: 1467–1471］，并专门用于预测大学毕业情况而且获得了相同的结果［D. Conley and B. Domingue, "The Bell Curve revisited: Testing controversial hypotheses with molecular genetic data," *Sociological Science* 3（2016）, doi:10.15195/v3.a23］。

以上教育阶段的分析又为家庭背景在教育系统中的影响的辩论增添了素材。梅尔认为，由于各个教育阶段的梯度选择，在教育阶梯上迈过的阶段越多，家庭背景的影响程度应该越小。虽然教育多基因分数也可以算是祖传的财物，然而它在家庭内部也有显著的差异。实际上，这一分数能否作为基于技能的禀赋（skill-based endowment）的衡量指标也备受争议，而一般性的选择梯度也是作用于这种禀赋的。我们发现，在所有出生队列中，教育多基因分数对大学教育时影响最大而对高中毕业与研究生教育的过渡时期影响较弱——所展现的倒 U 形模式与选择梯度理论不一致。采用了这种按教育阶段分析的方法后，我们还检验了最大限度维持不平等（maximally maintained inequality，MMI）理论的遗传版本［MMI; see A. E. Raftery and M. Hout, "Maximally maintained inequality: Expansion, reform, and opportunity in Irish education, 1921–1975," *Sociology of Education*（1993）:

41–62］，MMI 理论的一个预测是，当一个给定的教育阶段（如中学）接近饱和（普遍可及，人人享有）时，阶层背景在该阶段中的影响将会更小。随着中学教育的普及，我们应该看到，在高中毕业的教育程度中，多基因分数效应随着时间的推移而下降。但是，后中学教育（post-secondary schooling）并未达到同样程度的不平等抑制（ineuality-dampening），因此，对于后中学系统（post-secondary system）的各个过渡阶段，我们认为多基因分数对年轻出生队列的影响没有下降。根据最大限度维持不平等理论，遗传背景重要性的下降出现于教育分布的下半部分（主要是高中毕业以及向高等教育过渡的阶段）。实际上，对于大学毕业向研究生教育过渡的阶段，多基因分数效应的趋势是随时间增长的。

15. 当然，美国这段时期以来的教育水平变化巨大，已经超出了通常为 10 年的"强制性"（mandatory）教育要求。随着 20 世纪下半叶高等教育的扩招，我们需要重新审视基因影响的可能性。

16. A. Okbay, J. P. Beauchamp, M. A. Fontana, J. J. Lee, T. H. Pers, C. A. Rietveld, P. Turley, et al., "Genome-wide association study identifies 74 loci associated with educational attainment," *Nature* 533, No. 7604 (2016): 539–542.

17. D. Conley and B. Domingue, "Bell Curve revisited."

18. 尽管教育水平和职业选择通常在双方开始这段关系前就已经明确了，但收入水平很大程度上与关系建立后的一些决策有关。关于选型婚配方面的文献综述，可参见 C. Schwartz, "Trends and variation in assortative mating: Causes and consequences," *Annual Review of Sociology* 39 (2013): 451–470。

19. C. R. Schwartz and R. D. Mare, "Trends in educational assortative mating from 1940 to 2003," *Demography* 42, No. 4 (2005): 621–646.

20. 也许我们可以看到人们按基因型分类比按表型分类更多，因为

"大学毕业"者众多，仅仅是一个称谓掩盖了许多可能反映在基因型相似性层面的微妙差异。换句话说，相比仅仅是简单的一纸文凭，基因型可能是个更合适的标准来指示配偶正在寻找什么（认知能力和其他能帮助学术成功的能力）。

21. J. R. Alford, P. K. Hatemi, J. R. Hibbing, N. G. Martin, and L. J. Eaves, "The politics of mate choice," *Journal of Politics* 73, No. 2 (2011): 362–379.

22. C. T. Gualtieri, "Husband-wife correlations in neurocognitive test performance," *Psychology* 4, No. 10 (2013): 771–775。

23. Ibid.

24. 研究者在不同时间点对夫妇进行了检查，并没有发现相似性有所增加，因此目前暂时可以排除婚后相似性增加的可能。然而，研究已婚个体很难从复杂的情况下找出合理的解释。理想情况是，我们能够收集到个体结婚前的相关信息。M. N. Humbad, M. B. Donnellan, W. G. Iacono, M. McGue, and S. A. Burt, "Is spousal similarity for personality a matter of convergence or selection?" *Personality and Individual Differences* 49, No. 7 (2010): 827–830; R. R. McCrae, T. A. Martin, M. Hrebícková, T. Urbánek, D. I. Boomsma, G. Willemsen, and P. T. Costa Jr., "Personality trait similarity between spouses in four cultures," *Journal of Personality* 76, No. 5 (2008): 1137–1164; D. Watson, E. C. Klohnen, A. Casillas, E. N. Simms, and J. Haig, "Match makers and deal breakers: Analyses of assortative mating in newlywed couples," *Journal of Personality* 72, No. 5 (2004): 1029–1068; G. C. Gonzaga, S. Carter, and J. G. Buckwalter, "Assortative mating, convergence, and satisfaction in married couples," Personal Relationships 17, No. 4 (2010): 634–644。

25. 在两个不同的研究中，政治学家分析了一个流行的在线约会网站上真实的用户信息。他们发现用户不愿意在个人资料中分享自己的政治信息。然而，自由主义者或保守主义者倾向于表现一些共同的非政治性特征，用户会根据这类特征来做出约会选择。因此，虽然人们不是明确基于政治意识形态来择偶，但是依据上述方式仍然可以导致选型婚配。C. A. Klofstad, R. McDermott, and P. K. Hatemi, "Do bedroom eyes wear political glasses? The role of politics in human mate attraction," *Evolution and Human Behavior* 33, No. 2 (2012): 100–108 ; "The dating preferences of liberals and conservatives," *Political Behavior* 35, No. 3 (2013): 519–538。

26. 最近，一个政治科学家团队的研究发现了一个有趣的机制，人们能够通过气味识别具有相似政治态度的潜在伴侣。研究背后的逻辑是，出于许多进化的原因，例如，抵抗疾病和识别欺诈，人们有必要具备区分群体内和群体外的人的能力，而嗅觉信息能起到一定的辅助作用。研究人员进行了一项实验，要求参与者评价匿名个体身体气味的吸引力，这些个体的政治态度属于"极左"的自由派或是"极右"的保守派。实验发现，参与者对具有类似政治倾向的人的气味评价更高。该研究的结论备受争议，政治态度上的选型婚配与嗅觉线索之间是否能建立稳固联系还需通过更多的实验来验证。这方面一个很好的例子是人闻到腐烂食物时的厌恶反应。这种身体反应有助于保护我们不吃致病甚至是致命的食物。研究人员发现，厌恶敏感性（disgust sensitivity）与保守态度高度相关，特别是在道德和性行为方面。R. McDermott, D. Tingley, and P. K. Hatemi, "Assortative mating on ideology could operate through olfactory cues," *American Journal of Political Science* 58, No. 4 (2014): 997–1005.

27. L. Eika, M. Mogstad, and B. Zafar, "Educational assortative mating and household income inequality" (working paper w20271, National Bureau of Economic Research, Cambridge, MA, 2014), http://www.newyorkfed.org/research/staff_reports/sr682. pdf.

28. R. Breen and L. Salazar, "Educational assortative mating and earnings inequality in the United States," *American Journal of Sociology* 117 (2011): 808–843.

29. 另一种理论假设是，当收入不平等程度高时，群体之间的社会距离（social distance）更大，因此个体更可能在自己的阶层中遇到约会对象。当不平等加剧，人们会更不愿意与较低阶层者婚配，以致婚姻中阶层的异质性进一步降低。R. Fernandez, N. Guner, and J. Knowles, "Love and money: A theoretical and empirical analysis of household sorting and inequality," *Quarterly Journal of Economics* 120 (2005): 273–344.

30. http://discovermagazine.com/2003/aug/featkiss#.UuiJgWQo46g.

31. J. H. Fowler, J. E. Settle, and N. A. Christakis, "Correlated genotypes in friendship networks," *Proceedings of the National Academy of Sciences* 108, No. 5 (2011): 1993–1997. 我们还将这种相关性分析拓展到了朋友间的基因型，以显示教育（更一般地，如环境）塑造了这些相关性的创建方式。社会结构让朋友之间的基因型具有了一定的相关性，即使人们并不刻意寻找与自己类似的朋友。J. D. Boardman, B. W. Domingue, and J. M. Fletcher, "How social and genetic factors predict friendship networks," *Proceedings of the National Academy of Sciences* 109, No. 43 (2012): 17377–17381.

32. 也许是因为在蛾类体内亚油酸被代谢为信息素（pheromone）。但亚油酸代谢也与整个机体功能有关，包括脂肪细胞的运作以及骨骼的形成。所以人们可能是根据身体性状来决定是否和对方成为朋友的（这是一个众所周知的现象）。

33. 当发生负向频率依赖性选择（negative frequency dependent selection）（平衡选择）时，某一基因型的进化适合度（fitness）也取决于基因型的整体分布情况。我们可以用一片野花丛的例子来理解这个概念。当所有的花都是紫色的时候，如果我发生突变开出了绿色的花，那么我就可以脱颖而出来吸引我的传粉者（假设这些传粉者不是色盲）。因此，我的绿花基因将比周围那些无聊的紫花亲戚传播得更快，进而使花丛中绿花的比例随世代增长。但是当绿色是主色时，紫色可能就是醒目的颜色，因此紫花将会像前述的绿花那样发展。以上情况将使花丛中花瓣色调的比例保持均衡，也就是遗传学家口中的负向频率依赖性选择。当然，如果我试图伪装自己以防止被捕食，那么我的基因型的适合度将取决于我周围有机体的遗传性状。例如，如果叶子和花都是绿色的，那么由于可以为彼此提供伪装，正向的协同进化便能产生。

我们研究了人类行为中上述情况的可能性，分析了在 5- 羟色胺神经系统和多巴胺奖励系统中都被充分研究的突变型。我们想知道，自己基因型的效应或者作用是否与兄弟姐妹的基因型有关。在婴儿床内，你和你的兄弟姐妹都在为得到父母的关注和投资而竞争。如果你的兄弟姐妹拥有更多"冷漠"的基因型，你可能会认为拥有"敏感、难以对付"的基因型将是你的优势。当然也可能是另外一种情形：如果你是唯一一吵吵闹闹的家伙，你估计会被呵斥或责备。但如果你和兄弟姐妹都拥有这种让人头疼的等位基因，你们将形成某种联盟，并从父母那里获得额外的资源。

我们惊讶地发现，对于多巴胺系统和 5- 羟色胺神经系统，如果在你的兄弟姐妹中，你是唯一拥有被认为是高敏感性突变型基因的人（该理论的详细讨论参见第七章），那么你患抑郁症的可能性和你的学业表现并不会受到基因型的影响（这可能反映了家庭环境的影响）。但是当你和兄弟姐妹（非同卵双生子）具有差不多的敏感性时，你们同时遭遇负面结果的风险更大。当然，如前面章节所讨论的，该研究基于相对较小样本，且用于分析的基因为候选基因，在研究结果被重复之前都只能作为参考。

34. 可能是因为身高多基因分数具有多效性，它还可以体现为其他外部性状诸如整体健壮程度等，而这些衍生的指标也是潜在配偶选型分类的依据。这是一个有趣的谜团。

35. 我们还应该注意到，父母双方大多数性状的遗传正相关性表明，基于双生子的经典方法低估了遗传力。回想第二章，ACE 模型认为同卵双生子之间的遗传相关性是异卵双生子的 2 倍；因此，前者相比后者要获得加倍的 A 成分（加性遗传成分）。加之父母双方的遗传相似性相比随机配对更高，平均而言异卵双生子之间的遗传相关性也会高于 0.5，所以在利用两者相关性的差值计算加性遗传成分时应当乘以一个大于 2 的数。当然，这种偏差来源可能被其他因素所抵消。

36. 事实上，当我们排除用多基因分数预测的教育水平，并分析残差中并非由多基因分数预测的配偶相关性时，这种现象几乎不会发生。因此，尽管从图 4.5 中两条趋势线间的距离来看，基因型分类的强度约为表型分类的 1/4，但它们实际上是两个不同的过程。

37. 教育方面的遗传分类有可能增加，但这种分析方法并不能证明这一点。要想证明，需要非常大胆的假设来说明多基因分数在教育水平或智商的整体遗传贡献中不具代表性。第二个问题可能与幸存者偏差有关。我们将研究对象限于处在第一次婚姻中的，因此那些遗传分数更相似的夫妇能比那些具有更多不同基因型的夫妇维持更长时间的婚姻（或者说，更长寿）。如果真的是这样，我们可以观察这个人群队列的差异，因为在样本的选择上存在差异。也就是说，较老的组会具有更相似的基因型，因为他们是样本中活着的并且是婚姻关系维持得足够久的。而样本中那些拥有更多差异的多基因分数的同龄人不是已经去世了就是已经离婚了。虽然我们还不能直接评估死亡假说（我们的确讨论和解释了其与上述整体基因型—表型趋势的相关性），但我们想知道，如果将二婚的以及更多次婚姻的样本包括在组中，结果是否会发生变化？结论是，将这类夫妇添加到样本中并不会改变总体趋势。

38. 现在我们已经推翻了《钟形曲线：美国社会中的智力与阶层结构》中有关婚姻的观点，我们还想知道一个相关问题的答案，即你和情人或配偶的综合遗传指标——例如，特定多基因分数的不一致性——是否能预测婚姻的质量以及你们分手或离婚的可能性。然而，可用数据暂时无法解决这个问题。在美国，主要有两个数据库存储了配偶双方的基因型信息。综上所述，健康与养老研究中的配偶样本在我们进行研究时年龄太大了（最低年龄是 50 岁），所以在研究开始前就死亡或离婚的样本并没有被观察到（虽然我们可能会见证他们的第二次或第三次婚姻）。而弗雷明翰心脏研究中的第 2 代样本中的夫妇数量根本达不到我们对其进行婚姻追踪研究的要求。最好是所有单身人士在进入约会市场时都能备案，以供我们观察他们的基因型是如何影响关系的建立的。不幸的是，目前可用的数据无法回答这一问题。对此，我们需要对人口进行基因分型，斯堪的纳维亚国家的国家登记要求很严格，但目前尚未出台相关规定。美国对这种全方位数据的收集有着严格的规范。

39. R. Lynn, *Dysgenics: Genetic Deterioration in Modern Populations* (Santa Barbara, CA: Praeger Publishers, 2011)。

40. T. J. Mathews and S. J. Ventura, "Birth and fertility rates by educational attainment: United States, *Monthly Vital Statistics Report* (National Center for Health Statistics) 45, No. 10 suppl. (1994): 97–1120.

41. R. D. Mare and V. Maralani, "The intergenerational effects of changes in women's educational attainments," *American Sociological Review* 71 (2006): 542–564.

42. F. C. Tropf, R. M. Verweij, P. J. van der Most, G. Stulp, A. Bakshi, D. A. Briley, M. Robinson, et al., "Mega-analysis of 31,396 individuals from 6 countries uncovers strong gene-environment interaction for human fertility," *bioRxiv* (2016): 049163。

43. 关于对潜在的死亡率偏差的提醒也适用于此。

第五章 种族是否有遗传基础？用全新视角看待世界上最惹人非议、最荒谬的问题

1. F. González- Andrade, D. Sánchez, J. González- Solórzano, S. Gascón, and B. Martínez-Jarreta, "Sex- specific genetic admixture of Mestizos, Amerindian Kichwas, and Afro-Ecuadorans from Ecuador," *Human Biology* 79, No. 1 (2007): 51– 77.

2. 遗传漂变指的是在随机交配的群体中基因型频率的随机改变。由于子女只继承父母的一部分遗传物质，因此某个特定基因型能否传递下去并不是确定的。

3. R. Bhopal, "The beautiful skull and Blumenbach's errors: The birth of the scientific con-cept of race," *BMJ* 335 (2007): 1308.

4. 布卢门巴赫没有用肤色作为分类的依据。相反，他认为种族间的差异主要是气候造成的。而肤色、头骨形状、身高等都是气候影响的产物。他的其他观点还包括：世界最美的人是格鲁吉亚人，而且白色是最先出现的肤色，理由是晒黑比变白容易多了。

这一分类体系也在随着时间不断变化。乔治·居维叶（Georges Cuvier）认为一共有 3 个种族——高加索人、埃塞俄比亚人和蒙古人 [J. P. Jackson and N. M. Weidman, *Race, Racism, and Science: Social Impact and Interaction* (New Brunswick, NJ: Rutgers University Press, 2005), 41–42]。卡尔·林奈（Carl Linnaeus）在他的著作中，把人种划分为白人、红皮肤美洲人、亚洲人和非洲黑人。虽然在种族的数目上有分歧，却都将白人划为高等种族。

5. 我们在这里过分简化了。一段时间内的地理划分仍是必要的。祖先的本意是追溯到原住民，但是"原住"这一概念就是和时间相关的。

6. 不可否认的是，社会学家使用的种族分类法会强化遗传学的效应，因为我们总是把自己划归到 3 个大类族群中去——非洲裔、欧洲裔、原住民。这不过是把布卢门巴赫的分类系统从五类减到三类而已，任意武断的

实质并未改变。同时这一体系忽略了拉丁裔，但他们恰恰是最混杂、最不规律的。比如，墨西哥裔的美国人有着最多的亚洲血统，而波多黎各人有着最多的非洲血统。

7. L. Wacquant, "Deadly symbiosis when ghetto and prison meet and mesh," *Punishment &Society* 3, No. 1 (2001): 95– 133.

8. 近几年，DNA 分析通过回溯他们自己祖先的方式，已经开始帮助很多非裔美国人重建种族认同。A. Nelson, *The Social Life of DNA: Race, Reparations, and Reconciliation after the Genome* (Boston, MA: Beacon, 2016)。

9. 宽扎节（Kwanzaa）是一个例外。这是一个非裔美国人的节日，出现只有 50 年时间，每年有 1%~5% 的美国黑人庆祝这一节日。M. Scott, "Kwanzaa celebrations continue, but boom is over," *Buffalo News*, December 20, 2009, http://web.archive.org/web/20091220052310/http://www.buffalonews.com/260/story/897568.html.

10. 在欧洲人和他们的后裔中，1%~3% 的基因组来自荷兰祖先，这是人种间通婚的结果。S. Sankararaman, S. Mallick, M. Dannemann, K. Prüfer, J. Kelso, S. Pääbo, N. Patterson, and D. Reich, "The genomic landscape of Neanderthal ancestry in present-day humans", *Nature* 507, No. 7492 (2014): 354–357。

11. 显然，如果我们回溯得久一点，所有人类都起源于"亚当"和"夏娃"——最早的现代人类（虽然是否有这样一个群体还没有定论）。然而，在非洲，几千年来的进化使变异不断积累，使在人类文明摇篮中的群体产生了大量的变异。而离开非洲东北部的那群人只携带了他们身上的一小部分遗传多态性，在彼时的人类中只占很小的比例。诚然，之后的 6000 年里变异在积累，但这种变异也以同样的速度在非洲大陆上积累。

12. 中性理论假定了遗传差异是如何在没有自然选择的压力下，在变异和漂变的过程中累积的。M. Kimura, *The Neutral Theory of Molecular Evolution* (Cambridge: Cambridge University Press, 1984).

13. 更精确地说，假设等位基因服从哈代—温伯格定律。这一定律代表一种理想的情况，其中基因频率是稳定不变的。构成哈—温平衡的条件有：无迁移、无自然选择、无变异、足够大的交配群体、交配行为是随机发生的。

14. 如果我们形式上画出另一种统计量——F 统计量——我们也可以看到这个规律（Q. Ashraf and O. Galor, "The 'Out of Africa' hypothesis, human genetic diversity, and comparative economic development," *American Economic Review* 103, No. 1 (2013): 1 — 46）。

15. 即使我们考虑到那些离开非洲的人实际上与非人类交配的事实——尼安德特人和丹诺夫人在现代人类出现前迁出非洲——这种区别仍然是真实的。

16. 数据表明非洲起源与否是问题的关键因素。读者可能会好奇，这些数据是怎么得到的。对遗传学上人群的聚类也不乏批评的声音。最中肯的意见是认为研究者从 HGDP（Human Genome Diversity Project，人类基因组多样性计划）和 HapMap（国际人类基因组单体型图计划）中获取的数据存在确定性的偏差。我们试图研究的是数千年前的迁移过程，但是我们却没有那一时期的基因数据。如果我们想要画出当代的全球基因分布图的话，要怎么做呢？

一个典型的做法是通过一个现今的群体去回溯。这种方法基于几个假设。一是假定了在一段时间内，居住在一个地方的人是千年前这里的居民的后裔（显然，明确知道的迁移史也被考虑在内）。二是假定这些群体形成了各自独立的交配群。虽然这一方法并不会忽略像中国这样的大国或是荷兰这样的小国都有巨大的国内差异这一事实，但是其也不会对整体上的分布造成显著差异。所以虽然这一随机对 DNA 取样的方法似乎过于理想化，但是这其实不会影响结果。

虽然有例外，但对非遗传数据的非假设分析还是证实了之前关于头骨形态和骨骼研究的结果。进一步说，这一分析通过语言变异和遗传变异的对应关系得到了验证。N. Creanza, M. Ruhlen, T. J. Pemberton, N. A. Rosenberg, M. W. Feldman, and S. Ramachandran, "A comparison of worldwide phonemic and genetic variation in human populations," *Proceedings of the National Academy of Sciences* 112, No. 5 (2015): 1265 — 1272。

17. "Zea mays," Gramene, http://ensembl.gramene.org/Zea_mays/Info/Index.

18. K. McAuliffe, "They don't make Homo sapiens like they used to," *Discover*, March 2009, http://discovermagazine.com/2009/mar/09-they-dont-make-homo- sapiens-like-they-used-to.

19. M. D. Weight and H. Harpending, "Some uses of models of quantitative genetic selection in social science," *Journal of Biosocial Science* (2016): 1– 16, doi: 10.1017/S002193201600002X.

20. J. Hawks, E. T. Wang, G. M. Cochran, H. C. Harpending, and R. K. Moyzis, "Recent accel-eration of human adaptive evolution," *Proceedings of the National Academy of Sciences* 104, No. 52 (2007): 20753– 20758.

21. 尽管足够普遍的遗传选型婚配可以产生足够强的遗传差异，但也可能导致社会分裂。See, for example, H. Harpending and G. Cochran, "Assortative mating, class, and caste," in *The Evolution of Sexuality*, ed. T. K. Shackelford and R. D. Hansen (New York: Springer, 2015), 57– 67.

22. E. Milot, F. M. Mayer, D. H. Nussey, M. Boisvert, F. Pelletier, and D. Réale, "Evidence forevolution in response to natural selection in a contemporary human population," *Proceed-ings of the National Academy of Sciences* 108, No. 41 (2011): 17040– 17045, http://www.pnas.org/content/108/41/17040.

23. 这一错误类似于将生命中的成功归因于运气或是努力和能力的差异。R. H. Frank, *Success and Luck: Good Fortune and the Myth of Meritocracy* (Princeton, NJ: Princeton University Press, 2016。

24. B. Bogin and M. I. Varela- Silva, "Leg length, body proportion, and health: A review with a note on beauty," *International Journal of Environmental Research and Public Health* 7, No. 3 (2010): 1047– 1075.

25. 这些改变甚至不能归因于选择性迁移，在这种迁移中遗传优势的群体涌向发达的地区——正如中国现在发生的事情；上海现在的收入水平和意大利相当，而某些西部地区却与非洲相似。

26. J. Kourany, "Should some knowledge be forbidden? The case of cognitive differences research," *Philosophy of Science*, 2016 (in press).

27. J. Novembre, T. Johnson, K. Bryc, Z. Kutalik, A. R. Boyko, A. Auton, A. Indap, et al., "Genes mirror geography within Europe," *Nature* 456, No. 7218 (2008): 98–101.

28. PCA 是一种理论统计运算而不是一种基于假设的分析，这一点可谓好坏参半。好处是分析过程只需综合所有的数据，研究者预设一个种族的标签。后果就是每个主成分都没有特定的生物学意义。当数据表征了遗传学变量的时候，主成分捕捉到了 DNA 中的规律性。正如前文所分析的，DNA 数据中的关键规律表征了迁移史、遗传漂变和混合，因此将主成分作为寻找祖先的标记是合理的。但是这样的标记也只是众多假设之一，这些假设支持了试图探究祖先的遗传特点和实际社会经济结论间关系的研究。

29. Novembre et al., "Genes mirror geography."

30. K. Bryc, E. Y. Durand, J. M. Macpherson, D. Reich, and J. L. Mountain, "The genetic ancestry of African Americans, Latinos, and European Americans across the United States," *American Journal of Human Genetics* 96,

No. 1 (2015): 37– 53.

31. 使用主成分定位祖先的范例。A. L. Price, N. A. Zaitlen, D. Reich, and N. Patterson, "New approaches to population stratification in genome-wide association studies," *Nature Reviews Genetics* 11, no. 7 (2010): 459–463; G. McVean, "A genealogical interpretation of principal components analysis," *PLoS Genetics* 5, No. 10 (2009): e1000686。

32. S. Baharian, M. Barakatt, C. R. Gignoux, S. Shringarpure, J. Errington, W. J. Blot, C. D. Bustamante, et al., "The Great Migration and African-American genomic diversity," PLoSGenetics 12, No. 5 (2016): e1006059.

33. 毕竟这是他们的目的：通过部落来分类，而家庭就是最小的部落。

34. 由于重组和分离的随机性。

35. 在弗雷明翰心脏研究和明尼苏达双生子家庭研究中，两个实验的样本都是高度同源的白人兄弟姐妹。这些实验中观测到的差异并不是所谓的种族差异，而更像是民族差异。或者说更接近种族内部的各民族的差异，例如，一个人的 DNA 中德国和意大利的成分相比如何。

36. 直观上看，这种研究方法直截了当，但是很多细节问题尚未解决。

第一，这一方法是基于这样一个事实：在每个基因上，后代随机获得亲本的一个等位基因。兄弟姐妹间呈现差异的位置因此也是随机的，所以会有几百万个细小的差异供科学家去分析。值得注意的是，兄弟姐妹间存在差异的一个必要条件是亲本是杂合子（在特定基因上有两个等位基因），所以不是每一对兄弟姐妹都是"可分析"的。

第二，多基因分数是基于基因组中"危险"的等位基因的个数或者是危险性把所有的 SNP 以一种"简单粗暴"的方式累加起来。一个基于兄弟姐妹的模型会简单地提取兄弟姐妹间的多基因分数差异，去和兄弟姐妹的学业成就相比较。但是这样是不是过于简单？如果教育的多基因分数指向 1 号染色体，而兄弟姐妹两人恰恰在 1 号染色体没有差异，或者一对兄弟姐妹的差异出现在 8 号染色体，而其他的兄弟姐妹出现在 6 号染色体。表面上兄弟姐妹间差异在各个家庭间是随机的，但是人群结构却会被考虑进来，取决于兄弟姐妹间的差异在基因组的哪个地方出现。

第三，正如之前提到过的，兄弟姐妹差异模型研究打破了人群结构。也就是说，即使结论对家庭内的比较是成立的，这些结论能否推广到家庭间也仍不确定。这些家庭内的研究有可能偏离我们想要推广到更大群体的结论。事实上，正如在第三章中所说，教育的多基因分数在家庭内效应较强。

第四，主成分分析阻止了我们深入理解遗传的作用机制。比较 11 分和 10 分的多基因分数对理解遗传机制的作用很少，相比之下一个碱基 A 到碱基 T 的变异能告诉我们更多。尽管一个合理的反驳是我们或许得不到那样大的数据规模。

37. 但是兄弟姐妹分析也有它的问题，比如，从一个到另一个的溢出效应，这一效应会使一部分家族内的效应沉默；或者产生利基效应（niche formation），使一部分效应得到强化。另外，从家族不一致性中寻找结论会有相当大的误差。T. Frisell, S. Öberg, R. Kuja-Halkola, and A. Sjölander, "Sibling comparison designs: Bias from non-shared confounders and measurement error," *Epidemiology* 23, No. 5 (2012): 713–720。

38. 尽管其他不太令人相信的证据也是可能的，比如，基因和环境的相互作用有可能引起种族间不同婴儿的出生体重不一样，在更深层的研究中这样的解释会更少。Dalton Conley and Kate W.Strully. "Birth weight ,infant mortality,and race:Twin comparisons and genetic/environ-mental inputs." *Social Science Medicine* 75,no.12（2012）2446-2454.

39. 当然，也有可能是因为更健康的人能找到免于暴晒的工作，因此也更白。但是，在控制基因型这一变量后，这些其他解释的可信度显著下降。在另外一些假设中，我们可以用肤色的基因来预测兄弟姐妹间的颜色差异，以此评估环境对遗传产生的肤色的影响（这里我们假设控制肤色的

基因不会影响血压)。

40. Ann J. Morning, Department of Sociology, New York University, email.

第六章　基因国富论

1. J. d'A. Guedes, T. C. Bestor, D. Carrasco, R. Flad, E. Fosse, M. Herzfeld, C. C. Lamberg-Karlovsky,et al., "Is Poverty in our genes？" *Current Anthropology* 54, No. 1 (2013): 71–79。

2. http://data.worldbank.org/topic/poverty.

3. 人均 GDP。数据来源：世界银行。http://data.worldbank.org/indicator/ NY. GDP.PCAP.CD?order=wbapi_data_value_2013+wbapi_data_value+wbapi_ data_value-last&sort=asc.

4. 女性人均寿命。数据来源：世界银行。http://data.worldbank.org/ indicator/ SP.DYN.LE00.FE.IN?order=wbapi_data_value_2012+wbapi_data_ value+wbapi_data_value-last&sort=asc.

5. 数据来源：世界银行。http://data.worldbank.org/country/korea-republic.

6. 数据来源：世界概况，美国中情局。https://www.cia.gov/library/ publications/the-world-factbook/fields/2004.html#kn.

7. 回想一下，朝鲜在 1950 年的战争中经历重创。我们也许会问，是否是战争的破坏导致了朝鲜的欠发达。另外，一些报告显示，朝鲜的工业到 1957 年已完全恢复。朝鲜在 1910 —1945 年的抗日战争时期工业化进程非常迅速，这一点也是朝鲜的早期优势。最后 "三八线" 两侧经济发展的差异却是如此惊人。尤其是，"三八线" 本身没有任何厚此薄彼之意。R. L. Worden,ed., *North Korea:Acountry Study,5th ed* (Washington, DC: Federal Research Division,Library of Congress, 2008)。

8. 非洲河盲症（盘尾丝虫病）。第二常见的由感染而引发的失明。盘尾丝虫病感染了 1700 万 ~2500 万人。这种病的成因是感染了一种由蚋传播的肠内寄生虫。蚋通常生活在河流边，尤其是在撒哈拉沙漠以南的非洲。

9. S. Enrico and R. Wacziarg, "How deep are the roots of econmic development?" *Journal of Economic Literature* 51, No. 2 (2013): 325–369。

10. 在 Jared Diamond 提出的例子中，温带植物比热带储存更多的能量。冰川活动在热带地区外创造了很多富含营养的土壤。J. Diamond, "What makes countries rich or poor ？" Daron Acemoglu & James Robinson *Why Nations Fail:The Origins of power,Prosperity,and poverty*,http://www.nybooks. com/articles/ 2012/06/07/what-makes-countries-rich-or-poor/。

11. 当然，东西方的交流也并不是一直都是有益的。例如，在 14 世纪，黑死病杀死了欧洲近 1/3 的人口。

12. O. Galor & O. Ozak, "The agricultural origins of time preference"。2014 年剑桥国家经济研究局工作报告。

13. T. Talhelm, A. Zhang, S. Oishi, C. Shimin, D. Duan, X. Lan, and S. Kitayama, "Large-scale psychological differences within China explained by rice versus wheat agriculture," Science344, No. 6184 (2014): 603–608。

14. A. Alesina, P. Giuliano, and N. Nunn, "On the origins of gender roles: Women and the plough," Quarterly Journal of Economics 128, No. 2 (2013): 469–530。

15. 从远古而来的环境进程和因素对于成功的现代经济发展的解释是一种"命运逆转"的叙事口吻。据此，那些早期优势不但不是产生现代发展的有利因素，还是消极因素。例如，达隆·阿斯莫罗、西蒙·约翰逊和詹姆斯·罗宾逊给出了一些证据证明，让某些国家在 1500 年富裕一时的地理和环境因素，也造成了它们现代的衰落。他们的分析聚焦于早期欧洲殖民者，拥有优势地理因素的地区可能会被欧洲殖民，进而在更长的历史时期压抑原住民的发展〔"Reversal of fortune:Geography and institutions

in the making of the modern world income distribution," *Quarterly Journal of Economics* 117, no. 4（2002）：1231–1294]。虽然在 1500 年经历有利环境条件的地区可能在现在经历着不利的发展，但是那些在公元 1500 年经历有利环境的人，他们的后代仍然享受着发展上的优势，因为他们的后代更换了居住环境。

16. 这项研究使那些古老的争议重新进入人们的视野，许多争论都根植于种族主义和排外主义。正如我们在之前章节所讨论的那样，遗传学和社会科学的结合既带来了机遇，也带来了陷阱。而将种群遗传学、宏观经济学以及社会科学三者的整合则更加强了这一趋势。事实上，对于遗传学（揭示的种族和祖先起源）与国家盛衰的关系的探索必须注意到科学方法在历史学中的正确和错误应用，并从中吸取教训。过去把欧洲国家的发达与其他地区国家（通常是非洲）的欠发达归因于人种差距是不对的。我们也在第五章曾提到过，许多这样的理论被证明在科学上是站不住脚的（即便抛去他们本身存在的伦理与道德上的问题不谈）。这些理论是那个未开明的时代的思想遗骸。例如，在第二章中，我们讨论并反驳了遗传上的《钟形曲线：美国社会中的智力与阶层结构》警告。在第五章中，我们又进一步拆穿了种族遗传学的虚伪面目。过去，以遗传学和生物学来解释国家间发展差异的研究还存在着其他一些谬误。这是一些我们需要正视并抛弃的谬误。但这并不意味着，未来整合了种群遗传学和社会科学的新理论就一定是没有偏见的，或不受过去的谬误影响。

17. Q. Ashraf and O. Galor, "The 'Out of Africa' hypothesis, human genetic diversity, and comparative economic development," *American Economic Review* 103, No. 1 (2013): 1。

18. 这些计算远比它们听起来复杂得多，而且计算遗传多样性程度的方法有很多种。事实上，我们没有充足的世界范围内的人口遗传学数据来比较来自同一空间（如国家）的任意两个人的基因型。这样的数据库需要包含来自不同国家的大样本量（图 6.1 包含了 109 个国家）。所以使用一些较小的数据组（包含 53 个族群），有时一组数据甚至不足 100 人。这样我们计算得到西伯利亚雅库特族群遗传多样性（多样性分数），然后根据人口比例应用于雅库特人现在生活的国家，如俄罗斯的分析中。另一个例子是研究人员可以估计法兰西族群的遗传多样性，然后将这一数值应用于整个法国人口（除了法兰西族群以外，还有许多来自北非等世界各地的族群）。他们还将这一"法兰西"多样性程度应用于评估生活在美国的法国裔公民，以及仍然有法兰西人后代的前法国殖民地的遗传多样性。还有一种使用单一族群多样性数据组合来得到整个国家多样性程度的方法。将每一族群的地理位置和离开非洲的迁徙路径之间的关系进行比较，可以预测每一个国家的遗传多样性。

19. Ashraf and Galor，"非洲外"假说。

20. 这一理论的一个更加复杂的版本是：更高的遗传多样性会强化分工。例如，一些产品的生存需要同时拥有精细生产技能和重体力生产技能（也就是说，需要两种互补的技能）。所以，拥有这两种类型人群的群体就可以生产这一产品，而只有这两种类型人群中的一种的群体，就无法生产这一产品了。

21. E. Spolaore and R. Wacziarg, "Ancestry, language and culture," in the Palgrave Handbook of Economics and Language, ed. V. Ginsburgh and S. Weber (London: Palgrave Macmillan,2015), 174–211。

宏观基因组学的另一分支利用遗传学来解释人群的相互作用，而非增长模式。这些研究利用遗传多样性的好处和坏处来解释国家的发展，并且提出了一个问题，即遗传相似性（遗传距离）程度是如何决定人与人之间关系模式的，例如，交易和暴力行为。宏观基因组学家恩里科·斯伯劳雷和罗曼·瓦茨格处于这个领域的前沿。在 "War and relatedness" (working paper 15095,National Bureau of Economic Research, Cambridge, MA, June

2009,http://www.nber.org/papers/ w15095）一文中，他们证明拥有更高人口遗传相关性的国家更容易发生内部冲突。这和其他许多关于国内和族群内冲突的理论截然相反。追溯到 20 世纪早期，威廉·萨姆纳提出了一个假说，即种族之间的差异与战争和掠夺有相关性，而文化背景相似的族群构成的社会较少卷入战争；斯伯劳雷和瓦茨格的文章中还提到了另一个假说，即地理——而不是文化——接近程度是理解冲突的关键。将地理邻近性的效应从文化效应中分离出来是一件很困难的事，因为从某种程度上来说，邻近的国家通常会拥有相同的历史和文化。即使是在控制地理邻近程度这一变量的条件下，遗传相似性也和更高程度的内部冲突紧密联系在一起，这使宏观基因组学家推翻了之前的假说。

和遗传多样性的高低权衡类似，斯伯劳雷和瓦茨格使用国家之间遗传距离描述了可能的权衡模式。从积极的方面来说，在遗传上更为相似的国家之间，相同的文化和共同理想能够帮助他们和平解决冲突。然而消极的一面是相似性和频繁的接触增加了矛盾冲突的可能性，甚至可能进一步发展为战争。作者的研究结果说明了，就战争而言，遗传相似性的坏处可能大大多于好处。因为遗传上具有更高相似度的国家之间的接触交流更为频繁，这一交往模式会导致更多的冲突，最后演变为战争。这也被称为冲突接触理论—— 一个国家会和他们所接触的国家打仗，而不是他们从未接触过的国家。

斯伯劳雷和瓦茨格在他们更新的研究中提出，国家之间的遗传距离可以作为衡量国家之间文化相似性的一个普适度量（一种概括统计量）。这结合了传统社会科学对于文化和准则的衡量以及世界范围内的基因数据，是另一个重要却有争议的进展。他们证明了国家范围内种族之间的遗传距离和其他"距离"，比如，语言、宗教和价值观（通过关于价值准则的调查得出，即具有"传统的"家庭观念，或更赞同性别平等）等具有统计学上的相关性。

22. 尽管并不是衡量发展的最直接标准，人口密度在哥伦布时代前仍常常被作为国家层面的重要研究指标。在过去，这也是由于我们在世界范围内缺乏对国家层面上生产的统计。宏观经济学声称人口密度在很大程度上反映了国家的发展水平，因为只有基建完备、物资丰富的国家才能长期支撑巨大的人口密度。

23. 确认因果关系是这一理论的重要一步。阿什拉夫与盖勒怎么能够把其他潜在的与多样性和发展有相关性的因素分离出去，而单单聚焦在遗传多样性与国家发展之间的因果关系上呢？他们提出了一个有趣的途径来梳理这一关系，并且定位到一个变量：社会科学研究中的工具变量，并将这一因素与遗传多样性而不是其他可能影响发展的进程相联系。

他们从一个成熟的种群遗传学和历史分析的发现出发。东非大裂谷的人类起源之地与一个国家在路程上的距离，预示着这个国家遗传多样性的高低。他们认为，这个距离起到了工具变量的作用，即这一变量只影响了遗传多样性而不影响其他关注的进程。他们同时在统计上对许多其他重要假说做了对照，例如，殖民模式、经纬度、新石器革命的时间等。因此，他们测量了数据库中所有的国家与非洲人类发源地之间的距离，并以此距离来预测出国家层面的遗传多样性。他们随后在统计上将遗传多样性与国家发展联系起来。如果他们的假设成立，即从非洲迁移出来的距离与国家发展差异之间的联系仅仅是由遗传多样性造成的，那么他们就能下结论找到遗传多样性与国家发展间的因果关系，除非其他人能够提供一个可以联系遗传学测量与国家发展的更有说服力的解释。

24. Alberto Alesina 和 Eliana La Ferrara 总结了用种群多样性、分裂和异质性来分析群落经济发展的文献 ["Preferences for redistribution in the land of opportunities," *Journal of Public Economics* 89, No. 5（2005）：897–931]。他们同时给出了大量的证据来阐明这一多样性的优势与劣势，包括国家层面的增长以及国家福利的范围与幅度。

还有与群多样性对经济发展影响相关的观点，即种群多样性与遗传多样性是相关的。那么对遗传多样性的测量就发挥作用了。

25. E. Spolaore and R. Wacziarg, "War and relatedness," *Review of Economics and Statistics*, 2016。

26. 乳糖酶是一种可以分解乳糖（正是这种糖让我们感觉牛奶有甜味）的酶。如果没有乳糖酶，日常进食奶类会导致乳糖不耐综合征，出现腹部痉挛、腹泻等症状。哺乳动物常常会在断奶后停止合成乳糖酶。但是人类却在成年后独特地保持着乳糖酶的合成。这一进化在过去的1万年间形成。人类编码乳糖酶的基因 LCT 携带了两种单碱基突变。J. T. Troelsen, "Adult-type hypolactasia and regulation of lactase expression," *Biochimica et Biophysica Acta* 1723, No. 1–3(2005): 19–32。

27. C. J. Cook，"The role of lactase persistence in precolonial development," *Journal of EconomicGrowth* 19, No. 4 (2014): 369–406。

28. 在第四章我们讨论了父母的免疫系统遗传属性具有差别的优势。

29. 类似地，设想一下你的计算机是怎么抵御病毒的。计算机病毒不断地寻找标准计算机防病毒软件的漏洞，而消费者则不断地升级更新他们的防病毒软件。一个所有人的病毒防御软件都一样的群体（如一个办公室）相比于一个有着各种不同病毒防御软件的群体来说，也许更容易被计算机病毒击垮。

30. C.J.Cook，"The natural selection of infectious disease resistance and its effect on contemporary health," *Review of Economics and Statistics* 97, No. 4 (2015): 742–757。

第七章 环境的反击：个体化策略的机遇与挑战

1. 结合附录4中关于表观遗传学的讨论，虽然用于表观遗传研究的标记物不会改变碱基序列，但是它们能够使基因丧失翻译功能。由于这些标记物会受到环境条件的影响，因此在考虑将环境视为研究障碍，并且仅关注遗传变异所产生的普遍性影响时，我们应当三思而后行。

2. 虽然现如今在科学探究的过程中，人们已经普遍把先天因素和后天因素视为同等重要，但是情况并不总是如此，特别是在基础科学方面。在遗传实验方法分析的发展历程中，环境因素的影响长期遭到低估。遗传性评估指出，人类几乎所有的行为表现会产生变化主要是由遗传变异引起的，一定程度上让人不再去考虑环境因素的影响，这种情况持续了一个世纪（见第二章）。在理解遗传因素对于某些重大结果的影响时，环境因素一直被视为一个令人头疼的障碍。

当我们去揭示生物学和遗传学中的普遍性真理时，我们有理由去忽视环境因素潜在的重要性，这样做能使我们更专注于我们所认为最重要的事情上，也使我们不会被复杂的外部因素分散注意力。临床科学家和研究进化的科学家一直确信，遗传因素及其影响是十分重要且恒定不变的。基因有着独特的生物学功能，它们能够编码蛋白质，并包含着人类生命以及生存的蓝图，因此探寻其工作机理是非常有必要的。科学家会采取某些方法将基因功能同环境及其潜在影响分离开来，然后他们会专注于那些不变的功能，因为它们总是在做同样的事情。

更宽泛地说，科学家通常认为基因不会受环境的影响，至少在短时间内以及某些典型的背景条件下如此。这对于构建人类行为模型来说，的确是一条合理的捷径，因为在一个人的一生中，基因是稳定不变的。虽然环境能通过改变某一代的繁殖和生存模式来建立人类的遗传图谱，但是遗传密码依旧很难被环境所影响到（除了暴露于大量的电离辐射以下，如切尔诺贝利核泄漏）。换言之，每一代中，一个人身上仅仅会产生30~100个新的突变位点，这些通常是由 DNA 复制过程中出现的错误导致的。R. Acuna- Hidalgo, T. Bo, M. P. Kwint, M. van de Vorst, M. Pinelli, J. A. Veltman, A. Hoischen, L.E.L.M. Vissers, and C. Gilissen, "Post-zygotic point mutations are an underrecognized source of de novo genomic variation," *American Journal of Human Genetics* 97,No. 1 (2015): 67-74, http://www .cell.com/ajhg/fulltext/S0002–9297(15)00194–9.

然而，在使用"深度测序"（deep sequencing）的方法来揭示人类DNA变异情况的研究中，科研人员得到了一些新的证据，引发了对于遗传给下一代新突变源头的疑惑。新突变通常产生在精子或卵细胞中，然后传递给下一代，这也是所谓的种系突变（germline mutation）。最近有人发现，突变的第二个来源是胚胎嵌合体（也就是在精子和卵细胞结合后），这意味着在某一个体中，存在两个及更多的遗传上不同的细胞群从单个受精卵发育而来。也许像在怀孕早期双生子中一方"吸收"另一方一样，这种嵌合体的出现进一步打破了我们原有的对于每个细胞中只存在一种DNA蓝图的理解。并且，它将一个个体同多种蓝图联系在一起，这就是一个真正的"DNA突变的熔炉"。不过目前的证据由于发现时间短，很难对于人类嵌合体的存在情况给出一个清楚的解释。尽管有研究发现7%的DNA突变来自嵌合体，但是此研究的样本对象只有50人。

因此，我们可以合理地认为个人的遗传图谱基本不会受到环境的影响，并且可以单方向地考虑基因对于实际结果的影响。

但是，社会科学家十分关心环境究竟如何影响基因，这种影响不是通过达尔文所说的自然选择实现的，而是通过相互作用实现的。这些类型的相互作用可能会使某基因在一些情况下产生社会优势，在另一些情况下产生劣势，并且不会影响基因自身的功能。社会环境因素就这样将生物功能转化为成果——从健康、生存到生育，最后是经济上的成功。

3. E. Turkheimer, A. Haley, M. Waldron, B. D'Onofrio, and I. I. Gottesman, "Socioeconomic status modifies heritability of IQ in young children," *Psychological Science* 14, No. 6 (2003): 623–628。

4. P. M. Blau and O. D. Duncan, *The American Occupational Structure*

(New York: Free Press, 1978).

5. 经济学家约书亚·安格瑞斯特（Joshua Angrist）曾实施了一项著名的研究，旨在探究越南战争时期服兵役所产生的影响，他发现在 20 世纪 80 年代，对于白人来说入伍会产生巨大的代价，会降低终身收入的 15%，而对于黑人来说并没有太大的工资惩罚。一个解释是，如果你面对一个晋升机会很少的劳动市场，那么花一两年时间服兵役也没什么大的改变。如果在战争开始前你只是在小饭馆打工，战后你也将会如此，服兵役并不会改变什么。然而有一点应该说明，安格瑞斯特以及其他人后来的研究发现，白人明显的工资惩罚在 2000 年已经削减了很多（甚至一开始就被高估了）。J. D. Angrist, "Lifetime earnings and the Vietnam era draft lottery: Evidence from Social Security administrative records," *American Economic Review* (1990): 313– 333; J. D. Angrist and S. H. Chen, "Schooling and the Vietnam- era Gl Bill: Evidence from the draft lottery," *American Economic Journal*: Applied Economics (2011): 96–118.

6. "The social influences on the realization of genetic potential for intellectual development," *Social Forces* 80, No. 3 (2002): 881– 910.

7. 回想当存在正遗传选型婚配的情况时，利用双生子模型进行评估会低估遗传力。

8. 如果我们知道环境的哪一部分是重要的，我们就能去观察，相比高 SES 家庭，对于低 SES 家庭来说，该项测量中会不会产生更大的变化？但是我们的确无从得知应该去测量环境的哪个方面。

9. 因为这些研究对象均为白人，并且这套多基因分数系统是专门为白人设计的，所以我们并不能直接解决种族问题。

10. 当然，我们并不是利用这套分数系统来捕捉遗传影响中最大的部分。不过，即使我们发现了与母亲教育程度有关的相互影响，我们也无法排除这不是一种基因之间相互作用的可能性。换言之，影响后代基因型的并不是母亲受教育时间的长短，而有可能是预测她受教育时间的其自身的基因型。

11. 事实上，看上去能减弱多基因分数影响的唯一变量就是母亲自身的多基因分数。从基因型的角度来说，当一个基因型利于受教育的孩子拥有一位基因型较优的母亲时，相比拥有一位普通基因型的母亲来说，他将获得更多、更优质的教育。这种对亲本基因的测量是唯一的背景变量，并且似乎对后代基因型的重要性有一定的影响。对于后代基因型和表型之间的关系来说，没有任何假定的"社会"变量会对其产生影响。后代教育方面的多基因分数不会因父母的年龄、母亲的受教育程度以及自身的性别而改变，唯一能影响它的，是母亲自身多基因分数的高低。

12. 通过多基因分数解释的这部分差异，如何同整体的遗传因素对于表型的差异联系起来，关于这一话题的讨论，请参见以下文献的附录。D. Conley, B. W. Domingue, D. Cesarini, C. Dawes, C. A. Rietveld, and J. D. Boardman, "Is the effect of parental education on offspring biased or moderated by genotype?" *Sociological Science* 2 (2015): 82– 105.

13. 问题在于，能在多基因分数系统中使用的变量，必须在我们分析所使用的 54 个数据集中，都与教育相关联。

14. J. Yang, R.J.F. Loos, J. E. Powell, S. E. Medland, E. K. Speliotes, D. I. Chasman, et al., "FTO genotype is associated with phenotypic variability of body mass index," *Nature* 490, No. 7419 (2012): 267– 272.

15. 具体详见附录 4，有关表观遗传学领域发现的讨论。

16. 利用这些关于 MAO-A 基因功能的生物学研究成果，一些抗抑郁和抗焦虑的药物，比如单胺氧化酶抑制剂（MAOIs），能减弱该基因的活性。据此，这些药物阻止了单胺神经递质的分解，从而增加其对于神经应激的约束作用。这些药物发展历史悠久，最初是用来治疗结核病的，不过研究人员发现，同时患有抑郁症和结核病的病人，其抑郁程度会减轻，这就导致了单胺理论的出现。在 20 世纪 50 年代，单胺氧化酶抑制剂被广泛使用。由于此类药物中的一部分会产生有害的副作用，从而推动了对其他类型的抗抑郁药物的发现过程。尽管在过去的 10 年，副作用较小、对饮食影响较小的新型单胺氧化酶抑制剂类药物已被发明出来，但是在 MAOIs 以及新型药物 SSRIs 中都存在着一个明显的悖论，那就是，在候选基因的研究中，低活性的基因会使人更容易患精神方面的疾病，但是这些药物均是通过抑制基因活性来达到治疗效果。这个悖论可以从三个方面来解释：一是候选基因的研究本身有问题；二是这些药物通过不同的方式来产生疗效，例如，激活脑源性神经营养因素（BDNF）；三是大脑有产生真正影响的补偿机制。

17. 相比之下，这个领域的很多研究会让成年人回忆他们的童年时光，这么做会存在一个问题，即这些回忆的叙述可能会受到某些事件持续的影响。例如，某些人如果成年以后生活不如意，那么他们更有可能在回忆童年的创伤时，加大其严重程度，而那些成功人士则往往会"忘记"那些不愉快的事情。因此个人成年后的成功与否会影响到他们对于童年创伤的回忆，那么把这两者放在一起进行数据分析也将朝着错误的方向发展。

这种类型的出版偏倚存在了很长一段时间，并且影响了很多类型的研究。另一个调查的例子是，研究人员向人们询问他们目前的就业状况，随后继续询问是否自身存在某些缺陷限制了他们去获得工作。一些未找到工作的人，倾向于"编造"自身存在某种缺陷，以此为他们的无业状态做辩护。在调查中，这些"编造"的过程都受到了"评判偏差"（justification bias）的影响。换言之，当人们试图描述自身目前的就业状态时，会刻意去回答另一些方面的问题。总的来说，失业状况会导致有关自身缺陷的报告数量增加，而成年后较差的生活状况会导致有关童年创伤的报告产生，但是如果其生活状态有所改善，这些报告也可能不会出现。

18. A. Caspi, K. Sugden, T. E. Moffitt, A. Taylor, I. W. Craig, H.

Harrington, J. McClay, et al., "Influence of life stress on depression: Moderation by a polymorphism in the 5- HTT gene," *Science* 301, No. 5631 (2003): 386–389.

19. N. Risch, R. Herrell, T. Lehner, K.- Y. Liang, L. Eaves, J. Hoh, A. Griem, M. Kovacs, J. Ott, and K. R. Merikangas, "Interaction between the serotonin transporter gene (5- HTTLPR), stressful life events, and risk of depression: A meta- analysis," *JAMA* 301, No. 23 (2009): 2462– 2471; K. Karg, M. Burmeister, K. Shedden, and S. Sen, "The serotonin transporter promoter variant (5- HTTLPR), stress, and depression meta- analysis revisited: Evidence of genetic moderation," *Archives of General Psychiatry* 68, No. 5 (2011): 444–454.

20. E. Walker, G. Downey, and A. Bergman, "The effects of parental psychopathology and maltreatment on child behavior: A test of the diathesis-stress model," *Child Development* 60, No. 1 (1989): 15– 24, http://www.jstor.org/stable/1131067.

21. 为了试图理解 "冒险型" 基因型可能因其对某些表型的有益性而存在于人群中，一种新颖的方法是对全基因组关联分析得到的数据进行逆向分析，也称作全表型关联分析（Phenome-Wide Association Studies，PheWAS）。研究人员针对某一基因型扫描上千种表型，以期发现有关这些推定存在的 "冒险型" 基因型的新型关联，M. Rastegar- Mojarad, Z. Ye, J. M. Kolesar, S. J. Hebbring, and S. M. Lin, "Opportunities for drug repositioning from phenome-wide association studies," *Nature Biotechnology* 33 (2015): 342– 345. doi:10. 1038/nbt.3183。

22. K. Donohue, L. Dorn, C. Griffith, E. Kim, A. Aguilera, C. R. Polisetty, and J. Schmitt, "The evolutionary ecology of seed germination of Arabidopsis thaliana: Variable natural selection on germination timing," *Evolution* 59, No. 4

(2005): 758– 770, http://www.ncbi.nlm .nih.gov/pubmed/15926687.

23. S. F. Levy, N. Ziv, and M. L. Siegal, "Bet hedging in yeast by heterogeneous, age-correlated expression of a stress protectant," PLoS Biology 10, No. 5 (2012): e1001325, http://journals .plos.org/plosbiology/ article?id=10.1371/journal.pbio. 1001325.

24. S. R. Jaffee and T. S. Price, "Gene– environment correlations: A review of the evidence and implications for prevention of mental illness," *Molecular Psychiatry* 12, No. 5 (2007): 432– 442。

25. M. Rutter, "Gene– environment interdependence," Developmental Science 10, No. 1 (2007): 12– 18, http://onlinelibrary.wiley.com/ doi/10.1111/j.1467–7687. 2007.00557.x/full.

26. A. Caspi, J. McClay, T. E. Moffitt, J. Mill, J. Martin, I. W. Craig, A. Taylor, and R. Poulton, "Role of genotype in the cycle of violence in maltreated children," *Science* 297, No. 5582 (2002): 851– 854; A. Caspi et al., "Influence of life stress on depression."

27. C. Jencks, "Heredity, environment, and public policy reconsidered," *American Sociological Review* (1980): 723– 736.

28. 即使是对于詹克斯所做的研究来说，你也许会疑惑，我们如何去评估某种基因型和环境之间的相互作用会导致智力迟钝这一结论呢？如果我们所关注的环境因素即饮食，事实上只是部分受到基因—相关性的影响那该怎么办呢？在这种关联性中，有能力的家庭能够选择饮食习惯，而其他家庭不行，这种能力在某种程度上与不同家庭的基因差异有关。

29. 拿学校教育来说，由于学校资源的分配过程不是随机的，而且很有可能与遗传因素有关，所以当评估学校质量和多基因风险分数两者之间的基因环境相互作用时，我们就遇到了重大困难。一种解决办法是去关注那些基于抽签、测试分数取舍点或田纳西州 STAR 小型干预实验来分配的学校环境。J. B. Cullen, B. A. Jacob, and S. Levitt, "The effect of school choice on participants: Evidence from randomized lotteries," *Econometrica* 74, No. 5 (2006): 1191– 1230; A. Abdulkadiroğlu, J. Angrist, and P. Pathak, "The elite illusion: Achievement effects at Boston and New York exam schools," Econometrica 82, No. 1 (2014): 137– 196; A. B. Krueger and D. M. Whitmore, "The effect of attending a small class in the early grades on college-test taking and middle school test results: Evidence from Project STAR," *Economic Journal* 111, No. 468 (2001): 1– 28.

30. 隐约来说，我们假设基因型不会随出生日期不同而产生系统性的变化。虽然有些研究人员发现在 1 年中，基因型的确会随出生日期而变化，但是"越战抽签征兵"这件事情被认为打破了这种联系。See C. A. Rietveld and D. Webbink, "On thegenetic bias of the quarter of birth instrument," *Economics and Human Biology* 21 (2016): 137– 146.

31. L. Schmitz and D. Conley, "The long- term consequences of Vietnam-era conscription and genotype on smoking behavior and health," *Behavior Genetics* 46, No. 1 (2016): 43– 58.

32. J. M. Fletcher, "Enhancing the gene-environment interaction framework through a quasi-experimental research design: Evidence from differential responses to September 11," Biodemography and Social Biology 60, No. 1 (2014): 1– 20, http://www.tandfonline.com/doi/abs/10.1080/19485565.2014.899454#.U2ZF-Bbo09U.

33. 在这项研究中有四组调查对象，第一组调查对象拥有"冒险型"基因型并且在"9·11"事件前接受采访；第二组调查对象拥有"冒险型"基因型并且在"9·11"事件后接受采访；第三组调查对象拥有"保守型"基因型并且在"9·11"事件前接受采访；第四组调查对象拥有"保守型"基因型并且在"9·11"事件后接受采访。我们利用双重差分模型进行分析，它能够检测出在拥有"冒险型"基因型的人和拥有"保守型"基因型的人之间，在"9·11"事件后接受采访比在"9·11"事件前接受采访，在抑郁症状方面是否有较大的差异。

34. Caspi et al., "Influence of life stress on depression."

35. 我们在研究中使用同卵双生子出生体重差异的随机性作为和5-HTT 基因起相互作用的环境冲击因素，这使我们更直觉地相信凯蒲赛效应可能是错误的。众所周知，出生体重能够反映产前营养和子宫环境的状况，并且它可以被用来预测各种未来的情况，从认知发展到身高、心脏疾病再到工资等各种结果。由于同卵双生子有相同的子宫环境、胎龄以及基因型，所以出生体重轻的一方可能被认为被随机分配了更少的卡路里，并且处于胎盘靠后的位置。这种方法已经被用来确定胎儿生长情况对以后的影响，并且排除了其他可能伴随的因素。

当我们实施这项研究并且根据有无 5-HTT 长启动子基因型来区分双生子基因型时，我们发现事实上至少有一个短小型 5-HTT 基因的双生子会对出生体重有反应。然而，我们的结果与凯蒲赛等人的发现不同，他们认为额外的营养补充会增大未来患抑郁症的风险。虽然在这种情况下环境压力因素是"随机"分配的，但是基因型不是。我们比较的是双生子基因型的影响（同卵双生子在定义上是完全一样的，因此我们在这两者之中看不到基因型的影响），那么我们如何知晓它真的是基因环境之间的相互作用而不是环境对环境的影响呢？换言之，也许我们得到的环境部分是正确的，并且由于人群分层，短小型基因代替了某些环境差异的影响。

为了解决这个问题，我们分析了异卵双生子的情况，他们有相同的子宫环境，但是基因型不同。因此我们可以比较双生子有无短小型 5-HTT 基因来观察遗传效应，不受任何环境影响，因为那些差异（如第三章所讨论的）在本质上是被随机分配的。再回到出生体重的问题上，它不是一个纯粹的环境问题，因为测量到的双生子出生体重的差异，其实是着床位置的随机性、胎盘结构和他们本身生长的遗传倾向三者共同影响的结果。因此，我们所检测的可能就是基因与基因之间的相互作用，存在于 5-HTT 基因启动子测量差异和其他子宫内未测量到的基因型差异之间。在此困境下的妥协之法是用这两种方法同时分析，即分别针对同卵和异卵双生子进行分析，并且在使用每种方法时都设定不同的假设。如果两个分析结果一致，则我们能更加确信所使用的方法能够最终发现真正的效应，尽管不是百分之百确定。这两种方法的确导致了一个不同于凯蒲赛的奇怪发现，但是大多数情况下，我们之所以提及这项研究，是为了展现在得到一个真正的基因环境之间相互作用的因果关系，所以会遇到令人难以置信的挑战。D. Conley and E. Rauscher, "Genetic interactions with prenatal social environment effects on academic and behavioral outcomes," *Journal of Health and Social Behavior* 54, No. 1 (2013): 109–127.

36. J. D. Angrist and A. B. Krueger, "Does compulsory school attendance affect schooling and earnings?" *Quarterly Journal of Economics* 106, No. 4 (1991): 979– 1014; J. M. Fletcher, "New evidence of the effects of education on health in the US: Compulsory schooling laws revisited," *Social Science Medicine* 127 (2015): 101–107.

37. 对于一项研究的可信度来说，重复实验是一个关键要素，原则上会给研究意义造成很大影响。在遗传分析中，某项研究发现能够用第二个数据集进行重复实验是极其重要的，但是在很多社会科学研究中，重复实验的重要性并不大。这种差异可能反映出在探究因果关系的过程中，环境和背景的重要性存在分歧。遗传学家可能更相信不随环境而改变的过程，如基因A编码蛋白质B,但是社会科学家对环境依赖性可能有一种总体的信念。

38. 我们自己关于"越战抽签征兵"的文章就是运用多基因分数系统而不是候选基因来研究基因环境相互作用的实例。我们认为，在不久的将来，风险分数的使用将会更加普遍，因为很多数据集已经从只能用于候选基因分析，转变为能够用于基因组遗传学评估。

39. 除了使用全基因组数据来进行多基因风险分数的测量外，通过部署主成分分析，我们同样能用这些数据来控制基因环境相关性（见第二章）。考虑到主成分分析方法摆脱了人群分层数据的影响，我们可以清楚地看到，所测量的遗传效应就是实际的效应，但是这种统计学的方法并没有解决一个问题，即人们可能是基于我们寻求了解的基因相互作用，来选择他们所处的环境。

40. J. M. Donohue, E. R. Berndt, M. Rosenthal, A. M. Epstein, and R. G. Frank, "Effects of pharmaceutical promotion on adherence to the treatment guidelines for depression," *Medical Care* 42,No. 12 (2004): 1176–1185.

41. N. Tefft, "Mental health and employment: The SAD story." *Economics and Human Biology* 10, No. 3 (2012): 242–255.

42. E. A. Muth, J. T. Haskins, J. A. Moyer, G. E. Husbands, S. T. Nielsen, and E. B. Sigg, "Antidepressant biochemical profile of the novel bicyclic compound Wy- 45,030, an ethyl cyclohexanol derivative," *Biochemical Pharmacology* 35, No. 24 (1986): 4493–4497.

43. A. Brayfield, ed., "Bupropion," *in Martindale: The Complete Drug Reference* (London, UK: Pharmaceutical Press, 2013), 107– 111; L. P. Dwoskin, *Emerging Targets and Therapeutics in the Treatment of Psychostimulant Abuse* (Amsterdam: Elsevier Science, 2014), 177–216.

44. F. Chen, M. B. Larsen, C. Sánchez, and O. Wiborg, "The (S)-enantiomer of (R,S)- citalopram, increases inhibitor binding to the human serotonin transporter by an allosteric mechanism. Comparison with other serotonin transporter inhibitors," *European Neuropsychopharmacology* 15, No. 2 (2005): 193–198.

45. S. P. Hamilton, "The promise of psychiatric pharmacogenomics,"

Biological Psychiatry 77, No. 1 (2015): 29–35.

46. W. E. Evans and M. V. Relling, "Moving towards individualized medicine with pharmacogenomics," *Nature* 429, No. 6990 (2004): 464–468.

47. 在处理烟草使用的问题上还有很多方法。一种常用的替代品是伐尼克兰（varenicline），它是一种烟碱型受体部分激动剂，能够激活尼古丁受体（烟碱乙酰胆碱受体），但是强度不如尼古丁。通过刺激这种受体，它使尼古丁（类似丁丙诺啡对海洛因成瘾者）的愉悦效果缩短，并试图减少这种欲望。特定基因的靶向治疗，对于拥有这些特定基因的人来说，将会更有效。另一种戒烟的方法是采取所谓的尼古丁替代疗法（NRT），例如，尼古丁贴片或口香糖。与切断大脑对于尼古丁的反应通路不同，NRT会给予大脑可控剂量的尼古丁，能减少戒断症状的出现，同时降低欲望程度。

48. World Health Organization, WHO Report on the Global Tobacco Epidemic 2008: *The MPOWER Package* (Geneva, Switzerland: WHO, 2008).

49. 我们也简要介绍了有关营养学最新的研究领域，这些领域开创的疗法能根据个体基因型的不同采取不同的方案，以实现疗效的最大化。个体能直接处于最佳的"饮食环境"中，这一环境符合他们的遗传倾向，有利于其代谢脂肪和碳水化合物等。

50. J. M. Fletcher, "Why have tobacco control policies stalled? Using genetic moderation to examine policy impacts," *PloS One* 7, No. 12 (2012): e50576.

51. S. E. Black, P. J. Devereux, and K. Salvanes, "From the cradle to the labor market? The effect of birth weight on adult outcomes" (working paper w11796, National Bureau of Economic Research, Cambridge, MA, 2005).

52. See D. Conley and N. G. Bennett, "Is biology destiny? Birth weight and life chances," *American Sociological Review* 65, No. 3 (2000): 458–467.

53. A. Iliadou, S. Cnattingius, and P. Lichtenstein, "Low birthweight and Type 2 diabetes: A study on 11 162 Swedish twins," *International Journal of Epidemiology* 33, No.5(2004): 948–953, http://ije.oxfordjournals.org/content/33/5/948.short; J. Strohmaier, J. van Dongen, G. Willemsen, D. R. Nyholt, G. Zhu, V. Codd, B. Novakovic, et al., "Low birth weight in MZ twins discordant for birth weight is associated with shorter telomere length and lower IQ, but not anxiety/depression in later life," *Twin Research and Human Genetics* 18, No. 02 (2015): 198– 209, http://journals. cambridge.org/action/displayAbstract?fromPage=online&aid=9657965&fileId=S1832427415000031。

54. C. J. Cook and J. M. Fletcher, "Understanding heterogeneity in the effects of birth weight on adult cognition and wages," *Journal of Health Economics* 41 (2015): 107– 116.

55. 虽然很难去整体评估一系列的干预措施，因为它们并不是随机对婴儿实施的，但是经济学家已经采用了一种称作回归间断点设计的技术去尝试得到一个评估。他们在普通医院进行了实测，将出生体重5.4磅记为低出生体重，5.6磅记为正常体重。因此，在出生体重差异很小的情况下，婴儿所接受的干预措施可能会有巨大差异，并且我们可以询问这些措施是否有利。有几位经济学家使用5.5磅作为低出生体重的临界值，他们发现，这些措施相对来说并不合理，因为受干预婴儿的结果与出生体重略高于5.5磅，因而不太可能获得额外服务和干预的婴儿并没有大的区别。D. Almond, J. J. Doyle Jr., A. E. Kowalski, and H. Williams, "Estimating marginal returns to medical care: Evidence from at- risk newborns" (working paper w14522, National Bureau of Economic Research, Cambridge, MA, 2008). For follow- up discussion, see A. I. Barreca, M. Guldi, J. M. Lindo, and G. R. Waddell, "Saving babies? Revisiting the effect of very low birth weight classification," *Quarterly Journal of Economics* 126, No. 4 (2011): 2117– 2123.

56. O. Thompson, "Economic background and educational attainment: The role of gene- environment interactions," *Journal of Human Resources* 49, No. 2 (2014): 263– 294.

57. R. Haveman and B. Wolfe, "The determinants of children's attainments: A review of methods and findings," *Journal of Economic Literature* 33, no. 4 (1995): 1829– 1878.

58. D. Lee, J. Brooks- Gunn, S. S. McLanahan, D. Notterman, and I. Garfinkel, "The Great Recession, genetic sensitivity, and maternal harsh parenting," *Proceedings of the National Academy of Sciences* 110, No. 34 (2013): 13780– 13784, http://www. pnas.org/content/110/34 /13780.short.

59.《经济适用法案》（ACA，即奥巴马医改）明确禁止利用成本效益分析来推动有关程序和治疗方法的决定，但是很多经济学家认为，这一禁止令等同于向制药和医疗器械公司开了空头支票，即使效益低下，他们仍然会继续开发昂贵的新疗法。ACA 的未来修订可能会转向 NICE 风格，以便控制成本。

结论 走向"基因统治"？

1. 或者"你很可能不喜欢吃芦笋"。

2. 此外，他们犯了一个常见的统计学错误：没有同时报告可能概率（而非发生概率）。比如，你得中风的概率是（100% 之中的）1.2%，而不是 1%——那么发生概率上升了 20%，但这看起来就没那么疯狂。N. Eriksson, J. M. Macpherson, J. Y. Tung, L. S. Hon, B. Naughton, S. Saxonov, L. Avey, et al., "Web-based, participant-driven studies yield novel genetic associations for common traits," *PLoS Genetics* 6, no. 6 (2010): e1000993.

3. 2013 年 11 月 22 日，FDA 发表了这项针对 23andme 个人基因组服务 "23andme, Inc.," 的裁决，Inspections, Compliance, Enforcement, and

Criminal Investigations, U.S. Food and Drug Administration, Silver Spring, MD, http://www.fda.gov/iceci/enforcementactions/warningletters/2013/ ucm376296.htm。

4. "FDA permits marketing of first direct-to-consumer genetic carrier test for Bloom syndrome," FDA News Release, U.S. Food and Drug Administration, Silver Spring, MD, February 23, 2015, http://www.fda.gov/NewsEvents/ Newsroom/PressAnnouncements/ucm 435003.htm.

5. 候选基因评估包括 APOE 或 BRCA1/2 状态，它们可能有用，部分原因是遗传学家已经对这些基因大大增加痴呆或阿尔茨海默病和乳腺癌风险的原因有一些理解。

6. 比如，美国国家青少年健康纵向研究（Add Health）数据显示，6 月出生的被调查者到 30 岁时接受的教育比 1 月出生的人少 2 个月。

7.http://www.babycenter.com.au/a1487/screening-for-down-syndrome.

8.《千钧一发》（*Gattaca*）是 1997 年伊森·霍克 (Ethan Hawke) 和乌玛·瑟曼 (Uma Thurman) 主演的一部科幻电影，讲述遗传学引发了社会工程学和"唯基因主义"的反乌托邦故事。

9. 也许随着时间推移我们会发现，这种胚胎选择不会有太多影响，因为社会会整合信息，而父母和机构也会做出补偿性的调整。如果情况如此，这种对时间与金钱的潜在浪费的一个有趣结果是，它可能反而会降低不平等水平，因为富人会一直浪费时间和金钱，而穷人则不会（但许多穷人也许会因落后而觉得压力很大）。

10. 该理论认为，至少对于男同性恋来说，其基因型之所以能在人群中保留，是因为男同性恋者的姐妹生育力高于平均水平，说明其在性方面的拮抗多效性。R. C. Pillard and J. Michael Bailey, "Human sexual orientation has a heritable component," *Human Biology* (1998): 347–365.

11.E. Telles, *Race in Another America: The Significance of Skin Color in*

Brazil(Princeton, NJ: Princeton University Press, 2006)。关于白人，见 A. R. BraniganJ. Freese, A. Patir, T. W. McDade, K. Liu, and C. I. Kiefe, "Skin color, sex, and educational attainment in the post-civil rights era," *Social Science Research* 42, no. 6 (2013): 1659–1674。

12.E. Oster, I. Shoulson, and E. Dorsey, "Limited life expectancy, human capital and health investments: Evidence from Huntington disease" (working paper w17931, National Bureau of Economic Research, Cambridge, MA, 2012), http://www.nber.org/papers/w17931.

13. "Scientists to sequence genomes of hundreds of newborns," *Nature newsblog*, November23, 2015, http://blogs.nature.com/news/2013/09/scientists-to-sequence-hundreds-of-new borns-genomes.html.

14.C. Humphries, "Dating sites try adaptive matchmaking," *Technology Review* (2010), http://www.technologyreview.com/news/422216/dating-sites-try-adaptive-matchmaking/.

15.J. Streib, "Explanations of how love crosses class lines: Cultural complements and the case of cross-class marriages," *Sociological Forum* vol. 30, no. 1 (2015): 18–39.

16. 如果所有捐精者都需要符合严格的条件,全国可能只能剩下5个人了：http://www.telegraph.co.uk/news/health/news/11706863/UKs-national-sperm-bank-recruits-just-five-donors.html。

关于生殖细胞市场的完整讨论，R. Almeling, *Sex Cells: The Medical Market for Eggs and Sperm* (Berkeley: University of California Press, 2011)。

17. 不同配对平台上人们的选择有所不同：eHarmony 上长期关系配对较多，而 Tinder 上则是短期配对较多。

18.B. W. Domingue, J. Fletcher, D. Conley, and J. D. Boardman, "Genetic and educational assortative mating among US adults," *Proceedings of the*

National Academy of Sciences 111, no. 22 (2014): 7996–8000.

19.J. Price and K. Simon, "Patient education and the impact of new medical research," *Journal of Health Economics* 28, no. 6 (2009): 1166–1174.

20. 这被称为健康不平等的根本性原因假设。B. B. Link and J. Phelan, "Social conditions as fundamental causes of disease," *Journal of Health and Social Behavior* (1995): 80–94。

21. 见 L. Schmitz and D. Conley, "The long-term consequences of Vietnam-era conscription and genotype on smoking behavior and health," *Behavior Genetics* 46, no. 1 (2016): 43–58。

22.J. R. Behrman, R. A. Pollak, and P. Taubman, *From Parent to Child: Intrahousehold Allocations and Intergenerational Relations in the United States* (Chicago: University of Chicago Press, 1995). Also see S. Marcus, "College education and the midcentury GI Bills," *Quarterly Journal of Economics* 118, no. 2 (2003): 671–708; and M. Page, "Father's education and children's human capital: Evidence from the World War II GI Bill" (working paper 06, 33, Department of Economics, University of California, Davis, 2006).

23.L. L. Schmitz and D. Conley, "The impact of late-career job loss and genotype on body mass index" (working paper w22348, National Bureau of Economic Research, Cambridge, MA, 2016).

24. 然而，研究人群往往都是欧洲裔，这引发了一系列问题。我们应该如何把从白种人身上得出的多基因评分用在非白人种群中呢？用这些得分对非白人种群做出的预测效果较差。这些分数不是用来自非白人环境（如非洲）的人群算出的，所以还不清楚它和这些环境如何相互作用。类似的问题在药物开发研究中已经出现了，数十年来只有男性被用于临床试验。这些药物对女性是否同样起作用则是未知的（包括用量）。最近，FDA、NIH 等机构已经要求医药技术要在男性和女性中都进行测试。对于跨种族和民族团体的遗传学分析还没有这样的要求。

25.J. Yang, R.J.F. Loos, J. E. Powell, S. E. Medland, E. K. Speliotes, D. I. Chasman, L. M. Rose, et al., "FTO genotype is associated with phenotypic variability of body mass index," *Nature* 490, no. 7419 (2012): 267–272.

每个多态性位点的结果在网上都可以自由获取，所以任何（通过23andme 或其他途径）给自己的 DNA 密码测过序的人都能计算出可塑性评分。我们自己已经用系谱数据（允许预测家庭内的可塑性）做过同样的事。D. Conley, B. Domingue, and M. Siegal, "Modeling the genetic architecture of phenotypic plasticity using sibling data" (working paper, Center for Genomics and Systems Biology, New York University, 2015).

26.L. Sweeney, A. Abu, and J. Winn, "Identifying participants in the Personal Genome Project by name" (white paper 1021–1, Harvard University, Data Privacy Lab, Cambridge, MA, April 24, 2013), http://www.forbes. com/sites/adamtanner/2013/04/25/harvard-professor-re-identifies-anonymous-volunteers-in-dna-study/#c39212d3e39f.

27.D. Lazer, *DNA and the Criminal Justice System*: The Technology of Justice (Cambridge, MA: MIT Press, 2004).

28.M. Jinek, K. Chylinski, I. Fonfara, M. Hauer, J. A. Doudna, and E. Charpentier, "A programmable dual-RNA-guided DNA endonuclease in adaptive bacterial immunity," *Science* 337, no. 6096 (2012): 816–821; D. Baltimore, P. Berg, M. Botchan, D. Carroll, R. A. Charo,G. Church, J. E. Corn, et al., "Biotechnology. A prudent path forward for genomic engineering and germline gene modification," Science 348, no. 6230 (2015): 36–38.

29.E. Lanphier, F. Urnov, S. E. Haecker, M. Werner, and J. Smolenski, "Don't edit the human germ line," Nature 519, no. 7544(2015): 410–411.

30. P. Liang, Y. Xu, X. Zhang, C. Ding, R. Huang, Z. Zhang, J. Lv, et al., "CRISPR/Cas9- mediated gene editing in human tripronuclear zygotes," *Protein Cell* 6, no. 5 (2015): 363–372.

31. 尽管每一代的初始突变也存在同样的问题，但突变很罕见，而且一般是有害的。我们的讨论假定，未来人们能够大规模地编辑基因组，以增加其适应度。

32. R. A. Sturm, D. L. Duffy, Z. Z. Zhao, F. P. N. Leite, M. S. Stark, N. K. Hayward, N. G. Martin, and G. W. Montgomery, "A single SNP in an evolutionary conserved region within intron 86 of the HERC2 gene determines human blue-brown eye color," *American Journal of Human Genetics* 82, no. 2 (2008): 424–431.

33. 一个相关的问题是，我们对可用于编辑的各个基因的效果了解有限。如果变异 X 对我们有害，为何人类还要拥有它呢？我们经常对这个问题缺少答案。一个回答是，这个基因变异和其他基因同时起作用（这个机制称为上位性）以产生表型。如果我们编辑该变异来减少患一种特定疾病的可能性，对另一个表型的下游效应也许是毁灭性的。如果这些下游效应多年都没有显现，那么基因编辑可能成为真正灾难性的，而且很难（或不可能）纠正。

34. J.-J. Rousseau, *On the Origin of Inequality*, reprint ed. (New York: Cosimo, 2005), 22.

35. 卢梭认为，私人财产的出现是人类所有罪恶的罪魁祸首，而不少其他启蒙思想家则对不平等持更积极的态度。苏格兰哲学家安德鲁·弗格森（Andrew Ferguson）和约翰·米勒（John Millar）认为，私人财产和不平等对社会进步有益，因为它们让人有了想争取的东西。然而，令人好奇的是，对于已经被（重）写进生活之书的不平等，他们可能作何感想？例如，A. Ferguson, *An Essay on the History of Civil Society*, ed. F. Oz-Saltberger

(Cambridge: Cambridge University Press, 1995)；J. Millar, *Observations Concerning the Distinction of Ranks in Society*, rev. 2nd ed. (London: 1773)。

后记　遗传统治的崛起——2117

1. 本后记改编自康利（Conley）的文章，文章来源如下：
"What if Tinder showed your IQ? A report from a future where genetic engineering has sabotaged society," Nautilus Magazine, September 24, 2015, http://nautil.us/issue/28/2050/what-if-tinder-showed-your-IQ。

2. 代孕这种职业当时已经消失。这是因为来自子宫的外源性影响（DNA甲基化以及组氨酸乙酰化）显得越来越重要，如果选择代孕的话风险会增加。

3. S. Cohn, C. Cohn, and A. Jensen, "Myopia and intelligence: A pleiotropic relationship?" Human Genetics 80, No. 1 (1988): 53–58, http://link.springer.com/article/10.1007/BF00451456.

4. E. M. Miller, "On the correlation of myopia and intelligence," *Genetic, Social, and General Psychology Monographs* 118, No. 4 (1992): 361–383, http://psycnet.apa.org/psycinfo/1993–22443–001.

5. J. A. Driver, A. Beiser, R. Au, B. E. Kreger, G. L. Splansky, T. Kurth, D. P. Kiel, et al., "Inverse association between cancer and Alzheimer's disease: results from the Framingham Heart Study," BMJ 344 (2012): e1442, http://www.bmj.com/content/bmj/344/bmj.e1442.full.pdf.

6. C.M.A. Haworth, M. J. Wright, M. Luciano, N. G. Martin, E. J. de Geus, C. E. van Beijsterveldt, M. Bartels, et al., "The heritability of general cognitive ability increases linearly from childhood to young adulthood," *Molecular Psychiatry* 15, No. 11 (2010): 1112–1120.

7. C. A. Rietveld, S. E. Medland, J. Derringer, J. Yang, T. Esko, N. W. Martin, H.-J. Westra, et al., "GWAS of 126,559 individuals identifies genetic

variants associated with educational attainment," *Science* 340, No. 6139 (2013): 1467–1471.

附录 2　降低遗传力估算值的另一种尝试：采用全基因组复杂性状分析与主成分分析方法

1. GCTA 是一个用于遗传分析的软件包。J. Yang, S. H. Lee, M. E. Goddard, and P. M. Visscher, "GCTA: A tool for Genome- wide complex trait analysis," *American Journal of Human Genetics* 88, No. 1 (2011): 76– 82. GREML。同时，GCTA 还是全基因组复杂性状分析（genomic- relatedness- matrix restricted maximum likelihood estimation）的简称。

2. 我们说 1/4 左右是因为这一数字有可能会上下波动，波动和婚姻的阶层化相关。同时，作为择偶的一个依据，对对方教育状况的选择会影响这一数字。

3. S. M. Purcell, N. R. Wray, J. L. Stone, P. M. Visscher, M. C. O'Donovan, P. F. Sullivan, P. Sklar, et al., "Common polygenic variation contributes to risk of schizophrenia and bipolar disorder," *Nature* 460, No. 7256 (2009): 748– 752.

4. 近期，库玛 等发表了一项对 GCTA 更不利的研究。作者发现现在的 GCTA 只使用全部遗传变异中的一小部分来进行观测，而这极大地降低了方法的可信度。在大多数社会科学和生物学研究中，测量的不完整性不会对结果造成灾难性的影响。比如，我们往往用 SAT 考试成绩来代替智商测试的成绩，以评估学校教育模式的优劣，或者我们会用家庭 5 年来的收入直接作为家庭经济水平。在这些情况下，量化的依据并不是完美的，但是确实可以反映出待测指标的真实结构。但是 GCTA 分析需要完整的基因组测量。针对一个特定的性状，如身高，不同的基因型可能有上千种。而大多数 SNP 芯片只能覆盖基因组的一小块区域。作者发现这种不完整性可能会引起 GCTA 结果的巨大波动。或许当全基因组测序成为业界标准的时候，GCTA 的这一问题会被避免。S. K. Kumar, M. W. Feldman, D. H. Rehkopf, and S. Tuljapurkar, "Limitations of GCTA as a solution to the missing heritability problem," *Proceedings of the National Academy of Sciences* 113, No. 1 (2016): E61– E70.

附录 3　一种尚未实践的思路：主成分分析与家庭样本结合

1. 设想一下，你母亲在某个区域的基因型为 AG-CT，也就是说，在这条给定的常染色体上，你的母亲属于杂合子。你可能从母亲那里得到 A 与 C，但你弟弟得到的却可能是 G 与 T，姐姐得到的则是 A 与 T。先不考虑父方影响，在这两个位点上你与弟弟相似度是 0，你与姐姐相似度则是 50%。对基因组来自父母双方的每一条染色体都做同样的处理，我们就能够算出每一对兄弟姐妹间的相关程度，学术上称为 IBS（Identity By State）。

附录 4　表观遗传学及其在遗传力缺失中的潜在作用

1. 除此之外还有增强子。增强子可能位于距离基因几千碱基对远的地方，参与触发 DNA 的转录。编码区末端的 3'UTR 在涉及与 micro-RNAs 的相互作用的基因表达调控中也扮演着重要的角色。

2. 参见图 "Chromosome 3 pairs"，Genetic Science Learning Center, Univ. of Utah, http://learn.genetics.utah.edu/content/epigenetics/twins/。

3. X. Wang, D. C. Miller, R. Harman, D. F. Antczak, and A. G. Clark., "Paternally expressed genes predominate in the placenta," *Proceedings of the National Academy of Sciences* 110, No. 26 (2013): 10705–10710.

4. H. A. Lawson, J. M. Cheverud, and J. B. Wolf, "Genomic imprinting and parent-of-origin effects on complex traits," *Nature Reviews Genetics* 14, No. 9 (2013): 609–617。

5. E. B. Keverne, "Genomic imprinting in the brain," *Current Opinion in*

Neurobiology 7, No. 4 (1997): 463–468.

6. F. Ankel-Simons and J. M. Cummins, "Misconceptions about mitochondria and mammalian fertilization: Implications for theories on human evolution," *Proceedings of the National Academy of Sciences* 93, No. 24 (1996): 13859–13863.

7. J. Molinier, G. Ries, C. Zipfel, and B. Hohn, "Transgeneration memory of stress in plants," *Nature* 442, No. 7106 (2006): 1046–1049。

8. M. E. Pembrey, L. O. Bygren, G. Kaati, S. Edvinsson, K. Northstone, M. Sjöström, and J. Golding, "Sex-specific, male-line transgenerational responses in humans," *European Journal of Human Genetics* 14, no. 2 (2006): 159–166; G. Kaati, L. O. Bygren, M. Pembrey, and M. Sjöström, "Transgenerational response to nutrition, early life circumstances and longevity," *European Journal of Human Genetics* 15, No. 7 (2007): 784–790; M. E. Pembrey, "Male-line transgenerational responses in humans," *Human Fertility* 13, No. 4 (2010): 268–271.

9. F. Torche, and K. Kleinhaus, "Prenatal stress, gestational age and second- ary sex ratio: The sex-specific effects of exposure to a natural disaster in early pregnancy," *Human Reproduction* 27, No. 2 (2012): 558–567; R. Catalano, T. Bruckner, T. Hartig, M. Ong., "Population stress and the Swedish sex ratio," *Paediatric and Perinatal Epidemiology* 19, No. 6 (2005): 413–420; R. Catalano, T. Bruckner, J. Gould, B. Eskenazi, and E. Anderson, "Sex ratios in California following the terrorist attacks of September 11, 2001," *Human Reproduction* 20, No. 5 (2005): 1221–1227; M. Fukuda, K. Fukuda, T. Shimizu, 以及 H. Møller, "Decline in sex ratio at birth after Kobe earthquake," *Human Reproduction* 13, No. 8 (1998): 2321–2322。

附录 5　环境因素对种族间不平等的影响

1. 当然，黑人群体不再是美国人口最多的少数群体，取而代之的是拉丁裔群体。2014 年拉丁裔占到了美国人口的 17%（https://www.census.gov/newsroom/ facts-for-features/2015/cb15-ff18.html）。但是由于拉丁裔是一个众多且互相差异巨大的群体的统称，他们的经济状况也各不相同，所以黑人与白人仍然形成了最鲜明的对照。

2. 黑人非婚生子女的概率是白人的 2 倍。2010 年白人和黑人妇女的非婚生育率分别为 32.9% 和 65.3%［Y. Kim and R. K. Raley, "Race-ethnic differences in the non- marital fertility rates in 2006– 2010," *Population Research and Policy Review* 34, No. 1（2015）: 141– 159］。在西班牙裔中，这一比率达到 80.6%［J. A. Martin, B. E. Hamilton, S. J. Ventura, M.J.K. Osterman, E. C. Wilson, and T. J. Matthews, "Births: Final data for2010," in National Vital Statistics Reports 61, no. 1（2012），http://www.cdc.gov/nchs/data/nvsr/nvsr61/nvsr61_01.pdf］。这一差异部分来源于监禁率的巨大差异，而监禁会将男性从交配人群中去除。白人的截面监禁率是 446 人 / 百万人（任意时刻被司法系统收监的人群）。对黑人来说，则是惊人的 2805 人 / 百万人。也就是说，在任何时候，被联邦和政府监禁的黑人数目是白人的 6 倍。这一比率不包括假释者。司法统计局只计算了在监人员，假释者则只能通过调查分析，而且数据并不稳定［A. E. Carson, *Prisoners in 2013*（Washington, DC: Bureau of Justice Statistics, U.S. Department of Justice, 2014）］。另外，白人的寿命更长。非西班牙裔黑人和白人的寿命期望分别是 74.2 岁和 78.7 岁［E. Arias, "United States Life Tables, 2009," *National Vital Statistics Reports* 62, no. 7（2014），http://www.cdc.gov/nchs/data/nvsr/nvsr62/nvsr62_07.pdf］。种族间寿命的差距则在过去的 15 年内不断缩小，G. Firebaugh, F. Acciai, A. J. Noah, C. Prather, and C. Nau, "Why the racial gap

in life expectancy is declining in the United States," *Demographic Research* 31 (2014): 975– 1006。

没有任何一种统计方法考虑了性别差异。比如，黑人女性的收入只有白人女性的 84%，同时黑人男性的收入则只有白人男性的 75%。2013 年，黑人和白人女性的平均周薪分别是 664 美元和 722 美元。而对黑人男性和白人男性，这一数字是 664 美元和 882 美元（Bureau of Labor Statistics, "Highlights of women's earnings in 2013," *BLS Reports*, no. 1051, December 2014, http://www.bls.gov/opub/reports/ womens-earnings/archive/highlights-of-womens-earnings-in-2013.pdf）。然而，这些数字只是在为美国社会的种族不平等添砖加瓦，即使是在民权时代之后的半个世纪。正是这几代人差距的持续存在导致了对其本质原因的激烈争论。在奴隶时代，随后的吉姆克劳时代［译者注：吉姆克劳法是 1876—1965 年间美国南部各州以及边境各州对有色人种（主要针对非洲裔美国人，但同时也包含其他族群）实行种族隔离制度的法律］，甚至是民权时代的早期，可以说种族间的差距是几个世纪以来的压迫的后遗症，但是它为什么现在还存在呢？

3. D. Conley, *Being Black, Living in the Red: Race, Wealth and Social Policy in America*(Berkeley: University of California Press, 1999)。

4. S. Fordham and John U. Ogbu, "Black students' school success: Coping with the "burden of 'acting white,' " *Urban Review* 18, No. 3 (1986): 176 ̈ C206.

5. M. S. Granovetter, "The strength of weak ties," *American Journal of Sociology* 78, No. 6(1973): 1360 ̈ C1380.

6. M. Bertrand and S. Mullainathan, "Are Emily and Greg more employable than Lakisha and Jamal? A field experiment on labor market discrimination," *American Economic Review* 94, No. 4 (2004): 991–1013.

7. 虽然一直被认为是黄金标准，但是对审计研究的批评也不是没有。例如，詹姆斯·赫克曼（James Heckman）指出，第一，如果没有正确配对测试者，审计研究或许无法消除预期信号之外的信号［J. Heckman, "Detecting discrimination," *Journal of Economic Perspectives* 12, No. 2（1998）: 101– 116］。第二，即便是在非面对面的通信性实验（发邮件或者写信）中，受试者也可能对不同的变量做出了相应的对策。最近的研究表明房产市场是歧视最明显的。D. Neumark and J. Rich, "Do field experiments on labor and housing markets overstate discrimination? Reexamination of the evidence" (working paper w22278, National Bureau of Economic Research, Cambridge, MA, 2016)。

8. D. N. Figlio, "Names, expectations and the black-white test score gap" (working paper 11195, National Bureau of Economic Research, Cambridge, MA, 2005).

9. A. R. McConnell and J. M. Leibold, "Relations among the Implicit Association Test, discriminatory behavior, and explicit measures of racial attitudes," *Journal of Experimental Social Psychology* 37, No. 5 (2001): 435–442.

10. R. Rosenthal and L. Jacobson, "Pygmalion in the classroom," *Urban Review* 3, No. 1 (1968):16–20.

11. C. M. Steele and J. Aronson, "Stereotype threat and the intellectual test performance of African Americans," *Journal of Personality and Social Psychology* 69, No. 5 (1995): 797 ¨ C811.

12. H. Schuman, *Racial Attitudes in America: Trends and Interpretations* (Cambridge, MA: Harvard University Press, 1997).

13. J. Citrin, D. P. Green, and D. O. Sears, "White reactions to black candidates: When does race matter?" *Public Opinion Quarterly* 54, No. 1 (1990): 74–96.

14. J. Hopkins, "No more wilder effect, never a Whitman effect: When and

why polls mislead about black and female candidates," *Journal of Politics* 71, No. 3 (2009): 769–781.

15. J. G. Altonji and C. R. Pierret, "Employer learning and statistical discrimination" (working paper w6279, National Bureau of Economic Research, Cambridge, MA, 1997).

16. 在这种自我循环的体系中排除因果关系是很难的。让我们进行一个异端的思想实验，认为理查德·赫恩斯坦和查尔斯·默里在 20 年前写《钟形曲线：美国社会中的智力与阶层结构》时其实是正确的。某些种族——也就是黑人——在经济成就上落后于白人是由于他们在认知能力上有遗传性的劣势。在这种情况下，两位作者预测的就是真实的世界，白人（或黑人）的种族主义态度和行为是有经济依据的（某些顽固的市场效率的信仰者会认为，如果像黑人这样的低收入、高失业群体的生产力和其他人没有区别的话，那么精明的公司就会从他们身上获利，从而黑人和白人之间的收入差距会缩小）。让我们暂且忽略前文提到的，胎儿、幼年和成年后的环境不对等可能造成很大的影响，而且这种影响是与遗传无关的。赫恩斯坦和默里用智商来作为遗传上能力的表征。但是正如我们知道的，他们并不对等。智商只是基因组的外在表现。

附录 6　基因型填补

1. "23andme Research Portal Platform," https://23andme.https.internapcdn. net/res/perma link/pdf/ashg/10292014_23andMeResearchPortal.pdf.

2. B. W. Domingue, D. W. Belsky, D. Conley, K. M. Harris, and J. D. Boardman, "Polygenic influence on educational attainment," AERA Open 1, No. 3 (2015): 2332858415599972.

THE GENOME
FACTOR

索　引

INDEX